U0292210

欧盟委员会
EUROPEAN COMMISSION

氨、无机酸和化肥工业
污染综合防治最佳可行技术

Reference Document on
Best Available Techniques for the

Manufacture of Large Volume Inorganic Chemicals
— Ammonia, Acids and Fertilisers

欧盟委员会联合研究中心　编著
Joint Research Center，European Communities

环境保护部科技标准司　组织编译

周岳溪　席宏波　伏小勇　陈学民　等译

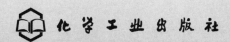

化学工业出版社
·北京·

图书在版编目（CIP）数据

氨、无机酸和化肥工业污染综合防治最佳可行技术/
欧盟委员会联合研究中心编著．周岳溪等译．—北京：
化学工业出版社，2015.11
（污染综合防治最佳可行技术参考丛书）
ISBN 978-7-122-25207-4

Ⅰ．①氨…　Ⅱ．①欧…②周…　Ⅲ．①无机化工-污
染防治　Ⅳ．①X781

中国版本图书馆 CIP 数据核字（2015）第 224623 号

Reference Document on Best Available Techniques for the Manufacture of Large
Volume Inorganic Chemicals-Ammonia，Acids and Fertilisers/by Joint Research Cen-
ter，European Communities.

Copyright © 2007 by European Communities. All rights reserved.
Chinese translation © Chinese Research Academy of Environmental Sciences，2013
Responsibility for the translation lies entirely with Chinese Research Academy of
Environmental Sciences.
Authorized translation from the English language edition published by European
Communities.
本书中文简体字版由 European Communities 授权化学工业出版社发行。
未经许可，不得以任何方式复制或抄袭本书的任何部分，违者必究。

责任编辑：刘兴春　刘　婧　　　　　　　　装帧设计：关　飞
责任校对：王素芹

出版发行：化学工业出版社（北京市东城区青年湖南街 13 号　邮政编码 100011）
印　　刷：北京永鑫印刷有限责任公司
装　　订：三河市胜利装订厂
787mm×1092mm　1/16　印张 20½　字数 439 千字　2016 年 1 月北京第 1 版第 1 次印刷

购书咨询：010-64518888（传真：010-64519686）　　售后服务：010-64518899
网　　址：http://www.cip.com.cn
凡购买本书，如有缺损质量问题，本社销售中心负责调换。

定　　价：148.00 元　　　　　　　　　　　　　　版权所有　违者必究

《序》

中国的环境管理正处于战略转型阶段。2006年，第六次全国环境保护大会提出了"三个转变"，即"从重经济增长轻环境保护转变为保护环境与经济增长并重；从环境保护滞后于经济增长转变为环境保护与经济发展同步；从主要用行政办法保护环境转变为综合运用法律、经济、技术和必要的行政办法解决环境问题"。2011年，第七次全国环境保护大会提出了新时期环境保护工作"在发展中保护、在保护中发展"的战略思想，"以保护环境优化经济发展"的基本定位，并明确了探索"代价小、效益好、排放低、可持续的环境保护新道路"的历史地位。

在新形势下，中国的环境管理逐步从以环境污染控制为目标导向转为以环境质量改善及以环境风险防控为目标导向。"管理转型，科技先行"，为实现环境管理的战略转型，全面依靠科技创新和技术进步成为新时期环境保护工作的基本方针之一。

自2006年起，我部开展了环境技术管理体系建设工作，旨在为环境管理的各个环节提供技术支撑，引导和规范环境技术的发展和应用，推动环保产业发展，最终推动环境技术成为污染防治的必要基础，成为环境管理的重要手段，成为积极探索中国环保新道路的有效措施。

当前，环境技术管理体系建设已初具雏形。根据《环境技术管理体系建设规划》，我部将针对30多个重点领域编制100余项污染防治最佳可行技术指南。到目前，已经发布了燃煤电厂、钢铁行业、铅冶炼、医疗废物处理处置、城镇污水处理厂污泥处理处置5个领域的8项污染防治最佳可行技术指南。同时，畜禽养殖、农村生活、造纸、水泥、纺织染整、电镀、合成氨、制药等重点领域的污染防治最佳可行技术指南也将分批发布。上述工作已经开始为重点行业的污染减排提供重要的技术支撑。

在开展工作的过程中，我部对国际经验进行了全面、系统地了解和借鉴。污染防治最佳可行技术是美国和欧盟等进行环境管理的重要基础和核心手段之一。20世纪70年代，美国首先在其《清洁水法》中提出对污染物执行以最佳可行技术为基础的排放标准，并在排污许可证管理和总量控制中引入最佳可行技术的管理思路，取得了良好成效。1996 年，欧盟在综合污染防治指令（IPPC 96/61/CE）中提出要建立欧盟污染防治最佳可行技术体系，并组织编制了 30 多个领域的污染防治最佳可行技术参考文件，为欧盟的环境管理及污染减排提供了有力支撑。

为促进社会各界了解国际经验，我部组织有关机构翻译了欧盟《污染综合防治最佳可行技术参考丛书》，期望本丛书的出版能为我国的环境污染综合防治以及环境保护技术和产业发展提供借鉴，并进一步拓展中国和欧盟在环境保护领域的合作。

环境保护部副部长

《序》

石油化工是国民经济重要支柱性产业，也是污染物排放量大的行业。构建先进科学理念，强化资源综合利用，实施污染物的全过程减排，有效支撑石油化工行业可持续发展，改善环境质量。工业发达国家积累了成功经验，可供我国借鉴。

水污染控制是中国环境科学研究院的重要学科领域之一，周岳溪是该学科的主要带头人，二十多年来一直从事工业废水和城镇污水污染控制工程技术研究和成果推广应用，相继承担了多项国家科研计划项目，特别是国家水体污染控制与治理科技重大专项的项目，开展重污染行业废水污染物全过程减排技术研究与应用，取得了很好的社会效益、经济效益和环境效益。在项目的实施过程中，注重吸取国外的先进理念和技术。结合项目的实施，组织翻译了欧盟《污染综合防治最佳可行技术参考丛书》中的《石油炼制与天然气加工工业污染综合防治最佳可行性技术》、《大宗有机化学品工业污染综合防治最佳可行技术》、《氨、无机酸和化肥工业污染综合防治最佳可行技术》、《有机精细化学品工业污染综合防治最佳可行技术》和《聚合物生产工业污染综合防治最佳可行技术》等。该类图书由欧盟成员国、相关企业、非政府环保组织和欧洲综合污染防治局组成的技术工作组（TWG）负责编著，旨在实施欧盟"综合污染预防与控制（IPPC）（96/61/EC号）指令"所提出的污染综合预防和控制策略，确定最佳可行技术（BAT技术），实施污染综合防治，减少大气、水体和土壤的污染物排放，有效保护生态环境。

该丛书系统介绍了欧盟在上述领域的行业管理、通用BAT技术、典型生产工艺BAT技术以及最新技术进展等，内容翔实，实用性强。相信其出版将在我国石油化工行业污染综合防治领域引进先进理念，促进工程管理能力，提高科学技术研究与应用发展。

中国工程院院士

中国环境科学研究院院长
2013 年 11 月

‹前言›

本书是结合本课题组承担的国家水体污染控制与治理科技重大专项（简称国家重大水专项）项目的实施，翻译欧盟石油化工《污染综合防治最佳可行技术（简称BAT技术）参考丛书》之一，即"大宗无机化学品——氨、无机酸和化肥工业污染综合防治最佳可行技术参考文件"〔Integrated Pollution Prevention and Control Reference Document on Best Available Techniques for the Manufacture of Large Volume Inorganic Chemicals-Ammonia，Acids and Fertilisers〕的中译本。主要内容为：第1章 氨、无机酸和化肥生产概述；第2章 合成氨；第3章 硝酸；第4章 硫酸；第5章 磷酸；第6章 氢氟酸；第7章 氮磷钾复合肥（NPK）和硝酸钙（CN）；第8章 尿素和尿素硝铵（UAN）；第9章 硝酸铵（AN）与硝酸铵钙（CAN）；第10章 过磷酸钙；第11章 结束语；等等。

本书全面、系统地介绍了欧盟大宗无机化学品生产的运行管理、生产工艺技术和污染综合防治的BAT技术等，内容翔实、实用性强。适合于行业管理人员和从事污染防治的工程技术人员阅读，也可作为环境科学与工程、化学工程等专业的科研、设计、环境影响评价及高等学校高年级本科生及研究生的参考用书。

本书由周岳溪、席宏波、伏小勇、陈学民等译，具体分工如下：第1章、第10章由李焱、席宏波、周岳溪译；第2章、第7章由陈学民、席宏波、周岳溪译；第3章、第8章、第12章、第13章由任月英、席宏波、伏小勇、周岳溪译；第4章、第5章、第9章由伏小勇、席宏波、周岳溪译；第6章、第11章、第14章由刘光利、席宏波、周岳溪译。此外，宋广清、白兰兰、陈雨卉、胡田、刘苗茹、肖宇、杨茜、岳岩、王翼、张猛、张雪、朱跃、周璟玲等参与了部分译稿整理工作。

全书由席宏波、周岳溪译校、统稿。

本书的翻译出版获得了欧盟综合污染与预防控制局的许可与支持；得到了国家水体污染与治理科技重大专项办公室、环境保护部科技标准司、中国环境科学研究院领导的支持；化学工业出版社对本书出版给予了大力支持，在此谨呈谢意。

限于译者知识与水平，加之时间紧迫，本书难免存在不足和疏漏之处，恳请读者不吝指正。

周岳溪
2015 年 7 月

‹目录›

0 绪论 ……………………………………………………………………… 1

0.1 概要 ……………………………………………………………………… 1

0.1.1 文件的范围 ……………………………………………………… 1

0.1.2 概述 ……………………………………………………………… 2

0.1.3 生产和环境问题 ………………………………………………… 2

0.1.4 最佳可行技术 …………………………………………………… 3

0.1.5 结束语 …………………………………………………………… 10

0.2 引言 ……………………………………………………………………… 10

0.2.1 本书的地位 ……………………………………………………… 10

0.2.2 IPPC 指令的相关法律义务和 BAT 技术的定义 ……………… 10

0.2.3 本书的编写目的 ………………………………………………… 11

0.2.4 资料来源 ………………………………………………………… 12

0.2.5 如何理解和使用本书 …………………………………………… 12

0.3 本书的范围 ……………………………………………………………… 13

1 氨、无机酸和化肥生产概述 ………………………………………… 14

1.1 通用信息 ………………………………………………………………… 14

1.1.1 概述 ……………………………………………………………… 14

1.1.2 环境问题 ………………………………………………………… 16

1.2 综合生产基地 …………………………………………………………… 19

1.2.1 概述 ……………………………………………………………… 19

1.2.2 示例 ……………………………………………………………… 20

1.2.3 蒸汽和电力供应 ………………………………………………… 21

1.3 排放和消耗水平 ………………………………………………………… 22

1.4 BAT 备选技术 …………………………………………………………… 23

1.4.1 加强工艺的整合（一） ………………………………………… 23

1.4.2 加强工艺的整合（二）…………………………………………… 25

1.4.3 过剩蒸汽的处理………………………………………………… 25

1.4.4 替换旧的 PRDS 阀 ……………………………………………… 26

1.4.5 真空泵的优化/维护 ……………………………………………… 27

1.4.6 物料平衡…………………………………………………………… 27

1.4.7 废气中 NO_x 的回收 …………………………………………… 28

1.4.8 本书介绍的其他技术 ……………………………………………… 30

1.4.9 环境管理体系……………………………………………………… 30

1.5 常见的 BAT 技术 …………………………………………………… 36

1.5.1 LVIC-AAF 行业的通用 BAT 技术 …………………………… 37

1.5.2 环境管理的 BAT 技术 …………………………………………… 38

2 合成氨 ……………………………………………………………… 40

2.1 概述………………………………………………………………… 40

2.2 生产工艺和技术……………………………………………………… 42

2.2.1 概述 ……………………………………………………………… 42

2.2.2 氨生产过程的主要产物 …………………………………………… 43

2.2.3 传统蒸汽重整工艺 ………………………………………………… 44

2.2.4 部分氧化工艺 ……………………………………………………… 49

2.2.5 开车、停车及催化剂更换 ………………………………………… 52

2.2.6 存储和传输设备 …………………………………………………… 52

2.3 消耗和排放水平……………………………………………………… 53

2.3.1 能耗 ……………………………………………………………… 53

2.3.2 NO_x 排放 ……………………………………………………… 54

2.3.3 其他消耗水平 ……………………………………………………… 56

2.3.4 其他废气排放水平 ………………………………………………… 56

2.4 BAT 备选技术 ……………………………………………………… 58

2.4.1 改进的传统工艺 …………………………………………………… 59

2.4.2 简化的一段重整工艺和增加的工艺空气量 ……………………… 60

2.4.3 热交换自热重整 …………………………………………………… 61

2.4.4 改造：提高产能和能效 …………………………………………… 62

2.4.5 预重整 …………………………………………………………… 63

2.4.6 能源审计 ………………………………………………………… 64

2.4.7 先进过程控制 ……………………………………………………… 66

2.4.8 使用燃气涡轮机驱动工艺气压缩机 ……………………………… 66

2.4.9 克劳斯（Claus）单元与尾气处理的联合 ……………………… 67

2.4.10 一段转化炉中的 SNCR …………………………………………… 68

2.4.11 CO_2 脱除系统的改进 ···································· 69

2.4.12 助燃空气的预热 ···································· 70

2.4.13 低温脱硫 ···································· 70

2.4.14 等温变换 ···································· 71

2.4.15 在氨转化炉中使用小颗粒催化剂 ···································· 72

2.4.16 工艺冷凝液的汽提和循环 ···································· 72

2.4.17 低压氨合成催化剂 ···································· 73

2.4.18 部分氧化工艺合成气变换反应中使用耐硫催化剂 ···································· 73

2.4.19 合成气的最终净化——液氮洗涤 ···································· 74

2.4.20 间接冷却氨合成反应器 ···································· 75

2.4.21 回收合成氨回路吹脱气中的氢 ···································· 75

2.4.22 在闭合回路中除去吹脱气和闪蒸气中的氨 ···································· 76

2.4.23 低 NO_x 燃烧器 ···································· 77

2.4.24 金属回收与废催化剂的处置 ···································· 77

2.4.25 开车、停车和异常情况的处理 ···································· 78

2.4.26 电解水制氢气合成氨 ···································· 79

2.5 合成氨的 BAT 技术 ···································· 79

3 硝酸 ···································· 82

3.1 概述 ···································· 82

3.2 生产工艺和技术 ···································· 83

3.2.1 概述 ···································· 83

3.2.2 原料预处理 ···································· 84

3.2.3 氨气氧化 ···································· 84

3.2.4 NO 的氧化和在水中的吸收 ···································· 85

3.2.5 尾气组成及减排 ···································· 85

3.2.6 能量输出 ···································· 86

3.2.7 浓硝酸的生产 ···································· 86

3.3 消耗和排放水平 ···································· 87

3.4 BAT 备选技术 ···································· 93

3.4.1 氧化催化剂的性能与寿命 ···································· 93

3.4.2 氧化过程的优化 ···································· 95

3.4.3 替代氧化催化剂 ···································· 97

3.4.4 吸收工段的优化 ···································· 98

3.4.5 扩展反应室使 N_2O 分解 ···································· 101

3.4.6 氧化反应器中 N_2O 的催化分解 ···································· 103

3.4.7 尾气中 NO_x 和 N_2O 的联合脱除 ···································· 106

　　3.4.8　尾气中 NO_x 和 N_2O 的非选择性催化还原 ································ 108

　　3.4.9　NO_x 的选择性催化还原（SCR） ································ 110

　　3.4.10　在吸收工段末端投加 H_2O_2 ································ 112

　　3.4.11　开车和停车时 NO_x 的脱除 ································ 113

　3.5　硝酸生产的 BAT 技术 ································ 115

　3.6　硝酸生产的新兴技术 ································ 116

4　硫酸 ································ 118

　4.1　概述 ································ 118

　4.2　生产工艺和技术 ································ 123

　　4.2.1　概述 ································ 123

　　4.2.2　催化剂 ································ 126

　　4.2.3　硫的来源和 SO_2 的生产 ································ 127

　　4.2.4　H_2SO_4 产品的处理 ································ 130

　4.3　消耗和排放水平 ································ 131

　4.4　BAT 备选技术 ································ 137

　　4.4.1　单接触/单吸收工艺 ································ 137

　　4.4.2　双接触/双吸收工艺 ································ 139

　　4.4.3　增加第 5 级催化床的双接触工艺 ································ 141

　　4.4.4　使用铯-助催化剂 ································ 143

　　4.4.5　单吸收工艺转变为双吸收工艺 ································ 145

　　4.4.6　更换砖拱转化器 ································ 146

　　4.4.7　提高进气 O_2/SO_2 比 ································ 146

　　4.4.8　湿式催化工艺 ································ 148

　　4.4.9　干/湿式催化组合工艺 ································ 150

　　4.4.10　SCR-湿式催化组合工艺 ································ 150

　　4.4.11　原料气的净化过程 ································ 151

　　4.4.12　催化剂失活的预防措施 ································ 152

　　4.4.13　维持换热器效率 ································ 153

　　4.4.14　监测 SO_2 浓度 ································ 154

　　4.4.15　能量的回收和输出 ································ 154

　　4.4.16　减少 SO_3 排放 ································ 157

　　4.4.17　降低 NO_x 排放 ································ 158

　　4.4.18　废水处理 ································ 159

　　4.4.19　用 NH_3 净化尾气 ································ 159

　　4.4.20　用 ZnO 净化尾气 ································ 160

　　4.4.21　尾气处理：Sulfazide 工艺 ································ 161

4.4.22　用 H_2O_2 净化尾气 ·· 161

4.4.23　工艺气中汞的去除 ·· 162

4.5　硫酸生产的 BAT 技术 ·· 163

5　磷酸 ·· 165

5.1　概述 ·· 165

5.2　生产工艺和技术 ·· 166

5.2.1　概述 ·· 166

5.2.2　湿法工艺 ·· 166

5.3　消耗和排放水平 ·· 172

5.4　BAT 备选工艺 ·· 174

5.4.1　二水物法（DH） ·· 174

5.4.2　半水物法（HH） ·· 176

5.4.3　单级过滤半水-二水再结晶工艺 ·· 177

5.4.4　双级过滤半水-二水再结晶工艺 ·· 178

5.4.5　双级过滤二水-半水再结晶工艺 ·· 180

5.4.6　再制浆 ·· 181

5.4.7　氟化物的回收和脱除 ·· 182

5.4.8　矿石研磨粉尘的回收和去除 ·· 183

5.4.9　磷矿石的选择（一） ·· 184

5.4.10　磷矿石的选择（二） ·· 185

5.4.11　反应萃取去除 H_3PO_4 中的镉 ·· 186

5.4.12　使用除雾器 ·· 187

5.4.13　磷石膏的处置及价格稳定措施 ·· 188

5.4.14　磷石膏的升级 ·· 189

5.4.15　热法工艺 ·· 190

5.5　磷酸生产的 BAT 技术 ·· 193

6　氢氟酸 ·· 194

6.1　概述 ·· 194

6.2　生产工艺和技术 ·· 195

6.2.1　概述 ·· 195

6.2.2　萤石 ·· 195

6.2.3　反应过程及增产措施 ·· 196

6.2.4　工业废气处理 ·· 198

6.2.5　尾气处理 ·· 199

　　　6.2.6　副产品硬石膏 ·· 199

　　　6.2.7　产品的储存与输送 ·· 199

　　6.3　消耗和排放水平 ··· 200

　　　6.3.1　消耗量 ··· 200

　　　6.3.2　大气污染物排放浓度 ··· 200

　　　6.3.3　废液和固体废弃物 ·· 201

　　6.4　BAT 备选技术 ·· 201

　　　6.4.1　传热设计 ·· 201

　　　6.4.2　回转窑热量回收 ·· 203

　　　6.4.3　硬石膏的资源化与处置 ·· 203

　　　6.4.4　氟硅酸的回收利用 ·· 204

　　　6.4.5　萤石煅烧 ·· 205

　　　6.4.6　尾气洗涤：氟化物 ·· 205

　　　6.4.7　尾气的洗涤：氟化物及 SO_2 和 CO_2 ··················· 207

　　　6.4.8　减少干燥、运输和储存过程中的粉尘排放量 ·········· 208

　　　6.4.9　废水处理 ·· 209

　　　6.4.10　氟硅酸工艺 ·· 210

　　6.5　氢氟酸生产的 BAT 技术 ·· 211

7　氮磷钾复合肥（NPK）和硝酸钙（CN）·············· 213

　　7.1　概述 ··· 213

　　7.2　生产工艺和技术 ··· 215

　　　7.2.1　概述 ··· 215

　　　7.2.2　磷矿石分解 ·· 216

　　　7.2.3　直接中和（管式反应器）····································· 217

　　　7.2.4　预中和 ·· 217

　　　7.2.5　氨化转鼓造粒 ·· 217

　　　7.2.6　造粒及调理 ·· 218

　　　7.2.7　$Ca(NO_3)_2 \cdot 4H_2O$ 转化成硝酸铵（AN）和石灰 ······ 218

　　　7.2.8　磷酸铵的生产 ·· 219

　　　7.2.9　废气排放及处理 ·· 219

　　7.3　消耗和排放水平 ··· 219

　　7.4　BAT 备选技术 ·· 224

　　　7.4.1　NO_x 减排 ··· 224

　　　7.4.2　造粒（1）：喷浆造粒 ·· 224

　　　7.4.3　造粒（2）：转鼓造粒 ·· 225

　　　7.4.4　造粒（3）：造粒塔造粒 ······································· 226

　　　7.4.5　板束产品冷却器 ·· 227

　　　7.4.6　热空气的循环利用 ·· 230

　　　7.4.7　优化造粒过程的物料循环比 ···························· 231

　　　7.4.8　$Ca(NO_3)_2 \cdot 4H_2O$ 转化成硝酸钙（CN） ········· 232

　　　7.4.9　含 NO_x 废气的多级洗涤 ······························ 233

　　　7.4.10　中和、蒸发和造粒工段废气的联合洗涤 ·········· 234

　　　7.4.11　洗涤液/清洗水的回用 ·································· 236

　　　7.4.12　废水处理 ·· 237

　　7.5　NPK 复合肥生产的 BAT 技术 ································ 238

8　尿素和尿素硝铵（UAN） ································ **240**

　　8.1　概述 ··· 240

　　8.2　生产工艺和技术 ·· 241

　　　8.2.1　尿素 ·· 241

　　　8.2.2　尿素硝铵 ·· 243

　　8.3　消耗和排放水平 ·· 244

　　8.4　BAT 备选技术 ··· 249

　　　8.4.1　传统整体循环工艺 ·· 249

　　　8.4.2　CO_2汽提工艺 ·· 250

　　　8.4.3　NH_3汽提工艺 ·· 251

　　　8.4.4　等压双循环工艺（IDR） ································ 252

　　　8.4.5　惰性气体中 NH_3的安全清洗 ······················· 253

　　　8.4.6　产品粉末回用到浓缩尿素溶液中 ···················· 254

　　　8.4.7　在传统装置中使用汽提技术 ·························· 255

　　　8.4.8　汽提工段的热集成 ·· 256

　　　8.4.9　冷凝和反应在同一设备内进行 ······················· 257

　　　8.4.10　减少造粒过程中氨的排放 ···························· 259

　　　8.4.11　造粒废气的处理 ·· 260

　　　8.4.12　工艺水处理 ·· 261

　　　8.4.13　主要性能参数的监测 ···································· 263

　　　8.4.14　UAN 生产的部分循环 CO_2汽提 ·················· 265

　　8.5　尿素及尿素硝铵生产的 BAT 技术 ························ 265

9　硝酸铵（AN）与硝酸铵钙（CAN） ·········· **267**

　　9.1　概述 ··· 267

9.2　生产工艺和技术 ·· 269
　9.2.1　概述 ·· 269
　9.2.2　中和反应 ·· 270
　9.2.3　蒸发过程 ·· 271
　9.2.4　工艺蒸汽的净化 ·· 271
　9.2.5　造粒 ·· 272
　9.2.6　冷却 ·· 272
　9.2.7　调理 ·· 273
9.3　消耗和排放水平 ·· 273
9.4　BAT 备选技术 ·· 275
　9.4.1　中和工段的优化 ·· 276
　9.4.2　回收余热以冷却过程水 ·· 277
　9.4.3　能耗和蒸汽输出 ·· 278
　9.4.4　蒸汽净化及冷凝液的处理和回用 ································ 279
　9.4.5　自热造粒 ·· 281
　9.4.6　废气处理 ·· 281
9.5　硝酸铵/硝酸铵钙生产的 BAT 技术 ································ 282

10　过磷酸钙 ·· **284**

10.1　概述 ·· 284
10.2　生产工艺和技术 ·· 285
　10.2.1　概述 ·· 285
　10.2.2　原料 ·· 286
10.3　消耗和排放水平 ·· 287
10.4　BAT 备选技术 ·· 289
　10.4.1　避免熟化过程中的扩散排放 ···································· 289
　10.4.2　矿石粉碎粉尘的回收与减排 ···································· 289
　10.4.3　氟化物的回收和去除 ·· 290
　10.4.4　洗涤液回用与生产工艺 ·· 291
10.5　过磷酸钙生产的 BAT 技术 ·· 291

11　结束语 ·· **293**

11.1　信息交流质量 ·· 293
11.2　对后续工作的建议 ·· 294

附录Ⅰ 本书中涉及的部分化合物的相对分子质量 …………………………… 296

附录Ⅱ 换算与计算 …………………………………………………… 297

附录Ⅲ 缩写和解释 …………………………………………………… 298

附录Ⅳ 化学式 ………………………………………………………… 304

附录Ⅴ 硫酸装置改造成本计算 ……………………………………… 306

参考文献 ………………………………………………………………… 308

O

绪论

0.1 概　　要

氨、无机酸和化肥生产最佳可行技术（BAT，Best Available Techniques）参考文件（BREF，best available techniques reference document），依据欧盟理事会指令 96/61/EC（IPPC 指令）第 16（2）条执行过程中的信息交流成果编制而成。本摘要介绍了主要的信息交流成果，氨、无机酸和化肥生产的重要 BAT 技术及相应的消耗和排放水平。引言部分阐述了本文件的编写目的、如何合理使用本文件以及相关的法律条款。阅读本摘要需与引言部分相结合。摘要部分也可当作一个单独的技术文件，但因其未涵盖参考文件的所有内容，不能代替 BREF 作为 BAT 技术决策的依据。

0.1.1　文件的范围

本文件包括 IPPC 指令附件 I 中的如下内容：a. 氨、氟化氢；b. 氢氟酸、磷酸、硝酸、硫酸及发烟硫酸；c. 磷肥、氮肥或钾肥（单一或复合肥料）。

尽管氨、硝酸、硫酸和磷酸主要用作下游化肥生产的原料，但本文件涉及的范围并不局限于化肥生产行业。根据上述所列内容，本文件的范围包括：合成氨行业中合成气的生产，以 SO_2 为原料的硫酸的生产。生产硫酸的 SO_2 气体来源于不同生产工艺，如有色金属生产或废酸液再生过程。关于有色金属生产的具体信息详见有色金属加工 BREF。

0.1.2 概述

化肥工业的本质是为植物提供可吸收的三种主要营养元素——氮、磷、钾。氮可用元素 N 来表示，磷和钾可以用元素 P、K 或其氧化物（P_2O_5、K_2O）表示。硫的供应量也很大，部分由过磷酸钙和硫酸铵等硫酸盐产品提供。常量营养元素（钙、镁、钠、硫）可在化肥生产过程中添加或由原料带入，微量营养元素（硼、钴、铜、铁、锰、钼、锌）可加入到主要肥料中，也可单独供应。97% 的氮肥源自氨，70% 的磷肥源自磷酸。NH_3、HNO_3、H_2SO_4 和 H_3PO_4 是几种最重要的化工原料，主要用于生产化肥，也用于许多其他化工生产过程。氟化氢（HF）与化肥生产没有直接关系，主要用作碳氟化合物生产和钢铁、玻璃和化工生产的原料。

图 0-1 描述了 LVIC-AAF（Large Volume Inorganic Chemicals-Ammonia，Acids and Fertilisers，大宗化学品——氨、无机酸、化肥）行业不同产品之间的边界与联系。因此一个综合性生产基地可同时生产一系列相关产品（不单指化肥产品），这种情况以氮肥或磷肥的生产最为典型。

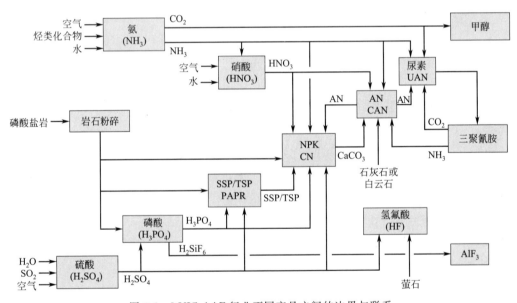

图 0-1 LVIC-AAF 行业不同产品之间的边界与联系

图 0-1 中，$CaCO_3$ 仅指硝酸盐路径生产 NPK 复合肥时；氢氟酸不是化肥厂的典型产品；甲醇、三聚氰胺、AlF_3 本书未介绍；CN 即 $Ca(NO_3)_2$，可由硝酸与石灰中和反应生成（本书未介绍）。

0.1.3 生产和环境问题

经过数十年的发展，LVIC-AAF 的生产均采用专用设备和特定的工艺。但 NPK 复合肥、硝酸铵（AN）/硝酸铵钙（CAN）和磷肥的生产可采用相同的设备生产线和废物处理系统。不同化肥厂生产能力差别较大，从每天几百吨到超过 3000t/d。氮肥厂的能耗最大，能量主要用于各种加热设备，并提供压缩机、泵与风扇等设备运行所需的机械能。通常大型设备由蒸汽涡轮机驱动，小型设备则由电动机驱动。电力可由公用输电网提供，也可现场发电；蒸汽由锅炉厂、热电厂提供，或由氨、硝酸和硫酸生产的余热锅炉供给。

目前，化肥生产过程消耗的能源约占全球能源总消耗量的 2%～3%，在西欧这一比例约为 1%。其中绝大部分能耗用于氮肥的生产。化肥生产过程的能耗主要产生于从大气中分离氮以合成氨的过程。氨生产尿素的过程也需消耗大量的能量。在 LVIC-AAF 工业中，硫酸和硝酸生产过程可以高压、中压、低压蒸汽或热水的形式输出能量。

化肥生产过程排放到大气中的主要污染物包括 NO_x、SO_2、HF、NH_3 和灰尘，部分排放源的排放量较大。硝酸生产过程中会产生相当多的温室气体 N_2O。

化肥生产过程会产生一些产量较大的副产品，如磷肥生产中会产生大量的磷石膏。这些副产品具有潜在的生产价值，但运输成本、杂质污染、与自然资源等的竞争等限制了其商品化，需要对其及时进行处置。

0.1.4 最佳可行技术

（1）常见问题

BAT 技术即对整个生产基地进行日常能源审计，监控关键性能参数并建立和维持 N_2、P_2O_5、蒸汽、H_2O 和 CO_2 间的物料平衡。通常采用如下两种方式以使能量损失最小：在不使用能量时避免蒸汽压降低，或调整整个蒸汽系统使过量蒸汽产生量最小；剩余热能应在原地或异地使用，若受现场因素制约无法对过剩蒸汽进行利用时，可将其用于发电。

BAT 技术联合应用如下技术来提高生产基地的环境绩效：物料流的循环利用或重新分配，设备的高效共享，提高热集成程度，预热燃料空气，保持换热器效率，回收冷凝液、工艺用水和洗涤水，减少废水流量及污染物负荷，采用先进控制系统和维护手段等。

（2）合成氨

新建合成氨装置的 BAT 技术即采用传统转化或简化的一段转化或热交换自热重整工艺。使用如下技术可使 NO_x 的排放浓度达到表 0-1 中的排放水平：如果燃烧炉能达到反应所需的温度和保留时间，则在一段重整工艺中使用 SNCR；使用低 NO_x 燃烧器；从吹脱气和闪蒸气中除氨；在热交换自热重整工艺中采用低温脱硫技术等。

表 0-1 合成氨 BAT 技术对应的 NO_x 排放浓度

工 艺 类 型	NO_x 排放浓度(以 NO_2 计)	
	mg/m³(标)	
改进的传统重整工艺与简化的一段重整工艺	90～230 ①	
热交换自热重整工艺	工艺气加热装置	80
	辅助锅炉	20

① 下限值：现有最佳装置和新建装置。

注：排放浓度与排放因子之间没有直接关系。传统重整工艺和简化的一段重整工艺排放因子的标准为 0.29～0.32kg/t NH_3，而热交换自热重整工艺排放因子的标准为 0.175kg/t NH_3。

BAT 技术包括实行日常能源审计。使用如下技术可达到表 0-2 中所列的能量消耗水平：强化烃类燃料预热效果、预热助燃气、安装第二代汽轮机、调节反应炉燃烧器以确保燃气轮机尾气在燃烧器上的均匀分布、重排对流管增加接触表面、预重整与节省蒸汽联用、改进 CO_2 脱除过程、低温脱硫、等温变换（主要用于新建装置）、在氨转化炉中使用小颗粒催化剂、使用低压氨合成催化剂、在部分氧化工艺合成气变换反应中使用耐硫催化剂、将液氮洗涤作为合成气最终净化过程、间接冷却氨合成塔、从合成氨回路吹脱气中回收氢气、使用先进过程控制系统等。

表 0-2　合成氨 BAT 技术对应的能耗水平

工　艺　类　型	净能耗[①]
	GJ(LHV)/t NH_3
传统重整工艺，简化的一段重整工艺或热交换自热重整工艺	27.6～31.8

① 给定能耗水平的解释见 2.3.1.1 部分，该值可在±1.5GJ 之间变动。一般来说，该值是在产能不变的情况下装置经重建或大修后进行性能测试得到，故与稳态操作状态相关。

部分氧化工艺的 BAT 技术即从烟道气中回收硫，如通过 Claus 装置与尾气处理装置联用以达到石油炼制和天然气加工污染综合防治最佳可行技术中提到的硫排放浓度和去除率。BAT 技术还包括采用汽提等技术从工艺冷凝水回收 NH_3，从闭合回路的吹脱气和闪蒸气体中回收 NH_3。本书还介绍了开车、停车和异常情况的处理。

（3）硝酸生产

硝酸生产的 BAT 技术即回收能量用于产生蒸汽或发电。BAT 技术联合应用以下技术来减少 N_2O 的排放，并达到表 0-3 中排放水平：

- 优化原料过滤；
- 优化原料混合；
- 优化气体在催化剂上的分布；
- 监控催化剂的性能，及时更换催化剂；
- 优化空气和氨气的混合比；
- 优化氧化工段的压力和温度；
- 在新建装置中使用扩展反应室分解 N_2O；
- N_2O 在反应室中的催化分解；
- 废气中 NO_x 和 N_2O 的联合脱除。

表 0-3　硝酸生产 BAT 技术对应的 N_2O 排放浓度

装　　置		N_2O 排放量[①]	
		kg/t 100% HNO_3	×10^{-6}（体积分数）
M/M、M/H 和 H/H	新建装置	0.12～0.6	20～100
	现有装置	0.12～1.85	20～300
L/M 装置		无相关数据	

① 氧化催化剂使用寿命内排放浓度的平均值。

注：对现有装置的排放浓度值存在不同观点（见下文）。

不同观点：由于3.4.6和3.4.7部分中所提到的N_2O脱除技术缺乏工程应用数据，测试装置的结果不一致，各种技术和操作在当前欧洲硝酸生产中受到限制等原因，工业部门以及某成员国不认同现有装置应用BAT技术后的N_2O排放浓度。他们认为，虽然催化剂已经商品化，但其在硝酸生产中的应用尚不成熟。工业部门认为，N_2O排放浓度应与N_2O去除催化剂使用寿命内达到的平均值有关，虽然目前尚不太清楚具体数值。工业部门及该成员国认为现有装置BAT技术的N_2O排放浓度为2.5kg/t 100% HNO_3。

开车和停车时的BAT技术旨在减少排放。使用下列一项或几个技术可减少NO_x的排放，使其达到表0-4中的排放水平。

- 吸收工段的优化；
- 尾气中NO_x和N_2O的联合脱除；
- NO_x选择性催化还原；
- 在吸收工段末端投加H_2O_2。

表 0-4　硝酸生产 BAT 技术对应的 NO_x 排放浓度

装　置	NO_x排放浓度（以NO_2计）	
	kg/t 100% HNO_3	10^{-6}（体积分数）
新建装置	—	5～75
现有装置	—	5～90[①]
SCR中NH_3的逸出	—	<5

① 可达到150×10^{-6}（体积分数）：出于安全考虑，硝酸铵的沉积限制了SCR或通过添加H_2O_2代替SCR的处理效果。

（4）硫酸生产

硫酸生产的BAT技术即利用回收能量产生蒸汽、热水或发电。采用如下措施可使SO_2的转化率和排放浓度达到表0-5中的排放水平：双接触/双吸收工艺，单接触/单吸收工艺，增加第五级催化床，在第四级或第五级催化床中使用铯助催化剂，单吸收工艺改造成双吸收工艺，采用湿式或干/湿组合工艺，定期清洗和更换催化剂（特别是第一级催化床中的催化剂），用不锈钢转化器代替砖拱转化器，净化原料气（冶炼装置），提高空气过滤效果（如硫黄燃烧工艺可使用两级过滤），使用抛光过滤器提高硫黄过滤效果（硫黄燃烧工艺），保持换热器的效率，当副产品可原位循环利用时对尾气进行净化。

表 0-5　硫酸生产 BAT 技术对应的 SO_2 转化率和排放浓度

转化工艺类型		日平均值	
		转化率[①]	SO_2 mg/Nm^3[②]
硫黄燃烧-双接触/双吸收工艺	现有装置	99.8%～99.92%	30～680
	新建装置	99.9%～99.92%	30～340
其他双接触/双吸收工艺		99.7%～99.92%	200～680
单接触/单吸收工艺			100～450
其他工艺			15～170

① 该转化率包含吸收塔内SO_2的转化，但不包含尾气净化的作用。

② SO_2的排放浓度为尾气净化后的浓度。

BAT 技术通过连续监测 SO_2 浓度确定 SO_2 的转化率和排放浓度，采用如下技术可使 SO_3/H_2SO_4 酸雾的排放浓度达到表 0-6 中的排放水平：使用杂质含量较低的硫黄（适用于硫黄燃烧工艺），充分干燥原料气和燃烧气（适用于干式接触工艺），扩大冷凝区域（适用于湿式催化工艺），调整合适的酸分布和循环比，吸收后使用高效烛式过滤器，控制吸收塔酸的浓度和温度，在湿式工艺中使用回收/减排技术（如静电除尘器、湿法静电除尘器以及湿法清洗等）。BAT 技术要求尽量减少或消除氮氧化物的排放。BAT 技术将 H_2SO_4 产品汽提工段尾气循环利用到接触工艺中。

表 0-6　硫酸生产 BAT 技术对应的 SO_3/H_2SO_4 排放量

项　目	H_2SO_4 排放量
所有工艺	$10\sim35mg/m^3$（标）

（5）磷矿石研磨过程的粉尘排放控制

磷矿石研磨过程的 BAT 技术即粉碎矿石时减少粉尘排放，如采用织物过滤器或者陶瓷过滤器，可将粉尘排放浓度控制在 $2.5\sim10mg/m^3$（标）范围内。BAT 技术使用封闭式输送带、室内存储，经常清洗、清扫工厂地面和装卸场，防止磷矿石粉尘的扩散。

（6）磷酸生产

对采用湿法工艺的现有磷酸生产装置，BAT 技术采用以下一项或几项技术使 P_2O_5 的产率达到 $94.0\%\sim98.5\%$：

- 二水物法或改进的二水物法；
- 增加停留时间；
- 再结晶工艺；
- 再制浆；
- 双级过滤；
- 回收磷石膏堆排水；
- 磷矿石的选择。

新建装置 BAT 技术需使 P_2O_5 产率达到 98% 以上，可采用双级过滤再结晶工艺。湿法工艺的 BAT 技术可采用以下一项或几项技术，减少 P_2O_5 排放：使用除雾器，使用真空闪蒸冷却器和/或真空蒸发器；使用水环泵，循环液回用于生产工艺；使用洗涤液循环的洗涤装置。

BAT 技术利用合适的洗涤液、洗涤器减少氟化物排放，并将其控制在 $1\sim5mg/m^3$ 范围内（以 HF 计）。湿法工艺的 BAT 技术出售或处理生成的磷石膏和氟硅酸，对磷石膏填埋及渗滤液进行处理。湿法工艺的 BAT 技术通过间接冷凝系统，或使用回收的洗涤液及购买的洗涤液进行洗涤，防止氟化物排入水中。废水处理的 BAT 技术联合应用以下技术：

- 石灰中和；
- 过滤和选择性沉淀；

● 固体回收。

（7）氢氟酸

氢氟酸（HF）生产的 BAT 技术采用如下技术使能耗达到表 0-7 中所列水平：预热原料 H_2SO_4；优化回转窑设计及回转窑中的温度控制；使用预反应器；回收回转窑热量；煅烧萤石。

表 0-7　HF 生产 BAT 技术对应的能耗

项　　目	GJ/t HF	备　　注
用于加热回转窑的燃料	4～6.8	现有装置
	4～5	新建装置,生产无水 HF
	4.5～6	新建装置,生产无水 HF 及氢氟酸溶液

萤石制 HF 工艺的 BAT 技术采用水洗和（或）碱洗对尾气进行处理，使废气排放浓度达到表 0-8 中的浓度水平。BAT 技术还包括：减少矿石干燥、传输以及储存过程中的粉尘排放，控制粉尘排放量在 3～19mg/m³（标）范围内。

表 0-8　HF 生产 BAT 技术对应的污染物排放浓度

项　　目	kg/t	mg/m³(标)	备　　注
SO_2	0.001～0.01		年平均值
氟化物(HF)		0.6～5	

不同观点：部分企业认为，由于每年更换一次或多次织物过滤器的成本太高，上述粉尘排放浓度值很难达到。

湿法洗涤废水处理的 BAT 技术可采用石灰中和、混凝、过滤和选择性沉淀等技术。萤石制 HF 工艺的 BAT 技术要求将副产品硬石膏和氟硅酸出售，如果没有销售市场，采用填埋等措施进行处置。

（8）NPK 复合肥生产

NPK 复合肥生产的 BAT 技术采用以下一项或几项技术：采用板束冷却器；热空气的循环利用；选择适当的筛网和压碎机组合（如滚筒式或链式压碎机）；采用翻转加料控制造粒循环；在线监测产品粒径分布以控制造粒循环。BAT 技术要求减少磷矿石分解工段 NO_x 的排放量，可采用的技术包括：精确控制温度，控制适当的磷矿石/酸比率，选用合适的磷矿石或控制其他相关工艺参数。

BAT 技术采用多级洗涤等措施，减少洗砂、CNTH 过滤以及磷矿石分解等工段废气中污染物的排放，使污染物排放浓度达到表 0-9 中的排放水平。BAT 技术要求减少中和、造粒、干燥、涂层（coating）以及冷却工段废气中 NH_3、氟化物、灰尘和 HCl 的排放，使排放浓度和去除率达到表 0-9 中的排放水平，可采用的技术包括：

● 除尘，如采用旋风分离器和/或织物过滤器；

● 湿法洗涤，如联合洗涤。

表 0-9　NPK 复合肥生产 BAT 技术相应的废气中污染物排放浓度

项　目	参　数	排放浓度 mg/m³（标）	去除率/%
磷矿石分解、洗砂、CNTH 过滤	NO_x（以 NO_2 计）	100～425	
	氟化物（以 HF 计）	0.3～5	
中和、造粒、干燥、涂层、冷却	NH_3	5～30①	
	氟化物（以 HF 计）	1～5②	
	粉尘	10～25	＞80
	HCl	4～23	

　　① 下限值为以硝酸作洗涤介质时的排放浓度，上限值为其他酸作洗涤介质时的排放浓度。具体与生产的 NPK 复合肥种类（例如 DAP）有关，即使采用多级洗涤，污染物排放浓度也可能很高。

　　② 生产 DAP 时，采用磷酸多级洗涤的排放浓度可达 10mg/m³（标）。

　　BAT 将冲洗水、清洗水及洗涤液回用到生产工艺以减少废水量，利用余热蒸发废水，并对剩余废水进行处理。

　　（9）尿素和尿素硝铵的生产

　　尿素（UN）和 UAN（尿素硝铵）生产的 BAT 技术包括在精加工工段采取如下措施以减少污染物排放：采用板式冷却系统；将尿素成品加入尿素浓缩液中；选择尺寸合适的筛分器和研磨机（如滚筒辗粉机或链式研磨机）；在造粒回收控制工段应用浪涌加料斗或在线测量产品粒径分布。通过下列一项或几项技术的联合使用来优化并减少能耗：

- 已有汽提设备的装置继续采用汽提技术；
- 新建装置采用整体循环汽提工艺；
- 采用传统整体循环工艺的现有装置，只有在尿素产量大幅增加的情况下才采用汽提技术；
- 加强汽提设施内的热集成；
- 应用冷凝-反应组合设备技术。

　　BAT 技术对湿工段产生的所有废气进行洗涤处理，将产生的氨溶液回收至工艺流程（需考虑爆炸下限）。

　　BAT 技术减少造粒工段氨和粉尘的排放，将 NH_3 的排放浓度控制在 3～35mg/m³（标）范围内。如采用汽提技术或优化造粒塔的操作条件，将洗涤液在装置内回用。如果洗涤液可以重复利用，则首选用酸洗，否则选用水洗。如果 NH_3 的排放浓度控制在上述范围内，即便用水洗，粉尘排放量可控制在 15～55mg/m³（标）范围内。

　　若工艺水在处理前后都不能回用，BAT 技术采用解吸-水解处理工艺水，使污染物排放浓度达到表 0-10 所列的排放水平。要使现有装置达到该浓度，BAT 技术为采用生物处理。

表 0-10　尿素生产工艺水采用 BAT 技术处理后的污染物排放浓度

装　置		NH_3	尿素	单位
工艺水处理后	新建装置	1	1	mg/L(体积分数)
	现有装置	<10	<5	

（10）硝酸铵（AN）/硝酸铵钙（CAN）的生产

BAT 技术联合应用以下技术，优化中和/蒸发过程：

- 用反应产生的热量预热硝酸和/或蒸发氨气；
- 在高压下进行中和反应并输出蒸汽；
- 用生成的蒸汽浓缩硝酸铵溶液；
- 回收余热冷却工艺水；
- 用产生的蒸汽处理工艺冷凝液；
- 用反应产生的热量蒸发多余的水分。

BAT 技术能可靠、有效地控制 pH 值、流量和温度。BAT 技术采用以下一项或几项技术，减少产品精加工阶段的污染物排放：应用板束产品冷却器；热空气的循环利用；选择合适尺寸的筛分器和研磨机（例如滚筒式或链式研磨机）；采用脉冲式加料控制造粒循环；对产品粒径分布进行在线监测和控制。

BAT 技术使用织物过滤器等，使白云石研磨过程的粉尘排放量小于 $10mg/m^3$（标）。由于缺乏足够数据，无法确定中和反应、蒸发、晶种造粒、塔式造粒、干燥、冷却以及调理工段产生废气中污染物的排放浓度。

BAT 技术循环利用装置内、外的工艺水，产生的废水进行生化处理，或采用其他等效技术处理。

（11）过磷酸钙（SSP）/重过磷酸钙（TSP）的生产

可采用《化学工业废水废气处理/管理最佳可行技术》中的 BAT 技术对 SSP/TSP 生产废水进行处理。BAT 技术采用以下一项或几项技术减少产品精加工工段的污染物排放：

- 应用板束产品冷却器；
- 热空气的循环利用；
- 选择合适尺寸的筛分器和研磨机，例如滚筒式或链式研磨机；
- 采用脉冲式加料控制造粒循环；
- 对产品粒径分布进行在线监测以控制造粒循环。

BAT 技术应用合适的洗涤器及洗涤液，控制氟化物排放浓度在 $0.5\sim5mg/m^3$（标）范围内（以 HF 计）。BAT 技术回收洗涤液以减少废水排放量，生产 SSP 或 TSP 同时，副产酸化磷矿石（PAPR）。

SSP/TSP 及多用途产品生产的 BAT 技术应用以下技术，减少中和、造粒、干燥、涂层、冷却工段废气中污染物的排放，使排放浓度和去除率达到表 0-11 中的排放水平：

- 旋风分离器和/或陶瓷过滤器；

- 湿法洗涤，如联合洗涤。

表 0-11　BAT 技术对应的大气污染物排放浓度

项　　目	参　　数	浓度/[mg/m³（标）]	去除率/%
中和、造粒、干燥、图层、冷却	NH₃	5～30①	
	氟化物（HF）	1～5②	
	粉尘	10～25	>80
	HCl	4～23	

① 下限值为硝酸作洗涤液的排放值，上限值为其他酸作洗涤液的排放值。生产某些类型的 NPK 复合肥［磷酸氢二铵（DAP）］时，即使采用多级洗涤，污染物的排放浓度仍可能较高。

② DAP 生产时使用 H_3PO_4 进行多级洗涤，预期排放浓度可达 $10mg/m^3$。

0.1.5　结束语

2001～2006 年，我们开展了关于大宗无机化学品——氨、无机酸以及化肥生产最佳可行技术编制项目的信息交流。本书初稿发布后征集到约 600 条意见，第二稿发布后征集到约 1100 条意见，随后开展了一系列讨论会，在此基础上完成了本书的终稿。终稿得到了行业和成员国的高度认同，书中也介绍了两种不同的观点。

通过 RTD 计划，欧盟发起并资助了一系列项目，涉及清洁技术、新兴污水处理及回用技术和管理策略。这些项目对未来最佳可行技术参考文件的修订具有一定的贡献。因此，欢迎广大读者将任何与本书有关的研究结果告知 EIPPCB（见本书 0.2 引言部分）。

0.2 引　　言

0.2.1　本书的地位

除特殊说明外，本书中提到的"指令"（directive）均指欧盟理事会关于综合污染防治的 96/61/EC 指令。本书与指令的实施均需以不影响公众健康与安全的工作环境为前提。

本书介绍欧盟成员国与相关工业部门在最佳可行技术、相关监测成果及其发展等方面进行信息交流的系列成果的部分内容，由欧洲委员会根据指令第 16（2）条的规定出版发行，因此在确定最佳可行技术时必须与指令附件Ⅳ中的规定一致。

0.2.2　IPPC 指令的相关法律义务和 BAT 技术的定义

为了帮助读者理解起草本书的法律背景，引言中将介绍与 IPPC 指令（以下简称"指令"）密切相关的部分条文，包括"最佳可行技术（BAT）"的定义。阐述内容难免不足，仅提供相关信息，且不具备法律效力，不得改变或偏离指令的条文。

指令的目的是实现对附件 I 所列污染行为的综合预防和控制，提高环境保护的整体水平。指令的法律基础是环境保护，实施中还需兼顾其他欧盟目标，如欧盟工业的竞争力等，推进可持续发展。

确切地说，指令对不同类型的工业设施实行许可制度，要求运营商和监管部门综合、全面考察各设施的潜在污染和消耗水平。其总体目标是加强对生产过程的管理和控制，提高环境保护的整体水平。其核心是指令第 3 条提出的基本原则，即运营商应采取一切适当的预防措施，特别是应用 BAT 技术以防止污染，提高环境效益。

指令第 2(11) 条对 BAT 技术定义为：生产发展及其运行方法的最有效、最先进阶段，反映特定技术具有实际适应性，为制定排放限值提供了基本技术依据，阻止或（若无法阻止时）减少污染排放及其对环境的整体影响。该条款对 BAT 技术定义进一步解释如下：

● "技术"既包括技术本身，也包括技术中涉及的装置设计、建造、维护、运行和报废的方法；

● "可行"技术是指在经济和技术条件许可条件下，能在相关行业得到规模化应用，具有成本和技术优势的技术，这些技术只要运营商能合理地引进，不一定要在欧盟成员国使用或生产。

● "最佳"是指最有效地实现对整体环境的良好保护。

指令附件 IV 还包括"在确定 BAT 时需要考虑的一般和特殊情况……尤其需要考虑技术可能的成本和效益，及污染的预防原则"。这些情况包括欧盟委员会根据指令第 16(2) 条发布的信息。

许可证授权部门在确定许可证条件时需考虑指令第 3 条提出的一般原则。这些条件必须包括排放限值、合适的等效参数和技术措施的补充或替代。指令的第 9（4）条指出，这些排放限制值、等效参数和技术措施必须在达到环境质量标准前提下，以最佳可行技术为依据，不限制使用任何或特定技术，但应考虑相应装置的技术特点、地理位置和当地环境条件。任何情况下，许可条件均需包括对最大限度地减小远程和跨界污染的规定，实现对整体环境的良好保护。

指令第 11 条规定，欧盟各成员国有义务确保主管部门遵循或知晓最佳可行技术的发展状况。

0.2.3　本书的编写目的

指令第 16(2) 条要求欧盟委员会组织"各成员国和工业部门开展有关 BAT 技术、相关监测及其发展情况的信息交流"，并公布交流成果。

指令第 16(2) 条第 25 项指出，信息交流的目的在于"在欧盟层次上开展有关 BAT 技术的信息交流，将有助于解决欧盟内部的技术不平衡，促进欧盟排放限值和技术在世界范围内推广，帮助各成员国推动 IPPC 指令的实施"。

为协助指令第 16(2) 条的实施，欧盟委员会（环境总署）建立了一个信息交流论坛（IEF），在论坛框架下成立了一大批技术工作组。论坛和技术工作组中都有成员国和工业部门的代表。

IPPC 系列文件编制的目的在于"准确地介绍根据指令第 16（2）条要求开展的信息交流成果，为许可证发放部门提供确定许可条件的参考信息。通过提供与最佳可行技术相关的信息，成为提高环保绩效的有力工具。"

0.2.4　资料来源

本书汇集了各种渠道收集的资料，包括为协助欧盟委员会工作而专门成立的专家组成员的意见，这些意见已经过委员会核实。在此对所有贡献者致以诚挚谢意。

0.2.5　如何理解和使用本书

本书提供的信息旨在为具体案例 BAT 技术的确定提供参考。在确定 BAT 技术和基于 BAT 技术的许可条件时，始终应以实现对整体环境的良好保护为总体目标。

本节余下内容概述了本书各章节的框架及内容组成。

各章第 1 节、第 2 节介绍了相关的生产行业以及在行业内使用的生产工艺和技术。各章第 3 节列出了本书编制时，现有相关装置的污染排放和消耗水平。

各章第 4 节详细介绍了与确定 BAT 技术和基于 BAT 技术的许可条件紧密相关的污染减排及其他技术。内容包括：使用 BAT 技术所能达到的消耗和污染排放水平，BAT 技术相关的成本和跨介质污染物问题，对执行 IPPC 许可证制度的装置所应采用的技术程度。BAT 技术不包括通常认为已被淘汰的技术。

各章第 5 节介绍了与最佳可行技术相对应的技术、污染物排放浓度和消耗水平。目的是提供排放量和消耗水平的相关信息，为确定基于 BAT 技术的许可条件，或为根据指令第 9（8）条制定具有普遍约束的法规，提供适用的参考。需明确说明的是，本书无意提出任何排放限值，在确定许可条件时，需考虑当地、现场的因素，如装置的技术特点、所在地理位置及当地的环境条件。对现有装置需考虑装置升级改造的经济和技术可行性，即使只考虑对整体环境进行良好保护这一目标，也需权衡不同类型环境的影响，许可条件的确定常受到当地环境因素的影响。

本书试图解决上述部分问题，但不能涵盖所有问题。第 5 节所介绍的技术、污染物排放浓度和消耗水平不一定适用于所有装置。另一方面，为确保对整体环境进行良好保护（包括使远程或跨介质污染最小化），在确定许可条件时不能仅考虑当地因素。

最佳可行技术具有时效性，因此对本书将适时进行修订和再版，对本书的相关意见和建议请转至设立在未来技术研究所的欧盟综合污染预防与控制局，联系地址如下：

Edificio Expo，c/ Inca Garcilaso，s/n，E-41092 Sevilla，Spain

Telephone：＋34 95 4488 284

Fax：＋34 95 4488 426

e-mail：JRC-IPTS-EIPPCB@ec. europa. eu

Internet：http：//eippcb. jrc. es

0.3 本书的范围

氨、无机酸和化肥生产最佳可行技术参考文件包括 IPPC 指令附件 I 中的如下内容：4.2(a) 氨、氟化氢；4.2(b) 氢氟酸、磷酸、硝酸、硫酸及发烟硫酸；4.3 磷肥、氮肥或钾肥（单一或复合肥料）。

尽管氨、硝酸、硫酸和磷酸主要用于下游化肥生产的原料，但本书涉及的范围并不局限于化肥生产行业。

根据上述所列内容，本书的范围包括：

- 合成氨行业中合成气的生产；
- 以 SO_2 为原料的硫酸的生产，生产硫酸的 SO_2 气体来源于不同生产工艺，如有色金属生产或废酸液再生过程。

关于有色金属生产的具体信息详见有色金属加工 BREF ［61，European Commission，2003］。

本书不包括以下内容：

- 废硫酸的再浓缩或纯化；
- 食品级硫酸的生产。

1

氨、无机酸和化肥生产概述

1.1 通 用 信 息

1.1.1 概述

化肥生产工业的本质是为植物提供可吸收的三种主要营养元素——氮、磷、钾。氮可用元素 N 来表示，磷和钾可以元素 P、K 或其氧化物（P_2O_5、K_2O）表示。硫的供应量也很大，部分由过磷酸钙和硫酸铵等硫酸盐产品提供。常量营养元素可在化肥生产过程中添加或由原料提供，微量营养元素（痕量元素）可添加到肥料中，也可单独供应 [27，UNEP，1998]。表 1-1 概括了氨、无机酸和化肥行业的产品，以及相应原料和主要环境问题。氟化氢（HF）的生产与化肥生产没有直接关系。

表 1-1 氨、无机酸和化肥工业的产品及相应原料和主要环境问题概述

原　料	产　品	主要环境问题
烃、水、空气	NH_3	消耗能量 空气：NO_x 废水
NH_3、CO_2	尿素，尿素硝铵	消耗能量 空气：NH_3、粉尘 废水：NH_3、尿素

续表

原 料	产 品	主要环境问题
空气、NH_3	HNO_3	输出能量 空气：N_2O、NO_x
SO_2 空气	H_2SO_4	输出能量 空气：SO_2、SO_3/H_2SO_4 酸雾
磷矿石、H_2SO_4	H_3PO_4	空气：HF、H_2SiF_6 磷石膏 废水
萤石、H_2SO_4	HF	空气：HF、粉尘 硬石膏 废水
磷矿石、H_2SO_4、H_3PO_4	重过磷酸钙/过磷酸钙	空气：HF、粉尘 废水
NH_3、HNO_3	硝酸铵	空气：NH_3、粉尘 废水
硝酸铵、$CaCO_3$	硝酸铵钙	空气：NH_3、粉尘 废水
磷矿石、TSP/SSP NH_3 H_2SO_4、H_3PO_4、HNO_3 其他	NPK 复合肥①	空气：NH_3、NO_x、HF、HCl、粉尘 废水
CNTN、NH_3	硝酸钙	空气：NO_x、粉尘

① 原料和污染物排放量因生产的具体 NPK 复合肥种类而异。

注：表中内容来源于本书相关章节。

97%的氮肥主要源于氨，70%的磷肥源于磷酸。过去 30 年里，磷肥新增产能的很大一部分源于磷酸，钾肥则源自碳酸钾。因此，氨、磷酸以及碳酸钾这三种原料为化肥生产行业提供了良好的发展前景。氮肥生产所需的能源在全球分布十分均匀，但氮肥产地主要集中在能提供廉价天然气的地区。在需求量大的发展中国家，氮肥产地主要集中在天然气产区，如中东地区和加勒比海地区，或位于主要消费地区，如南亚和中国。未来氮肥新增产能将主要集中在上述地区。发展中国家氮肥产量占世界总产量的比例从 1974 年的 27% 增加到 1988 年的 51%（见 2.1 部分），而西欧则从 1988 年的 13% 降到了 2000 年的 9% [2，IFA，2005]。

磷酸由磷矿石和酸反应生成，所用的酸主要是硫酸（见 5.2 部分）。在过去的 20 年间，在拥有大量磷矿石资源的国家，尤其是在北非和美国，也包括中东、非洲南部和西部以及中国，磷矿石加工业呈现截然不同的发展趋势，这种趋势还将继续发展。在西欧，自 1988 年以来磷酸产能和产量下降了 52%。磷矿石和磷肥的主要产地是美国、前苏联、中国、马格里布国家、埃及、塞内加尔、多哥、南非以及中东地区。其中部分为发展中国家，磷酸盐工业为这些国家的经济发展做出了重要贡献 [2，IFA，2005]。

碳酸钾由少数几个拥有钾矿石资源的国家生产。俄罗斯和白俄罗斯的碳酸钾产量约占世界总产量的 33%，北美（主要是加拿大）占 40%，西欧占 17%，以色列和约旦占 8%；上述地区的产量占世界总产量的 98% [2，IFA，2005]。

除 HF 外，表1-1 中所列产品主要作为化肥产品或作为生产化肥的原料，表1-2 列举了部分 LVIC-AAF 产品的其他用途。

表 1-2　部分 LVIC-AAF 产品的其他用途举例［15，Ullmanns，2001］

产　品	化肥生产之外的其他用途
HNO_3	用作炸药和有机中间体生产的硝化剂，作为冶金行业的化学原料
H_2SO_4	用作有机化学及石油化工生产工艺的酸性脱水介质，生产 TiO_2 颜料，盐酸和氢氟酸，钢材酸洗除锈，在湿法冶金中浸出钒、铜以及铀，制备用于有色金属的净化和电镀的电解槽
HF	见 6.1 部分
硝酸铵	多孔硝酸铵颗粒（炸药的重要组分之一）
尿素	生产三聚氰胺，制备尿素甲醛树脂，用作牛和其他反刍动物的饲料（主要在美国），用于 NO_x 脱除工艺

1.1.2　环境问题

1.1.2.1　能源消耗和温室气体排放

关于硝酸生产中 N_2O 的排放问题详见 3.1 部分及表 3-7。

能源消耗带来的环境问题源于能源开采和运输过程对生态系统的影响，及燃料燃烧所排放的温室气体。目前，化肥生产的能耗约占全球总能耗的 2%～3%（西欧约为 1%），化肥生产的能耗主要集中在氮肥生产中固定大气中的氮以合成氨的过程。氨转化成尿素的过程也消耗大量能量。生产硝酸铵时，氨转化为硝酸的过程会释放热能，可用于蒸汽涡轮机发电等。硝酸与氨发生中和反应生成硝酸铵的过程也释放热能。对于磷肥生产来说，磷矿石开采、磷酸生产、磷肥产品加工及污染控制等过程都需要消耗能量［27，UNEP，1998］。

化肥生产常要求高温高压条件，故需消耗大量能量，但通过对生产工艺进行升级改造可提高能量利用效率。每固定 1t 氮气，1990 年建成厂比 1970 年建成厂的能耗低 30%。以天然气为原料，使用重整工艺的新合成氨装置的能耗（包括原料在内）低于 $30GJ/t\ NH_3$，而 20 世纪 60 年代早期常用生产工艺的能耗为 $75GJ/t\ NH_3$。部分氧化工艺比重整工艺耗能多。1995 年，美国所有化肥厂的平均耗能水平约为 40GJ/t［27，UNEP，1998］。

1.1.2.2　能量输出

在 AAF 工业中，硫酸和硝酸的生产过程是能量输出的典型代表，能量以高、中、低压蒸汽或热水的形式输出。如果所有的热能都经蒸汽涡轮机转化成电能，净能量输出将减少约 65%。硝酸、硫酸、氨生产过程中的能量输出情况见表 1-3。

本书 2.3.1、3.2.6 和 4.4.15 部分，以及表 4-17～表 4-20 也有相关内容介绍。

表 1-3 硝酸、硫酸、氨生产过程中的能量输出

产　　品	能量输出形式	备　　注
HNO_3	高压蒸汽	对输出能量进行过优化的生产装置,通常尾气的温度较低。 ①在透平膨胀机和管道中可能会生成尿素,存在一定的安全隐患,详见 3.4.10 部分 ②可能会影响尾气处理系统的选择和应用,详见 3.4.10 和 3.4.6 部分
H_2SO_4	高压蒸汽 低压蒸汽 热水	SO_2来源、进气中SO_2浓度以及转化工艺类型共同决定了输出能量的多少。若能回收或利用酸冷却过程中的余热,则输出能量将显著增加
NH_3	高压蒸汽	可将合成氨装置设计成既能输出能量又能提高净能量消耗

注:表中内容来源于本书相关章节。

1.1.2.3　废气排放量大

排放到空气中的主要污染物包括 NO_x、SO_2、HF 和粉尘（见表 1-1）。不同排放源的废气排放浓度差异显著,在评价不同排放源的污染物排放量时需考虑废气的实际排放量。为便于读者理解,表 1-4 列出了部分排放源的废气排放量。

表 1-4　废气排放量举例　　　　单位：m^3（标）/h

排　放　源	体积流量
各种产品造粒工段	90000～2000000[①]
各种产品的其他精加工阶段	92000～340000
硝酸装置尾气	20000～300000[①]
硫酸装置尾气	25000～125000[①]
磷矿石消解工段	8000～25000
NO_x脱除工段,研磨机和封闭式传送带(SSP/TSP)	25000
尿素合成工段的排放口	420

资料来源：[154, TWG on LVIC-AAF, 2006]。

注:表中数据来源于本书相关章节。

1.1.2.4　副产品产量大

生产过程将产生的大量副产品包括如下几种：

● H_3PO_4 生产过程产生的磷石膏；

● 含 HF 或 SiF_4 的废气洗涤时产生的氟硅酸（磷矿石分解和 HF 生产的所有工段都会产生）；

● HF 生产过程产生的硬石膏。

例如在磷酸生产中,每生产 1t P_2O_5 会产生 4～5t 磷石膏。因此,在欧洲,若现有湿法工艺磷酸装置满负荷生产（据表 5-1,每年 225×10^4t）,每年约产生 $(900\sim1100)\times10^4$t 磷石膏。

所有副产品的产量均很大,有利于维持销售价格的稳定,但运输成本、产品

纯度及天然产品的竞争等因素限制了其销售，过剩产品必须进行处理，如进行填埋处理。

磷石膏的处置及价格稳定措施见 5.4.13 部分。

氟硅酸的回收及价格稳定措施见 5.4.7、6.4.4 和 10.4.3 部分。

硬石膏的价格稳定措施见 6.4.3 部分。

1.1.2.5　原料杂质

LVIC-AAF 生产过程中，可能引入杂质的原料包括：

- 磷矿石（详见 5.2.2.1.1 部分）；
- 萤石（详见 6.2.2 部分）；
- 硫酸，如有色金属工业使用的工业级硫酸，也称为"致命酸"（详见 5.2.2.1 和 10.2.2 部分）。

原料中的杂质会影响产品和副产品的质量，增加污染物在原料气体中的浓度（例如 NO_x 和 HF），还可能产生异味。

原料杂质带来的另一个问题是不同磷矿石的放射性（详见表 5-4 和表 5-8）以及由放射性所引起的健康和安全问题。磷矿石是生产 H_3PO_4、SSP、TSP 和多元复合肥（multinutrient fertilisers）中的磷酸盐的原料。磷矿石具有天然放射性，但据测量，其放射性水平要低于环境背景值 [154，TWG on LVIC-AAF，2006]。

关于磷矿石的选择详见 5.4.9 和 5.4.10 部分相关内容。

1.1.2.6　安全问题

化肥生产的安全问题需要特别注意，其可能会诱发环境问题。

部分原材料，尤其是含氮化合物（例如氨和硝酸），由于存储、装卸以及使用不当可能会导致危险发生。关于存储和装卸的有关信息详见 [5，European Commission，2005]。

（1）尿素

尿素合成过程最典型的氨排放源为氨回收工段和分离器排出的非冷凝气，其中含有氢气（H_2）、氧气（O_2）和氮气（N_2），在大多数情况下还存在氨气（NH_3）和二氧化碳（CO_2），来源于二氧化碳原料气中的惰性气体和为防腐而加入的钝化空气。一定比例的 H_2、O_2 和 NH_3 混合气体可能会发生爆炸。催化燃烧 CO_2 原料中的 H_2 使其含量降至 300×10^{-6} 以下，或者用 CO_2 或 N_2 稀释排放气体，可以降低爆炸风险 [154，TWG on LVIC-AAF，2006]。

关于惰性气体中氨气的安全洗涤详见 8.4.5 部分。

（2）硝酸铵或基于硝酸铵的氮磷钾复合肥

自持分解（SSD）指含硝酸盐肥料在不加热的条件下从局部开始并延伸到整体的分解现象（大多数分解需要在加热的条件下才能发生）。常压下，硝酸铵（AN）本身不会发生自持分解，需要有固定基质和催化剂，在该基质上熔融的 AN 开始发生自持分解。很多材料对硝酸铵或含有硝酸铵物质的自持分解都有很强的催化作用，如酸、氯化物、有机物、铬酸盐、重铬酸盐、金属（如锌、铜和铅）以及锰盐、铜盐、镍盐等。一些基于 AN 的氮磷钾复合肥也满足这两个条件（固定基质和催化剂）也可能发生自持分解，但氮磷钾复合肥的自持分解不会导致爆炸。SSD 可能会释放大量有毒气体和蒸汽（例如废气量高达固体肥料体积 300 倍的 NO_x）。从理论上说，当产生的气体不能从密闭空间排出时可能会导致物理爆炸。

有些新生产的化肥在凝固后仍然含有很高的热量。凝固后的数天内，有些化肥（如 SSP 和 TSP）仍在继续固化。固化过程中所发生的一些反应是放热反应（例如中和），一般温度上升不会超过 10℃ ［154，TWG on LVIC-AAF，2006］。

有关 AN 生产的安全问题详见 9.2.2 部分。

（3）HNO_3 生产中 AN 的沉淀

HNO_3 生产中与 AN 沉淀有关的安全事项详见 3.4.1、3.4.10、3.4.11 和 3.5 部分。

1.2　综合生产基地

1.2.1　概述

图 1-4 描绘了 LVIC-AAF 行业不同产品之间的边界与联系。因此，许多相关产品（不局限于化肥产品）通常在同一个综合生产基地生产。除经济效益外，多种产品的一体化生产还带来了多种环境效益：

- 为物料的回用提供更多的选择；
- 设备的高效共享，如 NH_3 汽化器；
- 公用工程的高效生产和利用；
- 提高热量的综合利用；
- 处理设施的高效共享（如废水的中和或生物处理设施）；
- 减少大量存储，从而降低存储过程中污染物的排放量；
- 减少原料装卸次数，降低装卸时污染物的排放量；
- 用于回收冷凝液、工艺水以及洗涤液的措施更多，促使厂家使用更高效的洗涤液，如用酸性洗涤液替代水；
- 减少运输次数，从而降低了大气排放以及重大事故的风险。

除上述优势外，一体化也存在如下不足：

- 一体化可能会降低操作灵活性；
- 一套生产装置出现问题可能会影响到其他生产装置；
- 停车检修可能会导致相关工艺的中断；
- 一体化增加了对管理、控制和后勤的需求。

1.2.2 示例

只有非常大型的生产基地才能生产所有的化肥产品。通常，综合基地的重点是生产氮基化肥（或 AN）或磷肥。图 1-1～图 1-3 给出了一些典型氮基和磷基化肥生产装置的实例以及相应的生产能力。

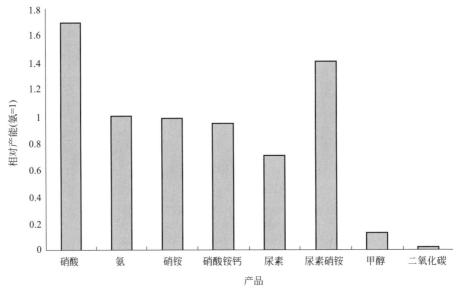

图 1-1　示例 A：氮肥生产基地的产品及相对产能（示例基地同时生产其他化学品，如尿素甲醛、甲醛以及硫酸铝等）

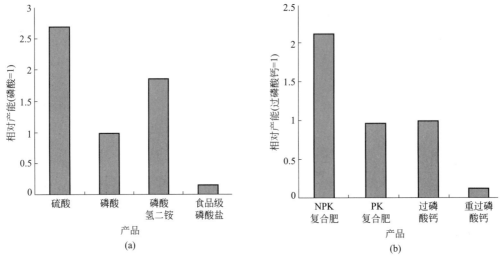

图 1-2　磷肥生产基地的产品及相对产能的两个示例（左侧基地同时生产 AlF$_3$）

尿素生产装置必须与合成氨装置整合到一起。合成氨装置可以供应尿素生产所需的原料如 NH$_3$ 和 CO$_2$，甚至能按所需的摩尔比供应。具有能源输出功能的合成氨装置还能为尿素装置供应蒸汽，有关尿素生产的详细信息见 8.2 部分。有关 HNO$_3$ 与

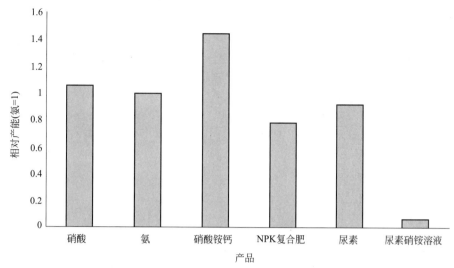

图 1-3　示例 B：氮肥生产基地的产品及相对产能（该基地同时生产三聚氰胺和 CO_2）

AN 生产一体化的示例见 1.4.1 部分。一体化生产一个经典示例是采用硝基路径生产 NPK 复合肥的"ODDA"装置（详见 7.2.2.1 部分）。因需要初始原料并产生副产品，硝基路线磷肥需与合成氨、HNO_3 和 CAN 等产品的生产整合在一起。液氨还可用于冷却硝基磷酸。有关硝基路线磷肥的详细信息见 7.2 部分。

另一个一体化生产的典型示例是 H_2SO_4 和 H_3PO_4 的生产。生产的 H_2SO_4 可作为 H_3PO_4 的原料。另外，硫酸车间的能量既可用于蒸汽发电，也可用于硝酸车间真空蒸发工段将稀 H_3PO_4 浓缩到中间浓度。H_2SO_4 生产还可与有色金属（铜、铅或锌）生产、TiO_4 生产以及回收硝化与磺化工段产生废酸的有机化工组合起来。

1.2.3　蒸汽和电力供应

氮肥厂的能源消耗量大，所需能量一部分用于满足各种加热需求，另一部分用于驱动各种设备，如压缩机、泵和风扇等。通常，大型设备用蒸汽机驱动，小型设备用电机驱动。

电力可由公共电网输送，也可在工厂内现场发电。

蒸汽由锅炉厂或热电厂供应，或利用氨、硝酸或硫酸生产过程中的能量加热的废热锅炉产生。

有关蒸汽和电力产生的详细信息见 [10，European Commission，2005]。

1.2.3.1　蒸汽轮机与蒸汽输送网

图 1-4 为化肥厂蒸汽输送网的示意。汽轮机可供应不同需求压力的工艺蒸汽。汽轮机驱动的设备主要包括：

- 合成氨装置的合成气体压缩机；
- 制冷压缩机；

- 尿素装置的 CO_2 压缩机；
- 硫酸装置中硫磺燃烧炉的空气压缩机。

冷凝气式汽轮机（图 1-4 中用 "X" 标注）用于平衡不同蒸汽加热器的负载。一般要避免非发电而导致的蒸汽压力下降，但是为了处理电力/蒸汽不匹配、开车以及其他紧急情况，需安装减温加压系统（"PRDS 阀"）。

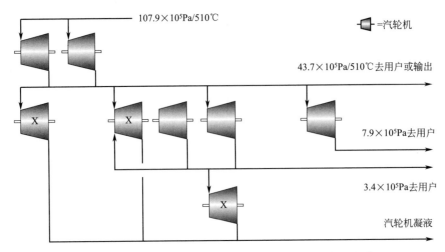

图 1-4　化肥厂蒸汽系统示例，示例中合成氨装置供应的蒸汽量为 360t/h［163，Haldor Topsoe，2001］

1.2.3.2　综合生产基地的能量输出和消耗单元

表 1-5 列出了综合生产基地能量的净输出和消耗单元。

表 1-5　一体化基地能量净输出和消耗单元概况

能量输出单元	可能输出能量的工段（与设计有关）	可能实现自热操作的工段	能量消耗单元
H_2SO_4 HNO_3	NH_3 硝酸铵中和/蒸发	磷矿石消解（生产 H_3PO_4、SSP/TSP、NPK） AN 造粒	NH_3 尿素 H_3PO_4 蒸发 AN 蒸发 HF 岩石粉碎 精加工工段（晶种造粒，塔式造粒，干燥，冷却）

1.3　排放和消耗水平

具体生产装置的污染物排放浓度及能源消耗情况见本书各章的第 3 节。

1.4 BAT 备选技术

本节列出了本书中提到的具有较高环境效益潜力的技术，包括管理系统、工艺集成技术以及末端处理措施；当寻求最佳结果时，三者之间通常会有许多重叠。

确定 BAT 技术时需考虑预防、控制、最小化和循环利用程序以及材料与能量的回用。

单一技术或组合技术都可能实现 IPPC 的目标。指令附录Ⅳ中列出了确定 BAT 技术时的一般注意事项，本节在介绍技术时也涉及了其中一个或多个注意事项。根据指令中 BAT 技术的定义，为方便各种技术的对比，本书尽可能采用一套标准框架对各种工艺进行介绍。

本节内容并未囊括所有技术，除此之外，还存在一些已有或将研发出的，与 BAT 技术框架内的技术等效的技术。

本书采用表 1-6 的提纲形式对各种技术进行介绍。

表 1-6　本书介绍各技术的指标及内容

信 息 类 型	具 体 内 容
概述	对技术的基本情况进行概述
环境效益	生产工艺和减排技术的主要环境影响,包括能达到的污染物排放浓度和处理效率;与其他技术的环境效益的比较
跨介质影响	技术的不利影响和缺点,与其他技术环境问题的详细比较
操作数据	污染物排放浓度和能源消耗量(原材料、水、能量),如何操作、维护和控制该技术的其他有用信息,包括安全问题、技术的可操作性、输出产品质量等
适用性	技术应用和改造时需考虑的因素(例如占地,工艺特性)
经济性	投资和运行成本,技术能节省的成本(例如降低原料消耗,污染处理成本)
实施驱动力	技术实施的原因(例如其他法规,产品质量提高)
参考文献和示例装置	对技术进行更详细介绍的文献,示例装置指采用该技术的装置

1.4.1　加强工艺的整合（一）

（1）概述

示例工厂已加强了硝酸和硝酸铵装置的整合（硝酸生产的概况见 3.2 部分；硝酸铵生产的概况见 9.2 部分）。已完成的整合方式包括如下几种。

● 过热氨气是一种常见原料，两套装置共用一套 NH_3 蒸发器，使用硝酸铵装置的工艺蒸汽来加热；

● 通过两级热换器，用硝酸铵装置的低压蒸汽将锅炉给水（BFW）从 43℃加热到约 100℃（见图 1-5）；

● 高温锅炉给水用来预热硝酸装置的尾气；

● 硝酸铵装置的工艺凝液回用于硝酸装置的吸收塔。

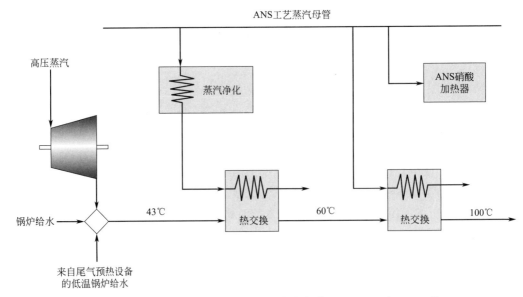

图 1-5　用硝酸铵装置的蒸汽加热锅炉给水 [140，Peudpièce，2006]

（2）环境效益

● 提高能源效率；

● 减少废水中污染物的排放；

● 节约了脱盐水。

（3）跨介质影响

无明确影响。

（4）操作数据

未提供信息。

（5）适用性

普遍适用。特别是适用于相互依存的各种工艺，但改进措施视具体情况而定。

在一体化生产基地，必须考虑到一套装置的变化可能会影响其他装置的运行参数。该技术的实施也受环境驱动力的影响 [154，TWG on LVIC-AAF，2006]。

（6）经济性

通过如下措施可降低成本：

● 提高能源效率；

● 减少脱盐水用量；

● 共用氨蒸发器降低投资成本；

● 示例装置每年可节约运行费用超过 100 万欧元。

（7）实施驱动力

成本效益，减少废水污染物的排放。

（8）参考文献和示例装置

[140，Peudpièce，2006]，Grande Paroisse，Rouen。

1.4.2 加强工艺的整合（二）

（1）概述

在示例化肥生产基地，尿素生产装置一级和二级分解工段的尾气中含有 NH_3 和 CO_2。

在老的布局中：

● 除去 MEA 溶液中的 CO_2 后，使用水冷式冷凝器和两个往复式压缩机将 NH_3 蒸气冷却压缩至 $18.6 \times 10^5\,Pa$，再回用到工艺中；

● 同时，从 NPK 复合肥生产装置的储存罐提取 $0\,℃$ 的 NH_3，使用低压蒸汽将其蒸发至 $5.9 \times 10^5\,Pa$，用于中和硝酸。

在新的布局中，仅在尿素生产装置将 NH_3 压缩至 $5.9 \times 10^5\,Pa$，然后输送到 NPK 复合肥生产装置。

（2）环境效益

● 降低压缩过程电耗；

● 节约低压蒸汽。

（3）跨介质影响

无明确影响。

（4）操作数据

未提供信息。

（5）适用性

普遍适用。特别是适用于相互依存的各种工艺，但改进措施视具体情况而定。

在一体化生产基地，必须考虑到一套装置的变化可能会影响其他装置的运行参数。该技术的实施也受环境驱动力的影响［154，TWG on LVIC-AAF，2006］。

（6）经济性

成本效益，投资回报期：2 个月。

（7）实施驱动力

成本效益。

（8）参考文献和示例装置

［173，Green Business Centre，2002］

1.4.3 过剩蒸汽的处理

（1）概述

综合生产基地会产生和使用多种压力的蒸汽，用于加热和驱动各种机械设备。在特定生产环节可能出现过剩蒸汽。过剩蒸汽的使用和处理遵循如下原则：

● 一般来说，蒸汽未使用前不要降低蒸汽压力；

● 对整个蒸汽系统进行调整，减少整体消耗以尽量减少过剩蒸汽的产生；

● 原地或异地使用过剩蒸汽；

● 最后，若受现场因素制约无法对过剩蒸汽进行利用时，可将其用于发电。

低压蒸汽用于冷却的示例见 9.4.2 部分"回收余热以冷却过程水"。

（2）环境效益

降低能耗。

（3）跨介质影响

无明确影响。

（4）操作数据

未提供信息。

（5）适用性

普遍适用。

（6）经济性

未提供信息，但可估算成本效益。

（7）实施驱动力

降低能耗和提高成本效益。

（8）参考文献和示例装置

[154，TWG on LVIC-AAF，2006]

1.4.4　替换旧的 PRDS 阀

（1）概述

一般要避免蒸汽降压而不发电的情况，但为了处理电/蒸汽不匹配、开车条件和紧急情况，要安装蒸汽减温减压系统（"PRDS 阀"）。

已安装 PRDS 阀的，需使 PRDS 阀维持最小流量 150 kg/h，以便在需要时阀门可立即打开。但此流量会造成阀门内部腐蚀，使通过的蒸汽流量增大，最终导致蒸汽连续排放。

带阻式阀的新 PRDS 系统只需 20 kg/h 的流量即可保证其快速打开，且阀门腐蚀程度也显著降低。

（2）环境效益

降低能耗。

（3）跨介质影响

无明确影响。

（4）操作数据

未提供信息。

（5）适用性

普遍适用。

（6）经济性

成本效益。投资回报期：8 个月。

（7）实施驱动力

成本效益。

（8）参考文献和示例装置

[173，Green Business Centre，2002]

1.4.5 真空泵的优化/维护

（1）概述

多种真空泵都可用于化肥生产，选择正确的尺寸及定期维护对真空泵的高效运转至关重要。

示例装置使用了 2 台容量为 $500m^3/h$、压力为 $0.3 \times 10^5 Pa$ 的真空泵，其中 1 台带有节流阀。由于不均匀磨损和真空管线接头处有泄漏，导致泵的容量下降。经维修后，只使用 1 台真空泵即可满足真空要求。

（2）环境效益

● 降低能耗；

● 在简单示例中可节省 15kW 能量。

（3）跨介质影响

无明确影响。

（4）操作数据

未提供信息。

（5）适用性

普遍适用。

（6）经济性

可估算成本效益。

（7）实施驱动力

成本效益。

（8）参考文献及示例装置

[173，Green Business Centre，2002]

1.4.6 物料平衡

（1）概述

物料平衡是了解综合生产基地和优先发展改进策略的重要工具。物料平衡主要考虑以下指标：

● 营养组分：氮（如原料、产品、NH_3 排放、洗涤液）；

● 营养组分：P_2O_5（如原料、产品、粉尘排放、磷石膏）；

● 蒸汽（包括压力和温度）；

● 水（如锅炉给水、冷却水、工艺水、冷凝水、洗涤液）；

● CO_2（见表 1-7 的示例）；

- 原料输入（如使用由 CNTH 转化制备 CAN 过程中的石灰）。

表 1-7　CO_2 平衡示例

项　　目	输入/(ktCO_2/a)	输出[①]		备　　注
		再利用	排放	
合成氨装置 1			203.9	来自加热单元
		348.8		
合成氨装置 2			72.9	来自加热单元
			75.8	来自 CO_2 解吸单元
		97.2		
CO_2 装置	57.1			
ODDA 装置	63.1		5.7	
尿素装置	279.1			
三聚氰胺装置		66.9	25.1	
总排放量			383.4	

① 每年 1000t CO_2 对应的数值。

数据来源：［9，Austrian UBA，2002］的图 4；［9，Austrian UBA，2002］列举了某 NPK 复合肥生产过程的水平衡示例。

（2）环境效益

促进改进策略的发展。

（3）跨介质影响

无明确影响。

（4）操作数据

未提供数据。

（5）适用性

普遍适用。

（6）经济性

- 监测及建立/维护数据库产生额外费用；
- 实施改进措施带来的成本效益。

（7）实施驱动力

成本效益。

（8）参考文献和示例装置

［9，Austrian UBA，2002］

1.4.7　废气中 NO_x 的回收

（1）概述

在示例装置（生产炸药）中，采用洗涤方法回收反应炉、给料罐、离心分离器以及缓冲罐等设备排放废气中的 NO_x（见图 1-6）。前 3 个洗涤塔用水做洗涤介质，最后 1 个用 H_2O_2 作洗涤介质，用以氧化 NO：

$$NO+NO_2+2H_2O_2 \longrightarrow 2HNO_3+H_2O$$

$$2NO_2+H_2O_2 \longrightarrow 2HNO_3$$

使用该方法可显著提高回收率，排放的 NO_x 中 NO_2 含量＞98％。

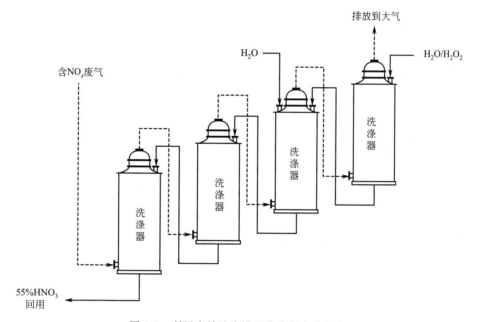

图 1-6 利用多效洗涤塔回收废气中的 NO_x

（2）环境效益

● 高效回收废气中的 NO_x；

● NO_x 排放浓度为 113～220mg/m³（标）。

（3）跨介质影响

消耗能量和 H_2O_2。

（4）操作数据

示例装置的操作数据：

● 多效洗涤器的气体流量 7700m³/h；

● 最后一级洗涤器的洗涤介质 15％的 H_2O_2。

（5）适用性

尤其适用于即使使用复杂的洗涤系统都不能达标排放的情况。但 LVIC-AAF 行业中仅有在硝酸生产中使用 H_2O_2 回收 NO_x 的报道，见 3.4.10 部分。

（6）经济性

未提供具体信息。使用 H_2O_2 产生额外费用，回收含氮化合物带来效益。

（7）实施驱动力

见"环境效益"部分。

（8）参考文献和示例装置

有两套示例装置（生产炸药）采用该技术回收各种废气中的 NO_x［15，Ullmanns，2001，153，European Commission，2006］。

1.4.8　本书介绍的其他技术

（1）概述

确定某产品生产的特定 BAT 技术时涉及的备选技术很多，其在 LVIC-AAF 行业内具有更广泛的应用潜力：

- 2.4.6 部分"能源审计"；
- 2.4.7 部分"先进过程控制"；
- 2.4.10 部分"一段转化炉中的 SNCR"；
- 2.4.12 部分"助燃空气的预热"；
- 2.4.23 部分"低 NO_x 燃烧器"；
- 3.4.9 部分"NO_x 的选择性催化还原（SCR）"；
- 4.4.13 部分"维持换热器效率"；
- 8.4.13 部分"主要性能参数的监测"。

（2）环境效益

见相关章节。

（3）跨介质影响

见相关章节。

（4）操作数据

见相关章节。

（5）适用性

见相关章节。

（6）经济性

见相关章节。

（7）实施驱动力

见相关章节。

（8）参考文献和示例装置

见相关章节。

1.4.9　环境管理体系

（1）概述

要实现最佳环境绩效，通常需依靠采用最佳技术装置的最高效运行来实现。IPPC 指令将"技术"定义为"装置设计、建造、维护、运行和报废的技术和方法"。

对于 IPPC 装置，环境管理体系（EMS）是一个工具，利用该工具，操作人员可用系统的、可论证的方式来处理装置设计、建造、维护、运作和报废时的问题。EMS 包括环境政策的制定、实施、维护、审核和监测所涉及的组织结构、职责、实践、程序、工艺和资源。环境管理系统以最有效和最高效的方式对装置实行全面管理和操作。

在欧盟内部，许多组织已自愿按照 EN ISO 14001：1996 标准或欧盟生态管理与审计计划（EMAS）来实施环境管理体系。EMAS 包括 EN ISO 14001 管理体系的要求，但其特别强调遵守法律、环保绩效以及员工参与；EMAS 还需外部管理体系认证和公共环保声明的确认（在 EN ISO 14001 中，用自我声明可替代外部认证）。另外也有一些机构决定实施非标准 EMS。

原则上标准和非标准的管理体系都以组织机构为实体，但本书采用相对狭隘的定义，即不包括组织机构的全部活动，如产品和服务等不包括在内，因为在 IPPC 准则下，监管的实体是装置（在条款 2 中定义）。

IPPC 装置的环境管理体系包含以下部分：a. 环境政策的定义；b. 规划和确定目标和指标；c. 程序的实施和操作；d. 检查和纠正措施；e. 管理审核；f. 编制一份规范的环境报告；g. 通过认证机构或外部环境管理体系的认证；h. 设计废弃装置报废时的注意事项；i. 研发清洁技术；j. 环保标准（benchmarking）。

下面将对上述各部分进行详细介绍，EMAS 包含上述 a.～g. 部分，其详细介绍见本章参考文献。

① 环境政策的定义　高层管理部门负责制定装置的环境政策，并且确保其：

- 与所有活动的性质、规模以及对环境的影响相适应；
- 包括预防和控制污染的承诺；
- 遵守相关环境法律、法规以及组织机构所规定的其他要求；
- 为设定和审核环境目标和指标提供了准则；
- 形成文档并传达到所有员工；
- 能够为公众和所有感兴趣的团体所用。

② 规划

- 识别装置环境问题的程序，以便确定对环境有或可能有重大影响的活动，并及时更新信息；
- 确认并获得法律和其他机构认可的程序，该程序适用于所有活动的环境问题；
- 建立和审核环境目标和指标，需综合法律和其他要求以及有关感兴趣团体的观点；
- 建立并且定期更新环境管理方案，包括为不同层次的各相关职能部门制定要达到的目标和指标，以及所采取的措施和时间安排。

③ 程序的实施和操作　建立一个大家都知道、能理解和遵守的固定体系非常重要，因此一个有效的环境管理体系应包括以下几项内容。

1）结构和责任

● 定义、记录和沟通，职责与权限，包括指定一个专门的管理代表；

● 提供实施和控制环境管理体系所需的资源，包括人力资源和专业技能、技术以及资金。

2）培训、意识和能力。确保所有可能对环境绩效产生重要影响的员工都能得到适当的培训。

3）交流。建立并且维持内部不同级别和不同职能部门之间的沟通，促进与外界各感兴趣团体对话的程序，以及接收、记录外界各感兴趣团体的相关交流并做出合理回应的程序。

4）员工参与。员工参与的目的在于通过合适的参与形式使环境绩效达到较高水平，如建议书体系、项目工作组或环境委员会。

5）归档。建立并维持信息更新制度，形成纸质或电子版文档，描述管理系统的核心要素及各要素间的相互影响，提供相关文档的查询。

6）有效的过程控制

● 充分控制各阶段的操作，即准备、开车、日常运行、停车以及异常情况；

● 确认关键性能指标及其测量和控制（如流量、压力、温度、组分和数量）的方法；

● 记录和分析异常情况，分析根本原因，以防止类似情况再次发生（"非问责"制度有助于解决问题，找出原因比追究责任更重要）。

7）维护方案

● 根据设备的技术描述、规范以及设备故障和导致的后果等，制定一套系统的维护方案；

● 维护方案需适当的记录保存系统和诊断测试来支撑；

● 明确维护方案的规划和执行的责任方。

8）应急准备和响应。建立和维持程序以识别和应对出现意外和紧急事故的可能性，防止和减轻意外事故可能对环境造成的影响。

④ 检查与纠正措施

1）监测和测量

● 制定并维持归档程序，以便定期监测和测量对环境有重大影响的操作和活动的关键特征，包括记录跟踪性能信息、相关操作控制以及与装置的环境目标和指标的一致性（请参阅参考文献"排放监测"）。

● 制定并维持归档程序，以便定期评估与相关环境法律和法规的一致性。

2）纠正和预防措施。建立并维持程序以明确责任与职责：调查和处理与许可条件、其他法律要求及目标和指标不符的情况，采取措施缓解已造成的所有影响；启动并完成与出现的问题等级、所遇到的环境影响相匹配的纠正和预防措施。

3）记录。制定并维护程序，以对清晰的、可识别的和可跟踪的环境记录进行确定、维护以及部署，包括培训记录、审计和审核结果。

4）审计

● 制定并维护一个或多个项目和程序，以定期审核环境管理体系，审计可以由内部员工（内审）或外部审计单位（外部审计）公正、客观的实施，审核流程包括与员工讨论、检查操作条件和设备、审核记录和文档并形成书面报告。审计报告包括审计范围、次数和方法，以及进行审计和汇报结果的职责和要求，以便确认环境管理体系是否按照计划正确实施和维持。

● 审计周期时间间隔不超过 3 年，具体情况取决于活动的性质、规模以及复杂程度，相关环境影响的重要性，以往审计发现问题的重要性和紧迫性，以及环境问题的历史情况，情况越复杂，对环境影响越重要的活动审计越频繁。

● 制定合理固定机制，确保审计结果能顺利整改落实。

5）定期评估法规符合程度

● 审查是否与适用的环境法规相一致，审查装置的环境许可条件。

● 档案审核。

⑤ 管理审核

● 由高层管理部门对环境管理体系进行定期审核，以确保其持续适宜、适用和有效。

● 确保收集到必要信息以便管理层进行评估。

● 档案审核。

⑥ 编制规范的环境报告

● 环境报告应重点介绍装置的环境绩效与其环境目标与指标的对比。环境报告应定期制定，根据污染物排放量、废物等的重要性，编制周期可从每年一次逐渐延长。报告的内容应考虑到相关各方的信息需求，且公开可用（如电子出版物、图书等）。编制环境报告时可使用现有的相关环境绩效指标，并确保所选择的指标：

● 准确评估装置绩效；

● 明确、可理解；

● 允许与去年同期进行比较，以评估装置环境绩效的变化情况；

● 允许与行业间、国内或区域标准进行适当比较；

● 允许与监管要求进行适当比较。

⑦ 通过认证机构或外部环境管理体系的认证　如果能得到由官方认可的认证机构或外部 EMS 认证机构对管理体系、审核程序和环境报告进行审核和验证，可增强环境管理体系的可信度。

⑧ 制定废弃装置报废时的注意事项

● 设计新装置时应考虑到装置报废时对环境的影响，从而使报废更容易、更清洁、且成本更低。

● 装置报废时存在环境风险，会污染土壤（和地下水）并产生大量的固体废物，预防技术因具体工艺而异，但一般都应要考虑以下因素：a. 避开地下构筑物；b. 功能整合，方便拆卸；c. 选择易净化的抛光表面；d. 使用化学剂残留量少、方便排放和洗涤的设备；e. 设计灵活的、可分阶段封闭的自控单元；f. 在可能的情况下使用可降解、可循环使用的材料。

⑨ 清洁技术的改进 环境保护是工艺设计阶段就应考虑的必要因素，在设计时就整合到工艺流程中的清洁技术更有效且成本更低。通过研发活动或研究可改进清洁技术。清洁技术改进可自己完成，也可委托相关领域内的其他操作人员或研究机构完成。

⑩ 标准 与行业间、国内或地区标准进行系统、定期比较，比较指标包括能源效率、节能措施、输入原料、排放到大气与水中的污染物（可使用欧洲污染排放登记系统，EPER）、耗水量和产生的废物等。

⑪ 标准化和非标准化的 EMS 系统 环境管理体系可分为标准或非标准（"自定义的"）两种。执行和遵守国际公认的标准体系，如 EN ISO 14001：1996，能提高 EMS 的可信度，特别是完全执行外审情况时。EMAS 通过环境报告与公众进行互动，且采取能确保其遵守合适的环保法规的机制，使其可信度更高。非标准环境管理体系只要设计合理，且顺利实施，原则上也同样有效。

（2）环境效益

实施和遵守环境管理体系（EMS），要求操作人员关注装置的环境绩效，特别是在正常运行和异常情况下都能坚持和遵守既定的操作程序和相关的责任链，确保始终能达到装置的许可条件、其他环境指标和目标。

环境管理体系通常要求不断提高装置的环境绩效。装置的初始环境绩效越差，短期内提高的绩效越明显。如果装置的整体环境绩效水平较高，则 EMS 帮助操作人员来维持其高环境绩效水平。

（3）跨介质影响

环境管理技术旨在解决整体环境影响问题，这与 IPPC 指令的综合方案一致。

（4）操作数据

无具体信息。

（5）适用性

适用于所有 IPPC 装置。EMS 的范围（如详细程度）和类型（如标准的或非标准的）通常与装置的种类、规模和复杂程度及可能出现的环境影响范围有关。

（6）经济性

很难准确计算建立和运行一个良好的 EMS 所需的成本以及经济效益，下文列出部分研究成果，其结果不完全一致。这些研究成果不一定能代表全欧洲的所有行业，需谨慎对待。

1999 年，在瑞典开展了一项研究调查，涉及瑞典所有的 360 家 ISO 认证和 EMAS 注册的公司，调查反馈率为 50%，得出以下结论：

● 建立和运行 EMS 的费用很高，对于小公司费用相对较低，未来预计费用会降低；

● 使 EMS 与其他管理系统高度协调并进行整合可降低成本；

● 通过节约成本和（或）增加收益，50% 的环境目标和指标会在 1 年内得到回报；

● 减少在能源、废物处理和原料上的支出，可最大限度降低成本；

● 大多数公司认为 EMS 巩固了其在市场中的地位，1/3 的公司因使用 EMS 而增加了收入。

在一些欧盟成员国中，如果装置通过了认证，则监督费用随之降低。

许多研究表明，公司规模与 EMS 的实施成本和投资成本的回收年限均呈反比关系。与大公司相比，中小公司实施 EMS 时，投资成本与效益之间的相关性更差。根据瑞士的一项研究，建立和实施 ISO 14001 的平均费用如下：

对于员工数在 1～49 人的公司：建立 EMS 的费用为 64000 瑞士法郎（44000 欧元），EMS 的年运行费用为 16000 瑞士法郎（11000 欧元）；

对于员工数超过 250 人的工业基地：建立 EMS 的费用为 367000 瑞士法郎（252000 欧元），EMS 的年运行费用 155000 瑞士法郎（106000 欧元）。

上述平均值不一定代表特定工业基地的实际成本，因为其与污染物种类、能耗等重要因素及所针对问题的复杂程度密切相关。

德国一项最新研究（Schaltegger, Stefan and Wagner, Marcus, Umweltmanagement in deutschen Unternehmen - der aktuelle Stand der Praxis，2002 年 2 月，106 页）给出了不同公司实施 EMAS 的成本。

① 建立成本

最低值：18750 欧元。

最高值：75000 欧元。

平均值：50000 欧元。

② 实施费用

最低值：5000 欧元。

最高值：12500 欧元。

平均值：6000 欧元。

可以看出，EMAS 的成本比瑞士实施 EMS 的成本低很多，这也表明 EMS 成本很难确定。

德国企业家协会的一项研究（Unternehmerinstitut/Arbeitsgemeinschaft Selbständiger Unternehmer UNI/ASU，1997，Umweltmanagementbefragung-Öko-Audit in der mittelständischen Praxis-Evaluierung und Ansätze für eine Effizienzsteigerung von Umweltmanagementsystemen in der Praxis, Bonn.）给出了实施 EMAS 每年节省的平均费用和平均投资回报期。例如：投资回报期为 1.5 年，实施成本为 80000 欧元时，每年平均可节省费用达 50000 欧元。与系统认证有关的其他费用可按照国际认证论坛（http：//www.iaf.nu）的指导来估算。

（7）实施驱动力

环境管理体系具有如下优点：

● 提高公司对环保的认识；

● 改善决策基础；

● 增强员工意识；

● 提供更多降低运营成本和提高产品质量的机会；

- 提高环保绩效；
- 提升公司形象；
- 降低债务、保险和违约成本；
- 提高对员工、客户和投资者的吸引力；
- 加强信托监管，可减少法规监管；
- 增强了与环保团体之间的关系。

（8）示例装置

上述 a.～g. 部分是 EN ISO 14001：1996 及欧盟生态管理和审计计划（EMAS）的组成要素，而 h. 和 j. 仅为 EMS 特有。EMAS 和 EMS 在许多 IPPC 装置中都有应用。例如，欧洲化学及化学品工业协会（NACE 法规 24）的 357 个组织机构于 2002 年 7 月注册了 EMAS，其中大部分采用 IPPC 装置。

在英国，英格兰和威尔士环境署在 2001 年开展了一项针对经 IPC（IPPC 的前身）-认证装置的调查。调查显示，32％的调查对象通过了 ISO 14001 认证（相当于 21％的 IPC 装置），其中 7％注册了 EMAS。在英国，所有水泥厂（约 20 家）都通过了 ISO 14001 认证，且绝大部分注册 EMAS。在爱尔兰，IPC 许可证要求建立 EMS（不一定是标准 EMS），在 500 套 IPC 认证装置中，约有 100 套已根据 ISO 14001 建立了 EMS，其余 400 套装置建立了非标准 EMS。

（9）参考文献

［Regulation（EC）No 761/2001 of the European parliament and of the council allowing voluntary participation by organisations in a Community eco-management and audit scheme（EMAS），OJ L 114，24/4/2001，http：//europa. eu. int/comm/environment/emas/index _ en. htm］

（EN ISO 14001：1996，http：//www. iso. ch/iso/en/iso9000-14000/iso14000/iso14000index. html；http：//www. tc207. org）

1.5 常见的 BAT 技术

为理解本章内容，读者需回顾本书引言部分，特别是引言 0.2.5 部分："本文件的理解和使用"。本章介绍的最佳可行技术及其相关的污染排放和/或消耗水平或大致范围经过了系统评估，评估过程如下：

- 识别产品生产过程中存在的主要环境问题；
- 考察解决这些问题最为相关的技术；
- 根据欧盟和全世界现有资料，判断最佳环境绩效；
- 分析实现最佳环境绩效的条件，如成本、跨介质影响以及实施该技术的主要驱动力；
- 在一般意义上，根据指令 2(11) 条和附件Ⅳ，确定该行业的最佳可行技术及其排放和/或消耗水平。

欧洲综合污染预防与控制局（European IPPC Bureau）及相关技术工作组（Technical Working Group，TWG）的专家意见在上述过程的每个步骤及信息陈述方式中起着关键作用。

本章根据评估结果介绍了最佳可行技术及其应用的排放和消耗水平，这些技术总体上适应 LOVC 行业的需求，基本反映了 LOVC 行业部分装置的当前性能。"与最佳可行技术相关的"排放或消耗水平，"水平"（levels）反映这些技术在行业应用的预期环境效益和 BAT 技术自身的成本效益之间的平衡，而不是排放或消耗的限值。某些技术尽管可取得更好的排放或消耗水平，综合成本或其他因素后不能作为 LOVC 行业的最佳可行技术。当然，在一些更特殊、存在特殊驱动力的情况下这些技术合理可行。

最佳可行技术应用时排放和消耗水平的确定必须考虑具体的背景条件（如平均周期）。

上述"与最佳可行技术相关的水平"与本书其他章节介绍的"可达到水平"的概念完全不同。某项技术或组合技术应用后"可达到"的水平，应该理解为，维护运行良好的装置或工艺使用这些技术经过一段稳定时间运行后可以达到的水平。

前面章节介绍了一些技术及其大致的成本数据，实际成本还需根据其应用的具体情况，如税收、收费及装置技术特征等确定，本书没有详细评估这些具体因素。如果技术成本的相关资料缺乏，则可开展现有装置调研，评估技术的经济可行性。

可参考本章介绍的通用 BAT 技术，开展现有装置运行性能评价，或提出新建装置的运行改进建议，从而有助于确定装置"基于 BAT"的工况，或对照指令第 9（8）条，建立具有普遍约束力的规章制度，使新建装置的运行性能达到或超过通用 BAT 技术。如果现有装置的技术经济条件符合应用要求，其运行性能也能达到或超过通用 BAT 技术。

最佳可行技术参考文件虽然没有构建法律约束力标准，却为企业、欧盟成员国以及公众提供了有关采用某项技术的排放和消耗水平的指导性信息。但是，某项技术应用后的合理排放限值的确定则需综合考虑 IPPC 指令的目标以及装置所处场地的实际情况。

1.5.1 LVIC-AAF 行业的通用 BAT 技术

对于某特定产品的生产，BAT 技术指应用各章第 5 节中所列的具体 BAT 技术。

BAT 技术在整个生产基地内开展日常能源审计（见 1.4.8 部分）。

BAT 技术检测关键性能参数，以便建立和维持物料平衡（见 1.4.6 和 1.4.8 部分）：

- N_2；
- P_2O_5；
- 蒸汽；

- H_2O；
- CO_2。

BAT 技术尽量减少能源损失（见 1.4.3 部分）：

- 一般来说，蒸汽未使用前不要降低其压力；
- 对整个蒸汽系统进行调整，减少整体消耗以尽量减少过剩蒸汽的产生；
- 原地或异地使用过剩蒸汽；
- 最后，若受现场因素制约无法对过剩蒸汽进行利用时，可将其用于发电。

BAT 技术组合应用以下技术来改善生产基地的环境绩效：

- 物料流的循环利用或重新分配（如 1.4.1 和 1.4.2 部分）；
- 设备的高效共享（如 1.4.1 部分）；
- 提高热集成程度（如 1.4.1 部分）；
- 预热燃料空气（如 1.4.8 部分）；
- 保持换热器效率（如 1.4.8 部分）；
- 回收冷凝液、工艺用水和洗涤水，减少废水流量及污染物负荷（如 1.4.1 部分）；
- 应用先进过程控制系统（如 1.4.8 部分）；
- 维护（如 1.4.4 和 1.4.5 部分）。

1.5.2 环境管理的 BAT 技术

许多环境管理体系（EMA）已被确定为 BAT 技术。EMS 的范围（如详细程度）和类型（如标准的或非标准的）通常与装置的种类、规模和复杂程度及可能出现的环境影响范围有关。

BAT 技术实施和遵守的，结合具体情况的环境管理体系（EMS）具有以下特点（见 1.4.9 部分）：由公司高层管理部门制定装置的环境政策［高层管理部门的承诺（commitment）可视为 EMS 其他功能可成功运用的前提条件］。

① 规划和建立必要的程序。

② 程序的实施需特别注意以下方面：

- 结构和责任；
- 培训、意识和能力；
- 交流；
- 员工参与；
- 记录；
- 高效的过程控制；
- 维护计划；
- 应急预案及响应；
- 遵守环境法规的保障。

③ 检查设备性能，发现问题及时纠正，需特别注意以下方面：

- 监测和测量（参考有关污染排放监测的文献）；

- 纠正和预防措施；

- 维护记录；

- 独立的内部审核（当可行时），以确定环境管理体系是否按计划进行以及是否已正确实施和遵守。

④ 由高层管理部门负责审核。

EMS 还具有如下 3 个补充步骤对上述步骤进行完善，如果制定的 EMS 不包括这 3 个步骤，通常也不会与 BAT 技术不一致。这 3 个补充步骤是：

- 由认可的认证机构或外部 EMS 认证机构对管理体系和审计程序进行检查和认证；

- 定期编制和发布环境报告（可能是经外部认证后），介绍装置的所有重大环境影响因素，每年对环境目标和指标与行业标准进行对比；

- 实施和遵守国际公认的自愿制度，如 EMAS 和 EN ISO 14001：1996。自愿制度可提高 EMS 的可信度，尤其是 EMAS，其包含了上述所有特点，其信誉度更高。非标准化环境管理体系只要设计合理，且顺利实施，原则上也同样有效。

2

合成氨

2.1 概　　述

目前，大约 80% 的氨用于生产氮肥，其余 20% 主要用于生产其他化工产品，如生产塑料、纤维、炸药、肼、胺、酰胺、腈以及用作染料和制药中间体的其他有机含氮化合物。用氨生产的重要无机产品包括硝酸、尿素和氰化钠。氨还可用于环境保护，如去除烟道气中的 NO_x。液氨是一种重要的溶剂，也可用作制冷剂。

2003 年，全世界氨的产能为 $1.09 \times 10^8 t$，主要分布在以下地区 [2，IFA、2005]：

- 亚洲（占世界总产能的 46%）；
- 东欧和中亚地区（14%）；
- 北美洲（11%）；
- 西欧（9%），1988 年占 13%；
- 中东地区（7%）；
- 拉丁美洲（6%）；
- 中欧（4%）；
- 非洲（1%）；
- 大洋洲（1%）。

1974 年，发展中国家氨产能占全球总产能的 27%，到 1998 年，这一比例提高到了 51%。在发展中国家，氨主要用于生产稻谷生长所需的尿素。

一套现代化的合成氨装置，其日均生产能力可达 1000～2000t/d。新建装置的设计产能一般可达 2200t/d。2001 年，欧盟约 50 家合成氨厂的氨年产量合计约为1100×10⁴t。这 50 个厂家的位置、生产能力、投产时间以及所用原料类型等信息见表 2-1。

表 2-1 欧盟合成氨生产厂家及装置概况

国家	地点	公司	产能/(t/d)	投产时间/年	状态	原料
奥地利	Linz	AMI	1000	1974	1987~1990 年进行了改造	天然气
			520	1967		天然气
比利时	Antwerp	BASF	1800	1991		
	Tertre	Kemira GrowHow	1200	1968	1996 年 4 月进行了改造	天然气
捷克共和国	Litvinov	Chemopetrol	1150	1972		天然气
爱沙尼亚	Kothla-Jarve	Nitrofert	500	1979		天然气
法国	Grandpuits	Grande Paroisse	1150	1970		天然气
	Rouen	Grande Paroisse	1150	1969	进行了改造	天然气
	Gonfreville	Yara	1000	1969		天然气
	Pardies	Yara	450	1961		天然气/氢
	Ottmarsheim	Pec Rhin-BASF	650	1967~1968	1996 年进行了改造	天然气
德国	Ludwigshafen	BASF	1200/1360	1971/1982		天然气
	Köln	Innovene	900	1969~1970	进行了改造	天然气
	Brunsbüttel	Yara	2000	1978	1989 年进行了改造	减压渣油
	Lutherstadt Wittenberg	SKW Piesteritz	2×1650	1974~1975	进行了改造	天然气
	Gelsenkirchen	Ruhr Öl GmbH	1250	1973		减压渣油
希腊	Thessaloniki	EKO Chemicals A. E.	400	1966/1976		汽油
	Nea Karvali	Phosphoric FertIndustry	400	1986		天然气
匈牙利	Pétfürdo	Nitrogénm'vek Rt.	1070	1975		天然气
意大利	Ferrara	Yara	1500	1977		天然气
	Nera Montoro	Yara	400	1970		天然气
立陶宛	Jonava	Achema	1400	1978		天然气
拉脱维亚	Krievu sala	Gazprom	1770			
荷兰	Geleen	DSM Agro BV	1360/1360	1971/1984		天然气
	Sluiskil	Yara	C：900	1971	进行了改造	天然气
			D：1500	1984		天然气
			E：1750	1987		天然气
波兰	Pulawy	Zaklady Azotowe Pulawy	2×1340	1966		天然气
	Police	POLICE	2×750	1985		天然气
	Kedzierzyn	ZAK	500	1954		天然气
	Wloclawek	ANWIL	750	1972		天然气
	Tarnów	ZAK	530	1964		天然气

续表

国家	地点	公司	产能/(t/d)	投产时间/年	状态	原料
葡萄牙	Barreiro	Adubos Quimigal S. A.	900	1984	计划进行改造	残渣①
西班牙	Sabinanigo	Energia e Industrias Aragonesas	40	1925	1980 和 1995 年改造	H₂ 和 N₂②
	Palos	Fertiberia S. A.	1130	1976	1986 和 1989 年改造	天然气
	Puertollano	Fertiberia S. A.	600	1970	1988 和 1992 年进行了改造	天然气
斯洛伐克	Sala Nad Vahom	Duslo	1070	1990		天然气
英国	Billingham, Cleveland	TERRA Nitrogen	1150③	1977		天然气
	Severnside	TERRA Nitrogen	2×400	1988		天然气
	Ince, Cheshire	Kemira GrowHow	1050	1970	进行了改造	天然气
	Hull	Kemira GrowHow	815	1989		H₂ 和 N₂②

① 减黏裂化残渣、减压渣油。

② 来自其他厂。

③ 设计产能、现有产能约 1500t/d。

数据来源：[3，European Commission，1997]。

随着原料价格的上涨和市场竞争的愈加激烈，许多企业都积极探索对陈旧、低效的生产装置进行改造，提高装置的现代化程度，以便保持一定的市场竞争力。由于原有装置一般规模较大，只需解决瓶颈问题，无需太多投资，大多数装置改造后产能均有所增加。从市场的角度出发，企业应缓慢、持续的提高产能，而不是一次提高 1000t/d 或 1500t/d。适度扩大产能比建新厂风险小，且更经济可行。

有关合成氨与其他产品一体化生产的内容见第 1 章相关内容。

2.2　生产工艺和技术

本节提到的工艺参数，例如温度、压力等因具体示例不同而有所差异。

2.2.1　概述

NH₃ 由 N₂ 和 H₂ 通过以下反应合成：

$$N_2 + 3H_2 \Longleftrightarrow 2NH_3$$

N₂ 的最佳来源为空气，H₂ 可以由各种原料制得，目前大多采用化石燃料制氢。根据所使用化石燃料的类型，H₂ 的制备方法分为两种：蒸汽重整法或部分氧化法。

关于传统蒸汽重整工艺的详细介绍见 2.2.3 部分。

关于部分氧化工艺的详细介绍见 2.2.4 部分。

关于改进的传统蒸汽重整工艺、简化的一段转化工艺以及热交换自热重整工艺的详细介绍，分别见 2.4.1～2.4.3 部分。

关于电解水法合成氨的介绍见 2.4.26 部分。

合成氨的工艺和原料如表 2-2 所列。从表 2-2 可以看出，目前全世界合成氨产能的 80％均采用成熟的蒸汽重整工艺。工艺高度集成、创新的设备设计和改进的催化剂是当前合成氨装置的主要特征。

表 2-2　合成氨的工艺和原料

原　料	工　艺　流　程	所占比例/％[①]
天然气	蒸汽重整	77
石脑油、液化石油气、炼厂气	蒸汽重整	6
重烃馏分	部分氧化	3
焦炭、煤	部分氧化	13.5
水	电解水	0.5

① 占世界合成氨总产能的百分比（1990 年）。

数据来源：[3，European Commission，1997]。

目前对联合装置中部分氧化工艺的研究较少，典型的合成氨装置均由承包商组合不同许可商的多种技术。表 2-3 为不同合成氨工艺的能耗和投资成本，由表 2-3 可知，与蒸汽重整工艺相比，部分氧化工艺的能效还有待提高。

表 2-3　不同合成氨工艺的能耗和投资成本

原料	工艺流程	一次能源净消耗量 GJ/t NH₃（LHV）	相对投资
天然气	蒸气重整	28[①]	1
重质烃	部分氧化	38	1.5
煤	部分氧化	48	2-3

① 最佳值。

数据来源：[3，European Commission，1997]。

2.2.2　氨生产过程的主要产物

2.2.2.1　氨

典型单套蒸汽合成氨装置的产能为 1000～1500t/d（300000～500000t/a）[1，EFMA，2000]。暂时不用的产品需要储存。

商业无水氨有 2 种纯度等级：

- 无水氨含量大于 99.7％（体积分数），水约占 0.2％（体积分数）；
- 无水氨含量大于 99.9％（体积分数）。

2.2.2.2　二氧化碳

按化学计量转换，反应会产生 CO_2，其可回收后用作尿素生产的原料，也可用于生产化肥（ODDA 工艺）和（或）生产甲醇，或用于饮料工业中的液化过程，或用作核反应器的冷却气体。但生产过程中不可避免地会排放 CO_2。

在天然气蒸气/空气重整工艺中，根据空气重整的程度，CO_2 的产生量为 $1.15\sim$ $1.40\ kg/kg\ NH_3$（不包括燃烧产生的 CO_2）。在热交换重整工艺中，CO_2/NH_3 的摩尔比为 0.5（质量比为 1.29），这也是尿素生产的化学计量比。

在渣油部分氧化工艺中，根据原料 C/H 比不同，CO_2 的产生量为 $2\sim2.6kg/kg$ NH_3 [1, EFMA, 2000]。

2.2.2.3 硫

在部分氧化工艺中，气化炉给料中 $87\%\sim95\%$ 的硫可由 Claus 装置回收。

2.2.2.4 蒸汽

如果能保证生产装置内低/中压蒸汽的能量守恒，现代蒸汽重整工艺可设计成无蒸汽输出或仅有少量蒸汽输出。重整工艺中的过剩蒸汽通常来自涡轮机驱动气体压缩机或电驱动主压缩机的过程，过剩蒸汽可输出用作其他方面的使用。

虽然气体加热一段转化工艺需要输入电力或驱动燃气轮机的蒸汽，仍可设计成不输出蒸汽。

如果所有压缩机都采用蒸汽驱动，部分氧化工艺会出现蒸汽短缺问题。

2.2.3 传统蒸汽重整工艺

传统蒸汽重整工艺合成氨的工艺流程见图 2-1，以下将对流程图中各工段进行详细介绍。

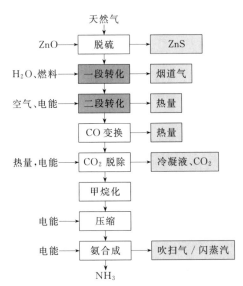

图 2-1　传统蒸汽重整工艺合成氨的工艺流程 [1, EFMA, 2000]

2.2.3.1 脱硫

蒸汽重整工艺中使用的催化剂对任何含硫化合物都高度敏感，因此原料气中含硫化合物浓度需 $<0.15mgS/Nm^3$。为此，可先将原料气预热到 $350\sim400℃$，再用钴钼催化剂将硫化物还原为 H_2S，并用氧化锌颗粒吸附 H_2S，反应方程式如下（R 表示烷基）：

$$R\text{-}SH + H_2 \longrightarrow H_2S + RH$$
$$H_2S + ZnO \longrightarrow ZnS + H_2O$$

该反应所需的 H_2 一般为合成工段回用的 H_2。

2.2.3.2 一段转化

传统蒸汽重整工艺的一段转化工段中烃的转化率约为 60%，整个反应为强烈吸热反应。

$$CH_4 + H_2O \Longrightarrow CO + 3H_2 \qquad \Delta H_0 = 206kJ/mol$$

来自脱硫装置的气体与蒸汽混合并预热至 $400\sim600℃$ 后进入一段转化炉。

一段转化炉由多个填满催化剂的竖管组成。在新建装置或改进后的装置中，预热后的蒸汽/气体混合物先通过一个绝热预重整反应器然后在对流段再次加热。

反应中蒸汽与碳的摩尔比（S/C）一般约为 3.0。S/C 的最佳值取决于许多因素，如原料质量、吹扫气回收情况、一段转化器容量、CO 变换操作和装置内的蒸汽平衡。新建装置 S/C$<$3.0。

一段转化器中所需的热量由天然气或其他气体燃料在装填有催化剂的管式辐射炉中燃烧提供。

约 50% 的热量用于重整反应，其余热量留在烟道气中并用于转化炉对流段中多股工艺蒸汽的预热。

2.2.3.3 二段转化

二段转化的主要目的是加入合成氨所需的 N_2 并完成烃原料的转化。部分燃烧气在反应器内部燃烧提供了反应所需的热量和温度，反应后的气体通过镍催化剂床层。管式炉辐射段及二段转化炉见图 2-2。

在一段转化炉的对流段，工艺反应气体被压缩并预热至 $500\sim600℃$，此时，甲烷的残留量降至 $0.2\%\sim0.3\%$。由于反应过程绝热，因此出口气体的温度可达 $1000℃$。高温气体通过废热蒸汽锅炉、过热器/锅炉或锅炉/预热器，使其冷却到 $330\sim380℃$。

2.2.3.4 CO 变换

来自二段转化炉的反应气中含有 $12\%\sim15\%$ 的 CO（以干燥气体计）。大部分 CO 将在变换工段转化为 CO_2 和 H_2，反应方程式如下：

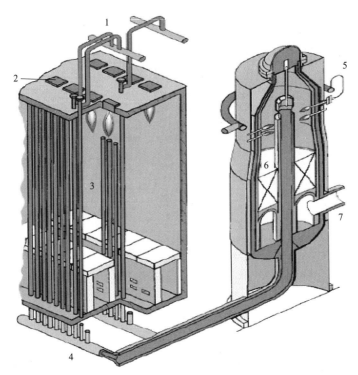

图 2-2　管式炉辐射段及二段转化炉 [12，Uhde，2004]

1—进料口；2—燃烧炉；3—转化炉管；4—出料口；5—压缩空气进口；6—催化剂床层；7—气体出口

$$CO + H_2O \rightleftharpoons CO_2 + H_2 \qquad \Delta H_0 = -41kJ/mol$$

该反应实际分两步完成，并不断移除反应热。首先，反应气在 350～380℃下通过氧化铁/氧化铬催化剂床层，然后在 200～220℃下通过氧化铜/氧化锌催化剂床层，最后气体中 CO 残余量为 0.2%～0.4%。新工艺采用贯穿催化床层的冷却管冷却反应气，实现等温条件下反应气的一步转化。

工艺冷凝液　当低温变换反应器中的大部分过剩蒸汽被冷凝除去后，其余气体被冷却并输入 CO_2 脱除系统，以避免稀释 CO_2 脱除液并保持物料平衡。冷凝液通常含有 $(1500～2000) \times 10^{-6}$ 的 NH_3 和 $(800～1200) \times 10^{-6}$ CH_3OH，可以多种途径回用到生产工艺中。冷却和冷凝过程中释放的热量用途广泛，如再生 CO_2 脱除液，驱动吸收式制冷设备或预热锅炉给水。

2.2.3.5　CO_2 脱除

CO_2 脱除步骤通过脱除反应气中的 CO_2，几乎去除了工艺进料气中所有碳。CO_2 残余浓度通常为 $(50～3000) \times 10^{-6}$。CO_2 脱除可采用化学吸收或物理吸收工艺。化学吸收使用的溶剂主要是胺的水溶液，如单乙醇胺（MEA）、活化的甲基二乙醇胺（MDEA）或热碳酸钾溶液。物理吸收常用的两种溶剂是乙二醇二甲醚（Selexol）和碳酸丙烯酯。MEA 工艺需要有较高的再生能量。CO_2 脱除工艺见表 2-4。

表 2-4 CO_2 脱除工艺概述

工艺类型	工 艺 名 称	溶剂/试剂＋添加剂	处理气中的 CO_2 浓度/$\times 10^{-6}$
物理吸附工艺	Purisol(NMP)	N-甲基-2-吡咯烷酮	＜50
	Rectisol	甲醇	＜10
	Fluorsolv	碳酸丙烯酯	与压力有关
	Selexol	聚乙二醇二甲醚	与压力有关
化学吸附工艺	MEA	水/单乙醇胺(20％)	＜50
	改进的 MEA	水/MEA(25％～30％)＋胺	＜50
	Benfield	水/K_2CO_3(25％～30％)＋DEA 等	500～1000
	Vetrocoke	水/K_2CO_3＋As_2O_3＋甘氨酸	500～1000
	Catacarb	水/K_2CO_3(25％～30％)＋添加剂	500～1000
	Lurgi	水/K_2CO_3(25％～30％)＋添加剂	500～1000
	Carsol	水/K_2CO_3＋添加剂	500～1000
	FlexsorbHP	水/K_2CO_3改性胺	500～1000
	Alkazid	水/K_2-甲氨基丙酸钠	适量
	DGA	水/二甘醇胺(60％)	＜100
	MDEA	水/甲基二乙醇胺(40％)＋添加剂	100～500
组合工艺	Sulfinol	砜/DIPA	＜100
	TEA-MEA	单乙醇胺/三乙醇胺 水/环丁砜/MDEA	＜50

数据来源：[4, European Commission, 2000]。

脱除 CO_2 的另一种新兴工艺是变压吸附（PSA）。该工艺可一步实现 CO_2 脱除和甲烷化（后续步骤）。该工艺适用于对 CO_2 纯度要求不高的情况。采用经典的 PSA 低压尾气洗涤法回收 CO_2，可得到纯净的 CO_2 产品。

2.2.3.6 甲烷化

合成气中少量 CO 和 CO_2 会使氨合成催化剂中毒，必须除去。通常采用的脱除方法是在甲烷转化器中加 H_2 使之转化为 CH_4。反应如下：

$$CO+3H_2 \longrightarrow CH_4+H_2O \qquad \Delta H = -206kJ/mol$$
$$CO_2+4H_2 \longrightarrow CH_4+2H_2O \qquad \Delta H = -165kJ/mol$$

上述反应在含镍基催化剂的反应器中进行，反应温度约为300℃。碳氧化物的残余浓度通常小于 10×10^{-6}。甲烷不参与合成反应。在进入转换器之前必须除去生成的水，脱水方法为：先对混合气体进行冷却，随后对甲烷转化器流出液进行压缩，最后在合成回路或混合气体干燥装置中对产品氨中的水蒸气进行浓缩/吸收。

2.2.3.7 压缩

新式合成氨装置使用离心压缩机将合成气加压到氨合成所需的压力和温度[（100～250）$\times 10^5$Pa，350～550℃]。在初级压缩工段之后可使用分子筛去除合成气中残留的微量水、CO 和 CO_2。压缩机一般由汽轮机驱动，所需蒸汽由工艺余热产生。压缩时合成气中产生的少量冷凝液也需除去，冷凝液中仍含有氨。机械设备中的润滑油会造成污染，可在油水分离器中脱除。

2.2.3.8　氨合成

氨合成反应在高温（350～550℃）、高压（100～250）$\times 10^5$ Pa 及铁催化剂作用下进行，主反应如下：

$$N_2 + 3H_2 \rightleftharpoons 2NH_3 \qquad \Delta H_0 = -46kJ/mol$$

该反应的平衡条件比较苛刻，每次只有 20%～30% 的合成气转化为氨。收集生成氨后，需将余料送回循环反应器中同时补充新合成气。

氨合成反应放热，且随着反应的进行系统内的气体会不断减少，因此，高压、低温都有利于氨的合成。在保持必要的平衡条件和反应速率时，反应热会导致温度升高，所以需控制合适的操作温度。将催化剂分装到多个床层可控制反应温度，在催化剂床层之间，高温气体可通过加入低温合成气直接冷却，或者产生蒸汽间接冷却。为此可设计多种类型的换热器（conventer）。

在合成回路氨的压缩过程中，仅用水或空气冷却不能确保进口处氨的浓度较低，需用制冷压缩机液化的氨蒸气来冷却反应气。不同合成设备的进料口或液氨及吹洗气的出口位置可能存在差异。目前对工艺的改进主要是使用活性更强的催化剂，如以钴作助催化剂的铁催化剂和钌催化剂，这些催化剂可在低压下操作，降低了能耗（见 2.4.17 部分）。

传统重整工艺将甲烷化过程作为最后的净化工段，净化后的混合气中含未反应的原料气和惰性气体（甲烷和氩气）。为防止惰性气体的积累，必须使用吹脱气连续吹脱。吹脱气主要含氨气、氮气、氢气、惰性气体和未反应的进料气。通过控制吹脱气流量可控制合成回路中惰性气体的含量使其保持在 10%～15%。吹脱气经水洗脱氨后可用作燃料或送到特定装置回收氢气。

2.2.3.9　蒸汽和能量系统

一段转化、二段转化、CO 变换以及合成氨过程的烟道气中含有大量余热，因此需设计一整套高效蒸汽系统，生产压力超过 100×10^5 Pa 的高压蒸汽。通常所有高压蒸汽都送至蒸汽涡轮机以驱动合成气压缩机。从汽轮机中抽取部分次高压蒸汽补充到重整工艺蒸汽中，用以驱动其他压缩机、泵和风扇。主涡轮机中的剩余蒸汽则被冷凝。新型合成氨装置不仅不需要输入能量来驱动机械设备，大多数情况下还能将蒸汽或电力输送给其他用户。蒸汽轮机中蒸汽冷凝时会损失能量，因此使用燃气涡轮机驱动空气压缩机，用热废气预热转化炉中的燃料空气等措施可提高能量使用效率。

该方法同样也适用于浓缩产品氨的制冷压缩机，以及二段重整工艺中用于加压反应气的压缩机。上述压缩机的特殊优势是可由蒸汽轮机直接驱动，而蒸汽主要由装置内的余热产生，从而在整套装置内形成了一个高效集成的能源系统。与使用往复式压缩机相比，该方法可靠性较高，所需投资、维护成本较低，从而提高了装置的经济性。

2.2.4　部分氧化工艺

部分氧化主要指重质原料（如渣油和煤）的气化过程。部分氧化工艺合成氨的工艺流程见图 2-3。由图 2-3 可以看出，整个工艺流程非常灵活，能使用从天然气到最重的沥青，以及废料塑料等所有烃类原料。需要对废料做焚烧处理的合成氨厂必须遵守废弃物焚烧 76/2000/EC 指令，此外还需控制二噁英的排放。

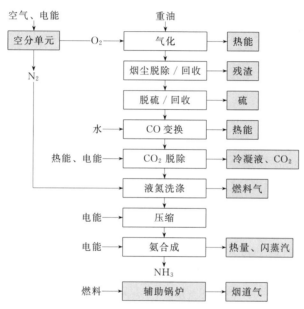

图 2-3　部分氧化工艺合成氨的工艺流程

数据来源：[1, EFMA, 2000]

2.2.4.1　空分装置

空分装置提供部分氧化工段所需的氧气，分离得到的氮气除用作合成氨的原料外，液氮还可用于合成气的最后净化（液氮清洗）。

2.2.4.2　重质烃气化

重质烃气化使用耐热矾土砖衬里的空压力容器作气化炉。烃、氧气和水蒸气通过喷嘴注入气化炉，在高压（$80 \times 10^5 \text{Pa}$）无催化剂作用下反应，生成 CO、H_2，反应方程式如下：

$$2CH_n + O_2 \longrightarrow 2CO + nH_2$$

除了 CO 和 H_2，反应气（原料气）中还含有 3%～5% 的 CO_2，约 0.2% 的 CH_4 和 0.5% 的烟尘，具体情况取决于原料的质量。CO/H_2 比取决于原料成分、雾化原料以及控制反应时加入的蒸汽量，这些蒸汽可使气化炉温度高达 1400℃。

含烟尘（soot）的热原料气可通过两种方式冷却：水急冷或在余热锅炉里冷却。冷却后的原料气在填料塔中水洗脱碳。

2.2.4.3 烟尘脱除

烟尘回收和循环利用的方法较多。一种方法是先用石脑油萃取烟尘，与水分离后，烟尘-石脑油悬浮物再与烃给料混合，在蒸馏塔内蒸馏脱去石脑油。脱去的石脑油可循环用于萃取工段，得到的碳/重质烃混合物则循环用于部分氧化反应。另一种方法是先用轻质柴油萃取烟尘中的细微炭粒，得到的微细炭粒过筛后回收至重质烃给料中，萃取后的水相则回到烟尘洗涤工段。重金属如镍和钒（随原料引入）大多以氧化物形式悬浮在水溶液中，也有部分以盐的形式存在于烟尘-水的循环过程中。为防止这些化合物在水中累积，需排出部分萃余液（废水）。排出的废水经絮凝沉淀或絮凝过滤后送生物处理。含有钒、镍的沉淀回收后出售给冶炼厂。

2.2.4.4 煤气化

目前合成氨工业中应用的气化炉主要有"气流床气化"和"移动床气化"两种，使用的压力为 $(30\sim80)\times10^5$ Pa。

气流床气化使用空压力容器作反应炉，与重质烃的部分氧化工艺大致相同，但原料进入气化炉的方式不同。原料煤进入气化炉有 2 种方式：a. 用闭锁式料斗或回转式给料器加入干煤粉；b. 或用往复泵注入浓缩的水/煤料浆。原料流动方向、余热锅炉的使用或水极冷，工艺集成化程度以及气化炉底部炉渣的收集和移除方式等，根据具体的工艺不同而存在差异。含粉煤灰（fly ash）的原料气与煤粉（dust）的分离过程与重质烃气化的脱碳过程相似。该过程反应温度约为 1500℃。原料气中含有少量 CH_4（0.4%），适量的 CO_2，CO/H_2 比大于 1。

在移动床气化过程中，粗粒煤（4～30mm）经闭锁式料斗加入到气化炉的顶部，并均匀分布在煤床表面。煤层以极慢的速度下降，而气体则以小于最小流化速率的速度离开气化炉的顶部。在气化炉的底部，使用有槽沟的旋转网格引入气化剂、氧气和蒸汽并将煤灰除去。该工艺的反应温度比气流床气化工艺低：在床层底部约为 1000℃，顶部气体离开时约为 600℃。与气流床气化相比，由于原料气含有较多的水蒸气，因此原料气中二氧化碳和甲烷含量较高而 CO/H_2 比较低，大量水蒸气的存在导致水煤气反应与部分氧化反应同时进行：

$$C+1/2O_2 \longrightarrow CO \qquad \Delta H_0 = -100.6 \text{kJ/mol}$$

$$C+H_2O \longrightarrow CO+H_2 \qquad \Delta H_0 = 175.4 \text{kJ/mol}$$

热反应气（原料气）首先用余热锅炉里的循环凝析气进行急冷。由于气化温度较低（可节省氧气），原料气杂质较多，如焦油、酚类化合物和一些高级烃，杂质通常在气体凝析工段回收。在气体被输送到后续工艺步骤如脱硫操作前，必须进行吸收预净化。

2.2.4.5 脱硫

进料中的硫（高达 7%）来自原料气，主要以 H_2S 的形式存在。根据该工艺的特点，原料气在回收废热后进一步被冷却，并用溶剂清洗，常用溶剂为 $-30℃$ 的甲醇，分离出来的 CO_2 和 H_2S 组分输送到 Claus 装置。在 Claus 装置中硫化氢在氧化铝催化剂作用下氧化成单质硫，该装置需配备减排系统减少 SO_2 的排放。

原料气也可不经过预脱硫直接送到后续 CO 变换工段。此时，H_2S 在 CO 变换工段后，与该工段生成的所有 CO_2 一起脱除。

2.2.4.6 CO 变换

由于气化段气体经过了冷却，进入变换工段之前必须直接注入额外蒸汽使原料气达到饱和状态。变换反应在铁铬氧化物催化剂表面分步进行，并在每步反应之间移除反应热。转换后残余的 CO 含量可达 2%～3%。在过去二十多年里，钴钼抗硫催化剂已部分取代了铁铬氧化物催化剂。钴钼催化剂的操作温度为 230～500℃，且不需预脱硫即可进行变换反应。变换后可同时回收硫化物和二氧化碳。但由于钴钼催化剂的性能有限，气体中仍会残留含硫化合物。

2.2.4.7 CO_2 脱除

CO 变换工段出口气体冷却产生的冷凝液分离后，气体用冷甲醇洗涤，以除去其中的 CO_2 和 H_2S，用汽提对甲醇进行再生。若气体进入 CO 变换工段前未进行预脱硫，甲醇再生时会得到两种组分：一部分是纯净的 CO_2，可用于生产尿素或其他用途；另一部分含有 H_2S 和 CO_2，送到 Claus 装置。

2.2.4.8 液氮洗涤

在最后净化段，常用约 $-185℃$ 的液氮作为洗涤剂除去合成气中残留的 CO、CH_4 和大部分 Ar，同时向合成气中添加 N_2。为防止低温单元的堵塞，可在合成反应器入口前用分子筛吸附去除合成气中残余的微量 CO_2 和 H_2O。吸附处理后的合成气纯度很高，大大简化了合成回路中的吹脱过程。分离出来的废气组分可用作燃料。

2.2.4.9 氨合成

氨合成过程与蒸汽重整工艺相同，见 2.2.3.8 部分相关内容。

2.2.4.10 压缩、蒸汽和能量系统

部分氧化工艺中能源集成度比传统蒸汽重整工艺中低。由于没有热重整烟道气，必须使用独立的辅助锅炉提供蒸汽产生机械能和电能。该过程中排放的 NO_x 主要源自燃煤（fired）预热器与辅助锅炉的烟道气。使用离心压缩机来压缩空气、气化炉中所需的氧、液氮洗涤中使用的氮、制冷系统中的氨和合成氨回路

中的组合气（make-up gas）和循环气。一般采用蒸汽轮机驱动压缩机，少数使用电驱动压缩机。

2.2.5 开车、停车及催化剂更换

开停车过程、运行异常（trip-conditions）、泄漏和逸散都会产生周期性的污染物排放。由于开车持续时间长，排放的污染物最多，正常的排放节点有脱硫设备出口、高温变换反应器出口、二氧化碳吸收器进口、甲烷转化器进口和出口、氨转换器出口以及合成回路和冷冻系统中的吹脱过程。排放的污染物包括 NO_x、SO_2、CO、H_2 和天然气。装置开车或运行异常时合成气体燃烧释放的 NO_x 约为 $10\sim20kg/h$（以 NO_2 计）[3，European Commission，1997]。合成氨装置采用分段启动方式。N_2 在一段转化炉加热后进入循环回路，然后蒸汽从辅助锅炉输入到转化炉。原料气先脱硫后进入反应炉，产品气体排出后，工艺的后续部分才开始启动，后续每一步都会排出气体。合成回路中的转换器通常采用开工加热炉升温。整套装置的完全启动需要 $1\sim2d$。停车与开车过程完全相反。合成氨装置通常连续运行，只有在局部需要停车时才会短暂中断。因技术故障而发生的停车平均每年大约 5.7 次。停车过程将向大气中排放大量的废气，流量一般小于满负荷流量的 1/2。该过程的污染控制即对排放废气的处理，一种方法是在安全位置排空，合成回路的吹脱气排空前需经洗涤或其他方式脱除氨；另一种方法是对排出气采用火炬燃烧，排出气中含有 H_2、NO 和 CH_4，极易燃烧，如不点火燃烧，在排气口顶部可能发生自燃。

装置中使用的所有催化剂都需及时更换。装置设计不同，催化剂寿命差异显著[7，UKEA，1999]。如果使用氧化锌脱硫，还需定期清理产生的硫化锌。以基本不含硫的天然气为原料时，氧化锌的使用寿命可能超过 15 年。固体废渣通常由专门的承包商从生产点清除，回收贵金属后进行最终处置。

2.2.6 存储和传输设备

有关大量危险材料存储的详细介绍，包括氨的储存，见[5，European Commission，2005]及参考文献。

生产的液氨可直接用于下游工业生产或输送到储罐储存。

氨的储存可采用下列方法[1，EFMA，2000]：

- 大型储存罐全冷冻储存，一般存储能力为 $10000\sim30000t$（可达 $50000t$）；
- 加压球形或筒形储罐储存，存储能力高达 $3000t$；
- 半冷冻罐储存。

设计、结构、操作和维护良好的合成氨设备，大量氨泄漏（达到有害浓度）的可能性很低，即使风险很小，在人口密度较高的地区发生重大泄漏会产生非常严重的后果，因此氨储存及处理设施宜建造在远离居民住宅、学校、医院或其他人群密集的地方。氨储罐应远离易发生火灾或爆炸的设施，其会威胁到氨储罐的安全且增加氨意外

泄漏的可能性。

2.3　消耗和排放水平

2.3.1　能耗

表 2-5 列出了合成氨示例装置生产过程的能耗分布，合成氨生产过程的能耗见表 2-6。

表 2-5　合成氨示例装置生产过程的能耗分布（1350t/d，直热式一段转化炉）

能　量	所占比例/%	能　量	所占比例/%
氨合成	71.9	烟道气热量	2.4
未回收的热量	10.5	冷冻压缩涡轮机	1.8
空气压缩涡轮机	7.8	其他	0.6
合成气压缩涡轮机	5.7	合计	100

数据来源：[13，Barton and Hunns，2000]。

表 2-6　合成氨生产过程的能耗（文献值）

工　艺	原料	燃料	净能量	备　注	数据来源
			GJ(LHV)/t NH$_3$		
一般蒸汽重整	22～25	4～9			[6，German UBA，2000] [48，EFMA，1995]（2000 更新）
			29.3		
			32～35		
			28.8～31.5		[1，EFMA，2000]
			33.4	能量优化前的值（产能 1350t/d，1993 年投产）。改进后约为 29.4GJ/t	[13，Barton and Hunns，2000]
			30.6	改造后（产能 1100t/d，1971 年投产）	[14，Austrian Energy Agency，1998]
			27.6～30.1	与当地条件有关，如冷却水的温度	[12，Uhde，2004]
			31.5	IFFCO Aonla 1 号装置	[26，Dipankar Das，1998]
			31.0	Tata Fertilizers，Babrala	
			32.7	Nagarjuna Fertilizers	
传统蒸汽重整	22.1	7.2～9.0			[1，EFMA，2000]
改进的传统工艺			29.2	主要特点：改进脱碳溶剂；间接冷却氨反应器；使用较小的催化剂颗粒；预热助燃空气；从氨反应炉的吹脱气中回收氢气	[3，European Commission，1997] [7，UK EA，1999]

工　艺	原料	燃料	净能量	备注	数据来源
简化的一段重整	23.4	5.4～7.2			[1,EFMA,2000]
	26	6～8			[6,German UBA,2000]
			28.9	主要特点： 改进脱碳溶剂； 间接冷却氨反应器； 使用燃气涡轮机驱动空压机	[3, European Commission,1997] [7,UK EA,1999]
热交换自热重整	24.8	3.6～7.2			[1,EFMA,2000]
	27.5	4～8			[6,German UBA,2000]
			31.8①	主要特点： 低温脱硫； 等温变换； 使用钴改性氨合成气催化剂； 脱碳系统中使用固体吸附剂； 采用工艺冷凝液饱和给料气供给蒸汽	[3, European Commission,1997]
部分氧化	28.8	5.4～9.0	35.1～37.8		[1,EFMA,2000]
	29～34	6～20			[6, German UBA,2000] [48, EFMA,1995]（2000 更新）
			36		
			39～42		
			38.7	主要特点： Claus 装置 工艺的最后净化段采用液氨洗涤	[3, European Commission,1997]

① 净能源消耗量也与生产地输入电量和装置产量（throughput）的转换系数有关。

能耗比较

对装置能耗进行比较时需准确了解相应的工艺设计和评价标准。首先，应关注产品氨的状态。与在常温下将液氨运送至设备区比，在相同温度下以 $3 \times 10^5 Pa$ 氨气形式输送时，可节省能量 $0.6 GJ/t NH_3$，而以 $-33℃$ 的液氨形式输送时则需增加能量 $0.3 GJ/t NH_3$。冷却介质的温度对能耗有相当大的影响，将冷却水温度从 20℃ 升到 30℃，增加能耗 $0.7 GJ/t NH_3$。要对装置的能耗做出客观的比较，需有详细的能量衡算表，列出所有的输入和输出能量，以及生产蒸汽和发电时的热量转换系数。此外，能量输出对净能源消耗具有积极影响。气体组成也是重要影响因素，一定量的氩有利于节能，氩的摩尔含量为 10% 时可节约能量 $0.1 GJ/t NH_3$；而二氧化碳摩尔含量为 10% 时能耗增加 $0.2 GJ/t NH_3$ [15, Ullmanns，2001]。

2.3.2　NO$_x$排放

合成氨生产的 NO$_x$ 排放浓度见表 2-7。

表 2-7　合成氨生产的 NOx 排放浓度（文献值）

工　艺	排放水平浓度			备　注	数据来源
	NO_x（以 NO_2 计，干燥气体）				
	mg/m³（标）	10^{-6}（体积分数）	kg/t NH_3		
直热式一段转化蒸汽重整	200~400	98~195	0.6~1.3		[1,EFMA,2000]
	142~162			使用 SNCR 的一段转化炉 还原效率为 30%~50%，氨泄漏量为 1~5mg/m³（标）	[9,Austrian UBA,2002]
	470			1992 年之前，无额外的措施	DSM,　Geleen（AFA-3）
	200			1992~2003 年，使用 SNCR	
	150~160			2003 年，用低 NO_x 燃烧器替换原有 12 个对流燃烧器	
	280			使用 SNCR	Kemira,Tertre
一般蒸汽重整	200~400		0.6~1.3		[6,German UBA,2000] and references within
	200		0.45	开车或异常时，合成气体火炬燃烧产生 10~20kg/h NO_x	
改进的传统工艺	157		0.32	在合成氨工段从吹脱气和闪蒸气中脱除氨。 低 NO_x 燃烧器	[3,European Commission,1997]
	155		0.315	2000 年和 2004 年的排放浓度，低 NO_x 燃烧器	[33,VITO,2005]
	129		0.286		
简化的一段重整	90		0.27	只有采用含高浓度 CO_2 和低浓度 O_2 的汽轮机废气预热空气[①]时，NO_x 的排放浓度才会达到 0.3kg/t。如果预热相当多的空气且不使用汽轮机废气，NO_x 的排放量为 130mg/m³（标）或 0.39kg/t NH_3。 在合成氨工段从吹脱气和闪蒸气中脱除氨。 低 NO_x 燃烧器	[3,European Commission,1997]
热交换自热重整	排放的污染物比点火式一段转化工艺少 80%				[1,EFMA,2000]
	80		0.175[②]	工艺气体加热器	在合成氨工段从吹脱气和闪蒸气中脱除氨	[3,European Commission,1997]
	20			辅助锅炉	
部分氧化	<700			辅助锅炉	[1,EFMA,2000]
	560	1.04		低 NO_x 燃烧器与辅助锅炉联用	[3,European Commission,1997]
	185	0.41		低 NO_x 燃烧器与过热器联用	
	200~450			过热器	
	350	0.056		Claus 装置之后的二次燃烧（thermal post-combustion）	
	200~450	0.2~0.5		过热器	[6,GermanUBA,2000]
	700	1.3		辅助锅炉	
	500	0.562		过热器	
	900	334		二次燃烧	[28,Comments on D2,2004]

① 文献中未注明助燃空气或工艺气体是否被预热。
② 总量，包括等当量的输入电量。

2.3.3 其他消耗水平

合成氨生产的其他消耗见表 2-8。

表 2-8 合成氨生产的其他消耗（文献值）

工　艺		消耗	单位	备　注	数据来源
工艺蒸汽	蒸汽重整	0.6～0.7	kg/kg NH₃	化学计量转化值	
		1.5		S/C＝3.0 时的总供应量	
		1.6		Agrolinz Melamin 的每条生产线	
	部分氧化	1.2		总供应量	
工艺空气	传统蒸汽重整	1.1	kg 空气/kg NH₃	相当于 0.85kg N₂/kg NH₃,比简化的一段转化工艺高 50%～100%	
	部分氧化	4		送入空分设备的空气	
锅炉供水		0.7～1.5	kg/kg NH₃	只有在必须采用外部水源来补充工艺蒸汽消耗时(假定所有的蒸汽冷凝液都回收利用)。数值大小取决于是否对工艺冷凝液回收利用。实际生产中存在小量额外损耗和可能的蒸汽输入/输出。不同地域的冷却空气和/或冷却水会有所不同	[1, EFMA, 2000, 6, GermanUAB, 2000, 9, AustrianUAB,2002]
溶剂	脱碳	0.02～0.04	kg/t NH₃	主要损失为溶剂泄漏。典型合成氨装置的泄漏量约为 2kg/h	
添加剂				锅炉给水处理单元中采用标准处理添加剂和再生剂。消耗量与同一地域的标准蒸汽锅炉设施相同	
催化剂更换	加氢脱硫	1	m³/a	产量为 1500t/d 的气体传统重整装置,根据平均物料需求量和正常操作周期所计算的近似消耗量 新建装置与现有装置可能存在显著差异	
	脱硫	5			
	一段重整	5			
	二段重整	4			
	高温变换	10			
	低温变换	20			
	甲烷化	2			
	合成	10			

2.3.4 其他废气排放水平

合成氨生产的其他污染物排放浓度见表 2-9。

表 2-9 合成氨生产的其他污染物排放浓度（文献值）

参数	工艺	排放浓度			备 注	数据来源
		mg/m³（标）	kg/t NH₃	10⁻⁶（体积分数）		
CH_4	CO₂的脱附	10			Selexol 工艺	[9，Austrian UBA，2002]
CH_4		72			Benfield 工艺	
CO		125				
CO		0.4			Selexol 工艺	
SO_2	一段转化	<0.1			天然气中的硫含量小于 0.5mg/m³（标）。天然气中含硫越多，产生的 SO_2 含量越高	
SO_2	传统一段蒸汽转化炉的气体	0.1～2	<0.01		具体数值取决于所用燃料，可根据物料平衡计算	[1，EFMA，2000]
CO		<10	<0.03			
CO_2			500		烟道气为 8 %	
CO	部分氧化			30		
烟尘		<50				
H_2S				0.3		
CH_3OH			<100			
CO	部分氧化，过热器	95	0.105	100		Yara，Brunsbüttel [28，Comments on D2，2004]
CH_3OH		876	1.526			
H_2S		0.1				
SO_2		7				
CH_3OH	部分氧化，脱碳			600		
SO_2	部分氧化，二次燃烧	4500	1.676			
CO	部分氧化，二次燃烧	100	0.034			Yara，Brunsbüttel [28，Comments on D2，2004]
BOD	部分氧化，工艺冷凝液				处理装置进口处，80g/L	
微粒	部分氧化，过热器	10				
CH_3OH		140				
H_2S		0.5				
CO	部分氧化，过热器	7	0.016			[3，European Commission，1997]
CH_3OH		94	0.210			
H_2S		0.3	0.001			
CO	部分氧化，辅助锅炉	8	0.016		低 NOₓ 燃烧器	
微粒		4.3	0.008			
烃		9	0.017			
SO_2		1060	1.98			
SO_2	部分氧化，Claus 装置				燃料含硫量的 2%	

续表

参数	工艺	排放浓度			备 注	数据来源
		mg/m³(标)	kg/t NH₃	10⁻⁶(体积分数)		
SO₂	部分氧化，Claus 装置后进行热氧化	1340	2.18			
CO		5	0.001			
微粒		4	0.008			
烃		9	0.001			
NH₃	部分氧化，排入水中		0.130			
微粒	一段转化	5				
NH₃	氨合成，用吹洗气体洗涤后	75	0.040			
	短时排放				1t NH₃/a	
	改进的传统工艺，排入水中		0.028		工艺冷凝液汽提处理后用作锅炉给水	[3，European Commission,1997]
	简化的一段重整，排入水中				可忽略	
	热交换自热重整，排入水中		0.080		用工艺冷凝液饱和气补给工艺蒸汽	
	安装汽提设备前排入水中		0.7		25m³/h	
			0.8		49m³/h	[9，Austrian UBA,2002]
	一段转化的SNCR逸出的氨	1.1~5.1			每年测量4次	
	合成氨中的吹脱气				18kg NH₃/a	
	合成氨，排入空气中		0.014			
			0.011			[6，German UBA,2000]
			0.032			
CO			0.006			
烃			0.009			
废料	总量		0.2		催化剂和分子筛	[3,European Commission,1997]
			0.07		废催化剂,13t/a	[9,Austrian UBA, 2002]
			0.09		废催化剂,31t/a	

2.4 BAT 备选技术

传统蒸汽重整工艺详见 2.2.3 部分。

部分氧化工艺详见 2.2.4 部分。

2.4.1　改进的传统工艺

（1）概述

传统蒸汽重整工艺对不同工段的物料和能耗进行了整合。在多年的发展中，工艺中现有设备的改进极大地降低了能耗。新式机械设备都具有相当高的热效率和可靠性，大部分装置的在线控制程度超过93％。改进的传统重整工艺装置通常具备如下特点：

- 高负荷一段转化炉的操作压力通常高达 $40 \times 10^5 Pa$；
- 使用低 NO_x 燃烧器；
- 二段重整时在空气按化学计量比供给（H/N 的化学计量比）；
- 低能耗的 CO_2 脱除系统。

因采用的优化配置方式和使用的成熟设备不同，不同工程承包商提供的工艺配置存在差异。以下列举了部分使用的技术：

- 按建筑物冶金标准的现行规定对混合给料和工艺空气进行加热，减少了转化工段的燃料，提高了操作压力，同时节省了压缩合成气所需的能量；
- 回收二段转化后气体的热量用来产生过热蒸汽；
- 改良高温变换反应器以降低蒸汽和碳的比例；
- 改进氨合成塔设计，采用小颗粒催化剂以提高转化率；
- 确保氨合成反应中大量反应热的有效回收，可提取氨合成回路中的热量来产生高压蒸汽；
- 采用高效的氨压缩和冷冻系统。

传统工艺排放的大量 NO_x 主要产生于一段转化炉的燃烧过程。使用低 NO_x 燃烧器可降低 NO_x 的排放，但排放量仍然相对较高。

（2）环境效益

与传统工艺相比，可实现如下环境效益：

- 转化工段燃料减少，NO_x 排放浓度降低；
- 能耗降低。

能耗和排放浓度：

- 能耗见表 2-6；
- NO_x 的排放浓度见表 2-7；
- 其他污染物排放情况见表 2-8 和表 2-9。

（3）跨介质影响

NO_x 排放浓度仍相对较高。

（4）操作数据

见概述。

（5）适用性

新建、现有装置均适用。现有装置应用时需进行评估。

（6）经济性

可估算成本效益。

（7）实施驱动力

装置最优化和成本效益。

（8）参考文献和示例装置

[1，EFMA，2000，3，European Commission，1997]

2.4.2 简化的一段重整工艺和增加的工艺空气量

（1）概述

由于一段重整工艺的边际效率较低（marginal low efficiency），因此需要增加部分工序将部分功能转移到二段转化工段，即简化的一段重整工艺，表 2-10 列出了简化的一段重整工艺与传统工艺的不同。

表 2-10　简化的一段重整工艺的特点

工　　段	说　　明
减少一段转化过程的燃料	在该设计中，一段转化炉的部分功能转移到二段转化炉，降低了一段重整的程度。可减少燃料用量，相应减少了 NO_x 的排放。一段转化炉中的热供应减少，工艺出口温度降至约 700℃，燃烧效率增加，装置规模以及运行成本也随之降低。低温操作条件延长了催化剂管和出口总管的使用寿命。低温以及低热供应时的重整程度有所降低。与传统工艺相比，蒸汽/碳的比例略有下降
增加二段转化过程工艺气供应量	一段转化炉的热供应减少，需增加内部燃烧，使转化程度与整个重整过程匹配。该工艺中允许稍高的甲烷排出量，因为大部分甲烷可在深冷净化阶段脱除。 所需的工艺空气比传统工艺高 50%，压缩能力和能耗增大。工艺空气压缩可由燃气轮机驱动，燃气轮机产生的废气可用作一段转化的燃料。使用燃气轮机时会排出多余的蒸汽
CO 变换，CO_2 脱除和甲烷化	与传统工艺无明显差异，见表 2-6
最终深冷净化	在净化工段将合成气中多余的氮气、大部分残留的甲烷以及部分氩气，在 -180℃ 温度条件下除去。分离出的甲烷和氮气的混合气可用作一段转化的燃料。净化后的氨中几乎不含任何杂质，仅有少量的氩、氦和甲烷。与传统工艺相比，产物的纯度较高，在合成回路中无需使用大量的吹脱气。在减压浓缩时产生的闪蒸气体，会带走合成回路中的少量氢气。冷却所需的能量由涡轮膨胀机中的主要气流和含甲烷废气的膨胀提供
氨合成	与传统的仅采用甲烷化工艺进行净化相比的最大特点是，除去了合成气中的所有杂质。单程转化率更高，吹脱气流更小，使合成氨回路更为高效

（2）环境效益

主要改进包括：

- NO_x 生成量减少；

- 能耗最小化；

- 提高了一段转化炉的燃烧效率；

- 延长了催化剂管和出口总管的使用寿命；

- 单程转化率更高，吹脱气流更小，使合成氨回路更为高效。

能耗和排放浓度：

- 能源消耗见表 2-6；
- NO_x 排放浓度见表 2-7；
- 其他污染物排放浓度见表 2-8 和表 2-9。

（3）跨介质影响

压缩空气的需求量增大导致压缩能耗增加。

（4）操作数据

见概述。

（5）适用性

适用于新建装置。

（6）经济性

可估算成本效益。

（7）实施驱动力

装置最优化和成本效益。

（8）参考文献和示例装置

[1，EFMA，2000，3，European Commission，1997]

2.4.3　热交换自热重整

（1）概述

从热力学角度来看，二段转化炉出口气和一段转化炉烟道气的高品质热量（约 1000℃）仅用来产生蒸汽是一种浪费。目前的研发目标是将该能量回用于合成氨回路，即将二段转化炉出口气用于新建一段转化炉（如气体加热转化炉，热交换转化炉），此时无需配置直热式转化炉。二段转化炉中需有过剩空气或富氧空气来满足自热转化炉的热量平衡。

重整反应所需的热量由二段转化炉的热工艺气体带入转化炉管。在一段转化炉中进行热交换后，过剩的空气必须输入二段转化炉以确保两步之间的热量平衡，但会导致气体中 N_2 过量。在该技术中，高温变换器和低温变换器都被单一的等温中温变换器代替，变换器利用变换反应放出的热量加热饱和含蒸汽的工艺气体以及回收工艺冷凝液。为了生产纯净的合成气，用"变压吸附"（PSA）系统脱除合成气中 CO_2 和残余的 CO 和 CH_4，还需配置深冷净化系统以脱除多余的 N_2。改进的氨合成转换器使用改性催化剂，可使总合成压力降低，进一步简化了工艺。

与上述工艺相比，其他热交换一段转化炉在变换反应、合成气净化以及氨的合成方面采用了不同设计，如仅 1/3 的给料气通过热交换转化炉，其余给料气直接送到二段转化炉（自热转化炉），同时使用富氧空气（含 30% O_2）替代过剩空气。氨合成时使用一种新型的钌催化剂。

（2）环境效益

- 一段转化炉中不存在烟道气，显著减少了大气污染物的排放。
- NO_x 排放量比传统蒸汽重整工艺至少降低 50%，具体值取决于装置中辅助燃烧的程度。

能耗和排放浓度：

- 能源消耗见表 2-6；
- NO$_x$ 排放浓度见表 2-7；
- 其他污染物排放浓度见表 2-8 和表 2-9。

（3）跨介质影响

- 可能需要输入能量来驱动机械设备；
- 总能耗较其他蒸汽重整工艺高。

（4）操作数据

未提供具体信息。

（5）适用性

适用于新建装置。

（6）经济性

未提供具体信息。

（7）实施驱动力

这种新建装置的开车启动时间短。

（8）参考文献和示例装置

[1，EFMA，2000，3，European Commission，1997]，到目前为止，已有 7 套产量 350~1070t/d 的热交换自热重整装置建成并投产。

2.4.4 改造：提高产能和能效

（1）概述

某厂对一套已建成 20 年的简化的一段重整合成氨装置（1100t/d）进行了改造，包括充分预热转化炉的混合给料气，安装高效、操作条件可满足转化炉氧气需求的汽轮机等，提高了一段转化炉/汽轮机的效率。具体改造措施见表 2-11。

表 2-11　对使用 20 年老装置的改造措施

改 造 措 施	说　　明
强化进料烃/蒸汽的预热效果	在烃/蒸汽混合给料气到达催化剂管之前，通过在反应炉的对流段安装一个新的高合金混合原料预热盘管强化预热效果，以降低辐射段的负荷，减少燃料的消耗。改造后，对流段的高温热量仍可利用，而无需通过辐射散逸加热给料气
使用新型燃气轮机	安装第二代燃气轮机是节省燃料气的第二个关键因素，二代燃气轮机的废气中可用的氧气量与转化炉的氧气需求量相近。此时流经反应炉辐射室的气流量最小，维持燃烧室的高温所消耗的燃料气较少
燃烧器改造	由于氧剩余量较少，需对反应炉燃烧器进行改造使燃气轮机排气在燃烧器上均匀分布，可促进反应炉燃料完全燃烧，确保燃烧室内散热均衡。最后一个关键问题是催化剂管的使用寿命，催化剂管局部过热可能导致管道过早损坏。改造后，新燃气轮机足以驱动工艺气压缩机，淘汰了辅助汽轮机。燃气轮机的废气温度可达到约 520℃，所有废气通过辐射段为反应炉提供足够的氧气

续表

改 造 措 施	说 明
重排对流管,增加接触表面	由于燃烧负荷降低,且大部分热量在重整过程(混合给料气预热管＋辐射管)中被吸收,用于对流段的其余部分的热负荷较低。 因此,复查了热回收段的所有对流管,并在需要处增加了接触表面。以满足改造后工艺的要求。 反应炉改造必须重排对流管,此外通过减少烟道气损失进一步优化保温节能
维修	通过对原有装置进行全面检修(re-establishing),如关闭泄漏,可使效率提高约50%

（2）环境效益

- 由于剩余氧气较少，NO_x 排放量＜200mg/m³（标）。
- 改造后能源消耗从 36.0 GJ/t 减少至 31.1GJ/t（燃料＋原料）。
- 改造后的净能耗为 30.6 GJ/t。

（3）跨介质影响

无明确影响。

（4）操作数据

未提供具体数据。

（5）适用性

该集成技术适用于现有蒸汽重整装置。

（6）经济性

总投资：570 万欧元。

预期投资回报期少于 1 年。

（7）实施驱动力

环境效益和成本效益。

（8）参考文献和示例装置

[14，Austrian Energy Agency，1998]，[74，Versteele 和 Crowley，1997]

Yara 合成氨装置 C，Sluiskil。

2.4.5 预重整

（1）概述

在一段转化炉之前安装预转化炉，同时辅以适当的蒸汽节约措施，可减少能耗和 NO_x 的排放。预重整发生在一段重整之前，在绝热催化床层上进行。冷却气体在输送到一段转化炉之前需先预热。由于减少了需燃烧的燃料量（NO_x 排放减少），一段转化炉的负荷也降低，同时也使 S/C 比较低，节省了能量。

（2）环境效益

- 热负荷降低达 5%～10%（节能）；
- 大气污染物排放量减少。

（3）跨介质影响

无明确影响。

（4）操作数据

未提供信息。

（5）适用性

该集成技术适用于新建或现有常规蒸汽重整和简化的一段重整装置。

（6）经济性

因 NO_x 排放减少，且可使用邻近工段过剩蒸汽，降低了总成本。

（7）实施驱动力

节省蒸汽从而节省了燃料气。

（8）参考文献和示例装置

［3，European Commission，1997］，［73，Riezebos，2000］

2.4.6　能源审计

（1）概述

能源审计的目的是对大型、复杂生产装置的能耗进行核查，发掘提高能源效率的潜力。实施全面能源审计需耗费大量的时间和精力，所以一般会分阶段实施。分段审计在前段审计确定的潜在节能措施的基础上，确定最经济的潜在节能措施，并提出一系列具有进一步节能潜力的点以便于后续研究。分段实施能源审计通常包括以下 3 个阶段。

① 第一阶段：初步审计　对潜在的节能点进行快速初步评估，即通过了解装置性能、维修历史和公用工程消耗等基本情况，与行业标准进行比较，对如何改善该装置能耗状况提出总体意见。

② 第二阶段：探索审计　详细了解装置的操作情况，包括装置的能量、物料衡算。该阶段的审计将确定一些能够快速改善装置能耗的简单改进措施，也将确定一些可能需要进一步研究的其他问题。

③ 第三阶段：深度能源审计　对装置操作和改进范围进行更详细的评估。深度能源审计包括：

- 数据采集；
- 基本情况模拟；
- 现场讨论；
- 提出并评估相关改进措施；
- 复核并公布审计报告。

（2）环境效益

为制定改造方案提供依据。

（3）跨介质影响

无明确影响。

（4）操作数据

未提供信息。

（5）适用性

普遍适用。

装置能效的日常评估措施包括［18，J. Pach，2004 年］：

- 按天或按周计算能耗；
- 按月或按季度核算装置的能耗；
- 对重点操作单元进行日常监测以确定异常损失；
- 核算蒸汽供应量和可使用量；
- 绝缘材料的维修及维护；
- 确定提高能效的合适机会。

表 2-12 列出了某示例装置的日常能耗清单。

表 2-12 某合成氨示例装置日常能耗清单

合成氨装置能耗清单				
		生产日期：		
工段	单位	标准	实际	备注
重整段				
过剩氧气（O_2AT11）	%	0.8～1.2		
燃烧器火焰要求		平展(flat)，无烟		
二氧化碳脱除系统/甲烷化设备				
蒸汽需求量/实际值	t/h			
贫液需求量/实际值	m^3/h			
蒸汽系统				
每根监测管蒸汽中的 SiO_2	10^{-6}			
KS 通风条件（目测）		无蒸汽		
O_2PV302 值（op）	%	0		
KS/HS 降低值（op）	%	<1		
工艺废气排空（如果有）				
燃烧条件（目测）		无火焰		
专项能源				
专项能源（给料气）		24.33		
专项能源（燃料）	GJ/t	6.53		
专项能源（给料 + 燃料）		30.86		
专项能源的目标值（含公用工程）		32.38		
审核：		复核：		

（6）经济性

未提供信息。

（7）实施驱动力

环境效益和成本效益。

（8）参考文献和示例装置

［13，Barton and Hunns，2000，18，J. Pach，2004，71，Maxwell and Wallace，1993］

2.4.7　先进过程控制

（1）说明

一种先进过程控制系统（APC）已于 2004 年成功应用于合成氨装置。APC 是基于模拟或模型预测的系统，对操作没有明显的负面影响，使用 APC 无需也不会造成装置停车。采用 APC 的示例装置的生产稳定性显著提高。

APC 采用加权和分级优化。分级优化意味着会有不同等级的优化问题，只有当同一等级问题已解决且更深自由度（further degrees of freedom）可用时，下一个较低优先等级的问题才会得到解决。因此，APC 能提供适用于特定情景的控制策略，如安全性优先于质量、质量优先于节能等。加权优化意味着某一变量比其他变量更重要（比如某变量成本更高）。

（2）环境效益

示例装置的生产能力和（或）能源效率都显著提高。

（3）跨介质影响

无明确影响。

（4）操作数据

未提供信息。

（5）适用性

普遍适用，2005 年 APC 有望在该公司合成氨装置 D 内实施，并计划用于更多装置。

（6）经济性

成本效益显著。对示例装置，项目实施初期已经开始有收益，后来又对装置的完全控制和运行策略进行了修订。

（7）实施驱动力

示例装置的成本效益。

（8）参考文献和示例装置

［19，IPCOS，2004］，Yara ammonia unit E，Sluiskil。

2.4.8　使用燃气涡轮机驱动工艺气压缩机

（1）概述

使用冷凝蒸汽涡轮机驱动工艺气压缩机时，蒸汽中超过 1/2 的能量转移到冷却介质中造成了能量损失。采用燃气轮机驱动工艺气压缩机，并在一段转化炉中使用富氧热废气作为预热的燃烧气等措施可避免上述情况。此时驱动和预热操作的整体能源效率超过 90%。预热的燃烧气可节约转化炉所需燃料，但火焰温度较高可能会产生更多 NO_x。

（2）环境效益

节约大量能源。

（3）跨介质影响

NO_x 排放可能会增加。

（4）操作数据

未提供信息。

（5）适用性

适用于新建蒸汽重整装置的集成技术，也是适用于简化的一段重整装置的典型技术。

（6）经济性

未提供信息。

（7）实施驱动力

节约成本。

（8）参考文献和示例装置

［3，European Commission，1997］

2.4.9 克劳斯（Claus）单元与尾气处理的联合

（1）概述

在 Claus 单元，一部分 H_2S 燃烧生成 SO_2，SO_2 与剩余的 H_2S 在催化剂作用下反应生成单质硫，单质硫可从气相分离。在不同理念中，Claus 工艺都是最先进（state-of-the-art）的从含 H_2S 蒸汽中回收硫的工艺。为进一步回收硫，随后需对尾气进行处理。

关于克劳斯单元及尾气处理的详细介绍，见 ［8，European Commission，2002］。

（2）环境效益

Claus 单元和尾气处理工艺联合使用可使硫的回收率达到 98.66%～99.99% ［8，European Commission，2002］。

（3）跨介质影响

见 ［8，European Commission，2002］。

（4）操作数据

见 ［8，European Commission，2002］。

（5）适用性

仅适用于新建的和现有部分氧化装置。

（6）经济性

见 ［8，European Commission，2002］。

（7）实施驱动力

见 ［8，European Commission，2002］。

（8）参考文献和示例装置

［3，European Commission，1997，8，European Commission，2002］

2.4.10　一段转化炉中的 SNCR

（1）概述

选择性非催化还原（SNCR）工艺是除去在燃烧炉烟气中生成的 NO_x 的二级处理方法。在 SNCR 单元注入添加剂，NO_x 反应生成 N_2 和 H_2O，该反应在 $850\sim1100℃$、无催化剂作用下发生。在合成氨装置中，氨通常作为还原剂在原位使用。

反应温度窗口至关重要，超过温度窗口，NH_3 被氧化将产生更多 NO_x，而低于温度窗口，转化率太低并且未转化的氨气将排放到大气中。此外，负荷的改变也将引起对流段温度场的改变。为调节氨注入过程对温度窗口的影响，可采用多级注入方式。

NO_x 和 $NH_3/CO(NH_2)_2$ 作用生成 H_2O 和 N_2 的反应受温度、所需温度范围内反应物的停留时间以及 NH_3/NO_x 摩尔比的影响很大。NH_3 和 $CO(NH_2)_2$ 的温度窗口为 $850\sim1000℃$，最佳温度为 $870℃$，相比之下，尿素的温度窗口范围更广（$800\sim1100℃$），最佳温度为 $1000℃$。

在给定的温度窗口里，反应气的停留时间为 $0.2\sim0.5s$。同样，还要对 NH_3/NO_x 比进行优化。当 NH_3/NO_x 比增大时，NO_x 脱除率增大，但同时 NH_3 的逸出也会增加，从而增加对后续单元的污染（例如换热器、烟气管道）。综合上述因素，NH_3/NO_x 比宜在 $1.5\sim2.5$ 之间。

（2）环境效益

采用 SNCR 时 NO_x 的排放量可减少 $40\%\sim70\%$ ［11，European Commission，2003］。

奥地利某合成氨装置，一段转化炉安装 SNCR 后，NO_x 排放量减少 $30\%\sim50\%$，排放浓度为 $140\sim160mg/m^3$（标）。氨的逸出限值为 $10mg/m^3$（标）［9，Austrian UBA，2002］。

氨的逸出浓度为 $1\sim5mg/m^3$（标）［17，2nd TWG meeting，2004］。

（3）跨介质影响

SNCR 应用的主要问题是添加剂在燃烧室内分布不均，因此，需对分布系统进行优化，使氨和烟道气的分布最佳。

为了实现高 NO_x 去除率和低氨气逸出率，添加剂和烟道气中的 NO_x 必须充分混合。

- 可能形成 N_2O；
- 消耗氨气。

（4）操作数据

见概述。

（5）适用性

SNCR 对新建和现有合成氨装置均适用。对现有装置而言，SNCR 可视为一项有效的减排措施。一段转化炉改造时可选用 SNCR。

SNCR 适用于 Kellogg 反应炉，但不适用于 Foster Wheeler 反应炉。部分反应炉无法满足对温度范围或停留时间的要求 [17，2nd TWG meeting，2004]。

（6）经济性

由于装置内可提供还原剂，设备成本和运行成本较其他装置低。合成氨装置无需配备添加剂存储设施。

（7）实施驱动力

减少 NO_x 排放。

（8）参考文献和示例装置

- 1998～2000 年，Agrolinz Melamin 公司为 2 条合成氨生产线配备了 SNCR；
- DSM，Geleen；
- Kemira，Tertre。

[9，Austrian UBA，2002，10，European Commission，2005，11，European Commission，2003]

2.4.11 CO_2 脱除系统的改进

（1）概述

在气化过程和变换过程形成的 CO_2 通常采用溶剂清洗除去。CO_2 脱除过程中，溶剂循环需使用机械能，多数情况还需热量来进行溶剂再生。上述方式回收得到的 CO_2 纯度非常高，一般直接排空，也可以用于其他工艺，如生产尿素等。CO_2 脱除统使用改良的溶剂时能耗远低于其他系统。CO_2 脱除系统的能耗还取决于该系统与合成氨装置的整合程度，也受合成气纯度和 CO_2 回收的影响。

降低"热碳酸钾"脱碳系统能耗的一种简单、经济的措施是使用特殊催化剂。

（2）环境效益

可节约能源 30～60MJ/kmol CO_2 （约 0.8～1.9GJ/t NH_3）。

（3）跨介质影响

无明确影响。

（4）操作数据

未提供信息。

（5）适用性

该集成技术对新建和现有蒸汽重整装置均适用。

（6）经济性

可估算成本效益。

（7）实施驱动力

成本效益。

（8）参考文献和示例装置

［3，European Commission，1997］

2.4.12　助燃空气的预热

（1）说明

助燃空气通常由一段转化炉或辅助锅炉烟道气余热来预热。因空气预热使火焰温度升高，NO_x 排放增多。若不使用燃气轮机废气对助燃空气进行预热，NO_x 排放浓度从 $90mg/m^3$（标）（$270g/t\ NH_3$）增加到 $130mg/m^3$（标）（$390g/t\ NH_3$）。

（2）环境效益

节能。

（3）跨介质影响

NO_x 排放量增加。

（4）操作数据

未提供信息。

（5）适用性

该集成技术对新建和现有蒸汽重整装置均适用。

（6）经济性

成本效益。

（7）实施驱动力

成本效益。

（8）参考文献和示例装置

［3，European Commission，1997］

2.4.13　低温脱硫

（1）概述

在标准脱硫装置中，加热给料气所需的能量来自直热式转化炉烟道气的热量。但是，当使用采用二段转化炉废气加热的热交换转化炉时，需单独提供能源来预热原料气，如使用燃气加热器，但可能会增加 NO_x 的排放量。使用低温脱硫催化剂可利用低温蒸汽来加热给料气，而不是直接燃烧，此时可避免脱硫装置中 NO_x 的排放。

（2）环境效益

● 节约能源；

● 防止其他污染物排放。

（3）跨介质影响

无明确影响。

（4）操作数据

未提供信息。

（5）适用性

该集成技术可用于新建或现有自热热交换重整装置的脱硫。

（6）经济性

可估算成本效益。

（7）实施驱动力

成本效益。

（8）参考文献和示例装置

［3，European Commission，1997］

2.4.14 等温变换

（1）概述

变换反应为剧烈放热反应，低温有利于反应进行，因此，为减少 CO 残留量，必须移除变换过程中产生的大量热量。在常规装置中，变换过程分两步完成：高温变换（330～440℃）和低温变换（200～250℃），且使用不同类型的催化剂。气体在两个变换步骤间冷却。

除此之外也可以采用一步变换，即使用冷却管连续从催化剂床层移除热量，变换过程温度不变，称为等温变换。该方法无需使用常规高温变换所需的铬催化剂，因此变换器内不会发生费-托合成反应（Fisher-Tropsch），给料气中蒸汽/碳比可较低。费托合成反应即 H_2 和 CO、CO_2 或其混合气（合成气）发生反应，生成一种或多种含碳化合物，如烃、醇、酯、酸、酮及醛类化合物。

（2）环境效益

● 节能；

● 无需对废铬催化剂进行处置；

● 一步等温变换所需开车时间较传统二步变换系统短，因此污染物的排放量也较少。

（3）跨介质影响

无明确影响。

（4）操作数据

未提供信息。

（5）适用性

该集成技术主要适用于新型自热热交换重整装置。

（6）经济性

未提供信息。

（7）实施驱动力

节能。

（8）参考文献和示例装置

［3，European Commission，1997］

2.4.15 在氨转化炉中使用小颗粒催化剂

（1）说明

小颗粒催化剂活性较高，使得气体循环比下降并降低合成气压力，同时催化剂需求量也较少。其缺点是增大了压差，可能影响节能。

（2）环境效益

节能。

（3）跨介质影响

无明确影响。

（4）操作数据

未提供信息。

（5）适用性

该集成技术对新建和现有蒸汽重整和部分氧化装置均适用。

（6）经济性

可估算成本效益。

（7）实施驱动力

成本效益。

（8）参考文献和示例装置

［3，European Commission，1997］

2.4.16 工艺冷凝液的汽提和循环

（1）概述

变换过程的下游气体中剩余蒸汽冷凝形成工艺冷凝液，其中含有的污染物 NH_3 和 CH_3OH 可以经蒸汽汽提工艺脱除，并回用于一段重整工艺。汽提后的冷凝液里仍可能含有微量杂质，经离子交换进一步净化后用作锅炉给水。

（2）环境效益

减少水中污染物的排放量。

（3）跨介质影响

汽提过程消耗能量。

（4）操作数据

未提供信息。

（5）适用性

对新建和现有蒸汽重整和部分氧化装置均适用。

（6）经济性

产能 1500t/d，现有装置的改造费用约为 290 万～330 万欧元。

（7）实施驱动力

减少废水中污染物的排放量。

（8）参考文献和示例装置

[1，EFMA，2000，3，European Commission，1997]

2.4.17 低压氨合成催化剂

（1）概述

以石墨为载体，含钌和碱性助催化剂的新型催化剂，比传统铁基催化剂活性更强，新型催化剂可使氨合成反应的操作压力较低，且转化率更高，节省了氨合成反应器的能耗。同时催化剂的用量也相应减少。

使用含钴助催化剂，可显著提高传统铁基合成催化剂的活性，使氨合成反应器操作压力较低，且降低反应气循环比。

（2）环境效益

能耗减少 1.2 GJ/t NH_3，可抵消氨冷却时所需能量。

（3）跨介质影响

无明确影响。

（4）操作数据

未提供信息。

（5）适用性

对新建和现有蒸汽重整和部分氧化装置均适用。

（6）经济性

未提供信息，但可估算成本效益。

（7）实施驱动力

成本效益。

（8）参考文献和示例装置

[3，European Commission，1997]

2.4.18 部分氧化工艺合成气变换反应中使用耐硫催化剂

（1）概述

该技术是一项适用于新建部分氧化工艺合成氨装置的集成技术。传统工艺的脱 CO_2 和脱硫过程必须分步进行，该技术将脱 CO_2 和脱硫过程合并在一步完成。采用部分氧化工艺生产合成气的合成氨装置中，有两种基本工艺流程。在第一种流程中，先对余热锅炉内汽化后的合成气进行冷却，随后在低温甲醇清洗单元中对合成气进行

清洗并回收 H_2S，净化后的合成气用蒸汽饱和后，在传统的铁基催化剂作用下于高温变换炉进行 CO 变换反应。反应后在传统 CO_2 脱除设备（如前述低温甲醇清洗单元）里除去 CO_2。

在第二种流程中，采用冷水对产生的合成气直接进行极冷，同时也为变换单元提供了所需要蒸汽。该流程中，低温甲醇清洗单元位于 CO 变换单元后，变换过程的进料气中含有合成气中所有的硫，因此需使用耐硫变换催化剂。CO_2 和 H_2S 脱除分别在两个不同区域进行。该流程在高温变换之前无需加热合成气，可达到节能目的。

（2）环境效益

节能。

（3）跨介质影响

无明确影响。

（4）操作数据

未提供信息。

（5）适用性

该集成技术适用于新建部分氧化装置。

（6）经济性

未提供信息，但可以估算成本效益。

（7）实施驱动力

成本效益。

（8）参考文献和示例装置

［3，European Commission，1997］

2.4.19　合成气的最终净化——液氮洗涤

（1）概述

在约－185℃时对合成气采用液氮逆流清洗，合成气中的杂质（CO_2、CO 和 CH_3OH）溶解在液氮中，可通过闪蒸和蒸馏回用做后续工段的燃料。液氮清洗液同时为氨合成反应提供氮气。液氮清洗后的合成气中无惰性气体，纯度极高，无需使用吹脱气，同时还可获得较高的单程转化率。

（2）环境效益

● 不使用吹脱气；

● 提高了合成回路的效率。

（3）跨介质影响

无明确影响。

（4）操作数据

未提供信息。

（5）适用性

该集成技术适用于新建部分氧化装置。

（6）经济性

未提供信息，但可估算成本效益。

（7）实施驱动力

成本效益。

（8）参考文献和示例装置

[3，European Commission，1997]

2.4.20　间接冷却氨合成反应器

（1）概述

在氨合成反应器中，催化剂分成多个床层，采用换热器而非直接注入冷合成气的方式移除反应热。反应热可用于产生高压蒸汽，或用于预热锅炉给水，或将合成气加热至催化剂床层进口所需温度，节约了能量，且提高了氨的单程转化率。此外，催化剂的用量也减少。

（2）环境效益

- 节能；
- 提高氨单程转化率；
- 催化剂用量减少。

（3）跨介质影响

无明确影响。

（4）操作数据

未提供信息。

（5）适用性

对新建和现有蒸汽重整和部分氧化装置均适用。

（6）经济性

可估算成本效益。

（7）实施驱动力

成本效益。

（8）参考文献和示例装置

[3，European Commission，1997]

2.4.21　回收合成氨回路吹脱气中的氢

（1）概述

合成氨回路中连续使用的吹脱气流需分流以除去其中的惰性气体。对现有装置，分流吹脱气萃取后通常直接加入或经水洗后加入到转化炉燃料中。虽然利用了气体内在的热值，但产生和净化氢需额外提供能量。在新建装置中，从吹脱气中回收后的氢气可回用到合成回路中。

从吹脱气中回收氢的技术很多，如低温分离、膜技术或变压吸附（PSA）。

（2）环境效益

节能。

（3）跨介质影响

无明确影响。

（4）操作数据

未提供信息。

（5）适用性

对新建或现有高压合成回路蒸汽重整装置均适用。

（6）经济性

可估算成本效益。

（7）实施驱动力

成本效益。

（8）参考文献和示例装置

［3，European Commission，1997］

2.4.22 在闭合回路中除去吹脱气和闪蒸气中的氨

（1）概述

通过水洗将氨从吹脱气和闪蒸汽中除去。使用机械压缩机或喷射器将低压闪蒸汽压缩后送入水洗系统中。洗涤后的气体在重整段燃烧，洗涤得到的氨溶液回用于其他工艺过程或经蒸馏回收纯净的氨。

（2）环境效益

减少 NO_x 和 NH_3 的排放。

（3）跨介质影响

额外能耗。

（4）操作数据

未提供信息。

（5）适用性

该集成技术主要适用于新建和现有传统蒸汽重整装置。当闪蒸汽流量较小时，若能源消耗大于环境效益（减少 NO_x 的排放），则不适合采用技术。

（6）经济性

未提供信息。

（7）实施驱动力

减少 NO_x 和 NH_3 的排放。

（8）参考文献和示例装置

［1，EFMA，2000，3，European Commission，1997］

2.4.23　低 NO_x 燃烧器

（1）概述

通过燃烧工段的改造，可减少直热式一段转化炉和辅助锅炉烟道气中的 NO_x 排放量。最高火焰温度、氧气的供应以及燃烧区的停留时间都会影响 NO_x 的生成。在低 NO_x 燃烧器里，通过分段添加助燃空气和（或）燃料气对上述影响因素进行控制，可减少 NO_x 的生成，部分烟道气的再循环也可能影响 NO_x 产生。

关于低 NO_x 燃烧器的详细介绍，详见 [10，European Commission，2005]。

（2）环境效益

可使 NO_x 减少 70% [10，European Commission，2005]。

（3）跨介质影响

无明确影响。

（4）操作数据

未提供信息。

（5）适用性

对新建和现有蒸汽重整和部分氧化装置均适用。

（6）经济性

低 NO_x 燃烧器成本比标准燃烧器高 10%，如果要实现废气再循环，低 NO_x 燃烧器成本将比标准燃烧器高 15%～30% [3，European Commission，1997]。改造成本较高。

（7）实施驱动力

减少 NO_x 排放。

（8）参考文献和示例装置

[3，European Commission，1997，10，European Commission，2005]，DSM，Gelen。

2.4.24　金属回收与废催化剂的处置

（1）概述

目前，有几家公司可提供废催化剂的装载和转运服务，废催化剂运输到环境安全填埋场或送往金属回收厂。

（2）环境效益

允许材料的回收和再利用。

（3）跨介质影响

无明确影响。

（4）操作数据

未提供信息。

（5）适用性

这种管理理念适用于所有合成氨装置。

（6）经济性

出售废催化剂的收益。

（7）实施驱动力

安全处置或回收。

（8）参考文献和示例装置

[3，European Commission，1997]

2.4.25 开车、停车和异常情况的处理

（1）概述

与正常运行时相比，装置在开车和停车时污染物排放量更大。开车时，由于持续时间较长，排放的污染物也最多。合成氨装置的开车或停车都按照预设程序进行，重整工艺气或合成气体通过装置的各个通风口排出。脱硫工段启动时必须排出天然气（见 2.2.5 部分）。

污染物减排措施包括：

- 采用联动与合理的操作程序减少开、停车时间；
- 使用循环的惰性气体预热；
- 采用最大允许预热速率对设备和催化剂预热；
- 使用惰性气体还原低温变换催化剂；
- 开车时尽快使用合成回路；
- 燃烧不能处理的排出气。

由于设备故障、工艺条件异常、操作失误以及不可抗力因素导致的紧急停车会导致污染物排放量增加。采用适当的风险分析，可提供在紧急情况下必要的预防或控制程序。仪器联动、紧急备用设备如电池、仪器备件、仪器充电系统、充足的系统容量（adequate system inventory）、电脑控制以及洗涤器都可在紧急情况下用来避免或最大限度地减少污染物的排放。建立正确的停车程序可防止在含 CO 的气体中形成有毒羰基镍。含 CO 气体通常在低于 150℃时从含镍催化剂的甲烷化设备中排出，而温度低于 150℃时会形成羰基镍。

（2）环境效益

减少污染物排放。

（3）跨介质影响

无明确影响。

（4）操作数据

未提供信息。

（5）适用性

普遍适用。

（6）经济性

未提供信息。

（7）实施驱动力

减少污染物排放。

（8）参考文献和示例装置

［3，European Commission，1997］

2.4.26　电解水制氢气合成氨

（1）说明

20世纪90年代中期在埃及、冰岛和秘鲁，将电解水产生的H_2直接用于合成氨。在这个过程中，从电解水装置中电解得到的H_2和从空分装置得到的N_2被输入到一个独立的可提供缓冲容量和稳定气压的存储容器中。电解水可提供非常纯净的原料气，其中仅含有极少量的O_2（0.1%～0.2%），而合成气以烃类化合物为原料制得。O_2会使氨合成塔中的催化剂中毒，必须除去。除氧可采用催化燃烧法，除氧过程在H_2和N_2混合后立即进行，少量的H_2与O_2发生反应生成水。已净化的混合气体（合成气）随后被输送到在氨合成阶段作为缓冲器的存储容器中。基于电解水法的合成氨装置的合成回路与以矿物燃料为原料的氨合成装置相同。

（2）环境效益

与蒸汽重整和部分氧化工艺相比，该工艺直接排放的污染物较少。

（3）跨介质影响

无明确影响。

（4）操作数据

未提供具体信息。

（5）适用性

基于电解水法的合成氨工艺目前已在日产量高达500t的合成氨装置成功应用。通常认为该工艺成本太高，但在某些具体情况下其仍然是一个值得关注的、有竞争力的工艺（取决于电力价格），尤其是有大量可再生电能使用时。

（6）经济性

取决于实际的电力价格，通常认为该工艺成本太高。

（7）实施驱动力

根据当地实际情况考虑。

（8）参考文献和示例装置

［1，EFMA，2000，3，European Commission，1997］

2.5　合成氨的 BAT 技术

BAT 即 1.5 部分介绍的通用最佳可行技术。

存储过程的 BAT 技术见 [5，European Commission，2005]。

新建装置的 BAT 技术可采用如下工艺：

- 传统重整工艺（见 2.4.1 部分）；
- 简化的一段重整工艺（见 2.4.2 部分）；
- 热交换自热重整工艺。

BAT 技术可采用以下一项或几项技术，使 NO_x 的排放浓度达到表 2-13 中给出的排放水平。

- 如果燃烧炉能达到反应所需的温度和保留时间，则在一段重整工艺中使用 SNCR（见 2.4.10 部分）；
- 使用低 NO_x 燃烧器（见 2.4.23 部分）；
- 从吹脱气和闪蒸汽中除氨（见 2.4.22 部分）；
- 在热交换自热重整工艺中采用低温脱硫技术（见 2.4.13 部分）。

表 2-13　合成氨 BAT 技术对应的 NO_x 排放浓度

工艺类型	NO_x 排放浓度（以 NO_2 计）
	mg/m³（标）
改进的传统重整工艺与简化的一段重整工艺	90～230[1]
热交换自热重整工艺	80[2] 20[3]

排放浓度与排放因子之间没有直接关系。传统重整工艺和简化的一段重整工艺排放因子的排放标准为 0.29～0.32kg/t NH_3，而热交换自热重整工艺排放因子的排放标准为 0.175kg/t NH_3

[1] 下限值：现有最佳装置和新建装置。

[2] 工艺气加热装置。

[3] 辅助锅炉。

BAT 技术要求开展日常能源审计（见 2.4.6 部分）

BAT 技术联合应用以下技术，可实现表 2-14 给出的能耗水平：

- 强化烃类燃料预热效果（见 2.4.4 部分）；
- 预热助燃气（见 2.4.12 部分）；
- 安装第二代汽轮机（见 2.4.4 部分和 2.4.8 部分）；
- 调节反应炉燃烧器以确保燃气轮机尾气在燃烧器上的均匀分布（见 2.4.4 部分）；
- 重排对流管，增加接触表面（见 2.4.4 部分）；
- 预重整，适当的节省蒸汽（见 2.4.5 部分）；
- 改进 CO_2 脱除过程（见 2.4.11 部分）；
- 低温脱硫（见 2.4.13 部分）；
- 等温变换（主要用于新建装置，见 2.4.14 部分）；
- 在氨转化炉中使用小颗粒催化剂（见 2.4.15 部分）；
- 使用低压氨合成催化剂（见 2.4.17 部分）；
- 在部分氧化工艺合成气变换反应中使用耐硫催化剂（见 2.4.18 部分）；

- 将液氮洗涤作为合成气最终净化过程（见 2.4.19 部分）；
- 间接冷却氨合成塔（见 2.4.20 部分）；
- 从合成氨回路吹脱气中回收 H_2（见 2.4.21 部分）；
- 使用先进过程控制系统（见 2.4.7 部分）。

表 2-14　合成氨 BAT 技术对应的能耗水平

工艺类型	净能耗[①]
	GJ(LHV)/t NH_3
传统重整工艺,简化的一段重整工艺或热交换自热重整工艺	27.6-31.8

① 给定能耗水平的解释见 2.3.1 部分，该值可在 ±1.5 GJ 之间变动。一般来说，该值是在产能不变的情况下，装置经重建或大修后进行性能测试得到，故与稳态操作状态相关。

部分氧化工艺的 BAT 技术，即从烟道气中回收硫，如通过 Claus 装置与尾气处理装置联用以达到［8，European Commission，2002］中 BAT 技术相关的排放浓度和去除率（见 2.4.9 部分）。

BAT 技术从工艺冷凝液中回收氨，例如采用汽提。

BAT 技术从闭合回路的吹脱气和闪蒸汽中回收 NH_3。

BAT 技术包括开车、停车和异常情况的处理措施（见 2.4.25 部分）。

3

硝酸

3.1 概　　述

硝酸是最重要的化工产品之一，其产量位居十大工业化学品之列。20 世纪 90 年代，由于下游产品尿素使用量增加，硝酸的产量趋于稳定。2003 年，欧洲的硝酸产量达到了 $1660 \times 10^4 t$ [102，EFMA，2000]。

2006 年，欧盟 25 国、瑞士和挪威共有约 100 家硝酸生产厂，日产能在 $150 \sim 2500t$ 之间 [154，TWG on LVIC-AAF，2006]。

大部分硝酸用于生产无机肥料，主要是与 NH_3 发生中和反应生产 NH_4NO_3 [15，Ullmanns，2001]，也可用于生产硝酸铵炸药和己内酰胺、己二酸、二硝基甲苯或硝基苯等化学物质，还可根据需要生产弱酸（大部分硝酸都用于此）和强酸：质量分数为 $50\% \sim 65\%$ 的弱酸用于生产化肥，质量分数达 99% 的强酸则用于许多有机合成。浓硝酸的制备有直接法和间接法，直接法制备浓硝酸的过程与稀硝酸的生产过程明显不同，而间接法制备浓硝酸时则以稀硝酸为原料。

为提高效率，有的硝酸生产装置采用双加压法生产工艺。老式的双加压工艺在低压/中压下运行，而新式双加压工艺在中压/高压下运行。

副产品温室气体 N_2O 的产生如下所述。

NH_3 氧化生成 NO，同时生成副产物 N_2O。近十年来，燃烧压力从 $1 \times 10^5 Pa$ 提高到了 $5 \times 10^5 Pa$，N_2O 的排放量也稍有增加。根据 [107，Kongshaug，1998] 报道，在欧洲，每生产 1t 硝酸平均产生 $6kg \ N_2O$，相当于每生产 1t $100\% \ HNO_3$ 释放 2t 的 CO_2。

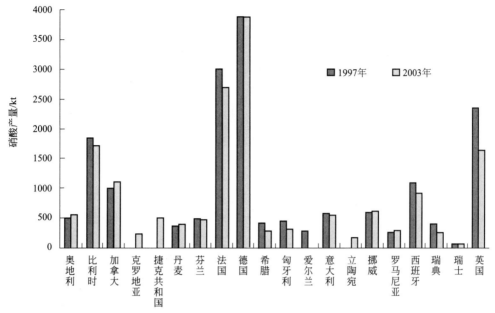

图 3-1　1997 年和 2003 年欧洲部分国家的硝酸产量 ［117，UNFCCC，2006］

3.2 生产工艺和技术

下面介绍一种典型的硝酸生产装置，具体细节因装置不同可能有所变化。

3.2.1　概述

图 3-2 为典型硝酸生产的工艺流程图。4 种不同类型生产工艺的区别在于氧化和吸收 I 段的操作压力不同，如表 3-1 所列。

表 3-1　硝酸生产工艺

工艺类型	操作压力/10^5Pa		缩写
	氧化	吸收	
双低压/中压法	<1.7	1.7~6.5	L/M
单中压/中压法	1.7~6.5		M/M
双中压/高压法	1.7~6.5	6.5~13	M/H
单高压/高压法	6.5~13		H/H

数据来源：［88，infoMil，1999，102，EFMA，2000，104，Schöffel，2001］

通常在冷凝器和吸收塔之间安装压缩机以维持吸收工段更高的操作压力。压缩产生的热量可与尾气进行换热或在蒸汽锅炉中回收。物料经两级冷凝器（用水作冷却介质）冷却至 50℃。

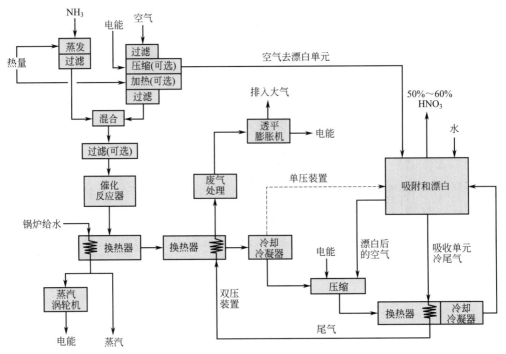

图 3-2　硝酸生产工艺流程

数据来源：[88，infoMil，1999，102，EFMA，2000]

3.2.2　原料预处理

液氨需蒸发和过滤，空气经二级或三级过滤后加压。为使氧化过程的催化剂不受影响，需尽量去除氨气过滤器和空气过滤器中的颗粒。加压空气分两路：一路进入催化反应器；另一路进入吸收塔的漂白段。空气和氨气以1:10（考虑到爆炸极限）混合，必要时进行过滤。

3.2.3　氨气氧化

氨气和空气在氧化段发生催化氧化反应，反应产物为 NO 和 H_2O：

$$4NH_3 + 5O_2 \Longleftrightarrow 4NO + 6H_2O$$

同时进行的副反应生成氧化亚氮、氮气和水：

$$4NH_3 + 3O_2 \Longleftrightarrow 2N_2 + 6H_2O$$

$$4NH_3 + 4O_2 \Longleftrightarrow 2N_2O + 6H_2O$$

NO 的产率与反应压力和温度的关系见表 3-2。

表 3-2　反应压力和温度对 NO 产率的影响

压力/10^5Pa	温度/℃	NO 产率/%
<1.7	810~850	97

压力/10^5Pa	温度/℃	NO 产率/%
1.7~6.5	850~900	96
>6.5	900~940	95

数据来源：[102，EFMA，2000]。

该反应需在催化剂作用下才能进行。催化剂一般由数个编织式或针织式金属网组成，为增强强度，金属丝为约含 90% 铂的铂铑合金，有时也含有金属钯。

热反应气的热焓用于产生蒸汽或预热尾气，根据不同用途，出口反应气温度在 100~200℃ 之间，随后用水进一步冷却。氧化反应产生的水经冷凝器冷却后送至吸收塔。

3.2.4　NO 的氧化和在水中的吸收

燃烧气体冷却的同时，NO 被氧化成 NO_2：

$$2NO + O_2 \rightleftharpoons 2NO_2$$

为实现此反应，需在 NH_3 氧化所产生的混合气体中加入二次空气。深度脱盐水、蒸汽冷凝液或工艺凝液从吸收塔顶端加入，冷凝器中产生的弱酸（约 43%）也加入到吸收塔中。NO_2 与 H_2O 在吸收塔中逆流接触，反应生成 HNO_3 和 NO：

$$3NO_2 + H_2O \rightleftharpoons 2HNO_3 + NO$$

NO_2 的氧化、吸收，以及生成 HNO_3 和 NO 的反应在气相和液相中同时发生。氧化反应和硝酸生成反应都受压力和温度的影响，高压低温有利于反应进行。

生成硝酸的反应是放热反应，吸收塔需持续冷却。低温有利于 NO 转化为 NO_2，该反应是混合气体离开吸收塔之前发生的重要反应。吸收塔中生成的硝酸中溶解有氮氧化物，需用二次空气进行漂白（bleached）。

硝酸的水溶液从吸收塔底部采出。根据温度、压力、吸收级数和进入吸收塔的氮氧化物浓度的不同，生成的硝酸质量分数为 50%~65%。未被硝酸溶液吸收的气体（称为尾气）从吸收塔塔顶排出，温度约为 20~30℃。尾气经热交换加热后送入 NO_x 去除系统，然后送入尾气膨胀涡轮机回收其能量。从膨胀涡轮机排出的尾气（为防止硝酸铵和亚硝酸铵的沉积，尾气温度通常高于 100℃）从烟囱排空。

3.2.5　尾气组成及减排

尾气的组成由工艺条件决定，尾气的一般组成见表 3-3。

表 3-3　吸收工段排放尾气的组成（数据来源：[94，Austrian UBA，2001]）

参数	数量	单位
NO_x（以 NO_2 计）	200~4000	mg/m³（标）
NO：NO_2	约 1：1	摩尔比

续表

参数	数量	单位
N_2O	600～3000	mg/m³（标）
O_2	1～4	％（体积比）
H_2O	0.3～0.7	％（体积比）
压力	3～12	10^5 Pa
吸收后温度	20～30	℃
换热后温度	200～500	℃
体积流量	20000～100000	m³/h
	3100～3300[①]	m³/t 100％硝酸

① 资料来源：[112，Gry，2001]。

硝酸生产过程产生尾气的常用处理技术有：
- SCR（用于 NO_x 的去除，见3.4.9部分）；
- NSCR（用于 NO_x 和 N_2O 的去除，见3.4.8部分）。

减少 NO_x 和 N_2O 排放的前沿技术有：
- 氧化工段的优化（见3.4.1、3.4.2、3.4.3和3.4.5部分）；
- 催化氧化后直接进行 N_2O 的催化分解，该技术已在氧化反应器成功应用中（见3.4.6部分）；
- 吸收工段的优化（见3.4.4部分）；
- 在尾气进入膨胀涡轮机之前，加入氨气进行协同催化以减少 NO_x 和 N_2O 的排放（见3.4.7部分）。

3.2.6　能量输出

近几十年来，硝酸生产装置由 M/M 型转变成 M/H 型，生产过程的能量输出也有了显著提高。在氨气生成硝酸的反应中，理论上每生产 1 t 100％硝酸要产生 6.3 GJ 的能量，但气体压缩和冷却（水冷）过程中的能量损失会减少净能量的输出。如果在蒸汽涡轮机中把所有的热能都转化为电能，输出的净能量将减少约65％。硝酸生产过程的能量输出如表3-4所列。

表3-4　硝酸生产过程的能量输出

项目	GJ/t 100％硝酸	备注
新式 M/H 装置	2.4	输出高压蒸汽
欧洲生产装置的平均值	1.6	
30 年前最先进的设备	1.1	

数据来源：[94，Austrian UBA，2001，107，Kongshaug，1998]。

3.2.7　浓硝酸的生产

（1）直接法

以液态 N_2O_4 的为基础原料，N_2O_4 在加压条件下与氧气和稀硝酸反应生成浓硝酸：

$$2N_2O_4 + O_2 + 2H_2O \Longrightarrow 4HNO_3$$

在低压下，氨燃烧生成的氮氧化物被全部氧化为 NO_2（氧化步骤和后氧化步骤），NO_2 用浓硝酸（吸收步骤）和工艺冷凝液与稀硝酸（最终吸收步骤）洗出。NO_2（或二聚体 N_2O_4）从浓硝酸溶液中分离出来（漂白）后液化。在约 $50 \times 10^5 Pa$ 条件下，液态 N_2O_4、O_2 和稀硝酸（产自最终吸收步骤）反应生成浓硝酸，浓硝酸将被循环用于吸收步骤和最终氧化步骤，其中一部分硝酸将作为产品采出。废气在最终吸收步骤中排出。废气中 NO_x 的含量取决于最终吸收步骤的温度。来自氨催化氧化、氮氧化物氧化以及后氧化步骤中的工艺冷凝液和稀硝酸可重复使用。浓硝酸生产过程产生的工艺冷凝液大于生产本身的需求量，过剩的冷凝液可用于其他生产过程或作为废水进行处理。

（2）间接法

通过稀硝酸的萃取蒸馏和精馏生产浓硝酸。通常使用硫酸或硝酸镁作为脱水剂：使用硫酸作脱水剂时，稀硝酸需预热后再加入硫酸；使用硝酸镁作脱水剂时，通常用 $Mg(NO_3)_2$ 溶液吸收硝酸中的水分。脱水剂需在真空条件下保存。脱水剂浓缩产生的工艺凝液需进行适当处理。从蒸馏塔或萃取塔顶部回收的蒸汽冷凝后用于生产浓硝酸。含有硝酸蒸汽的废气需用稀硝酸进行洗涤。

3.3 消耗和排放水平

硝酸生产过程的物耗和能耗分别见表 3-5 和表 3-6，N_2O 的实际排放浓度与其在尾气中的浓度之间的经验关系见图 3-3，硝酸生产过程的 N_2O 和 NO_x 排放浓度分别见表 3-7 和表 3-8。

表 3-5　蒸汽涡轮驱动的硝酸生产装置的物耗和能耗（尾气中 NO_x 浓度 $< 50 \times 10^{-6}$）

项目	M/M	H/H	M/H	单位
操作压力	6	10	4.6/12	bar
氨气	286	290	283	kg/t 100% HNO_3
电能	9	13	8.5	kW·h/t 100% HNO_3
铂的主要损失	0.15	0.26	0.13	g/t 100% HNO_3
8bar、饱和加热蒸汽	0.05	0.35	0.05	t/t 100% HNO_3
40bar、450℃的过量蒸汽	0.75	0.58	0.65	t/t 100% HNO_3
冷却水[①]	100	125	105	t/t 100% HNO_3

数据来源：[94，Austrian UBA，2001]。

注：1. 1bar$= 10^5 Pa$，下同。

2. 冷却水中，$\Delta T = 10K$，包括用于蒸汽涡轮冷凝器的水。

表 3-6 M/H 和 L/M 硝酸生产装置的能耗与蒸汽产生量

能耗	M/H	L/M	单位
产能	300000	180000	t/a
电驱动的压缩过程	5		MW·h/h
蒸汽驱动的压缩过程		20[②]	t 蒸汽/h
其他能耗	0.55	0.60	MW·h/h
蒸汽产量	43[①]	25[②]	t 蒸汽/h

数据来源：[94，Austrian UBA，2001]。

① $42 \times 10^5 Pa/520℃$。

② $23 \times 10^5 Pa/350℃$。

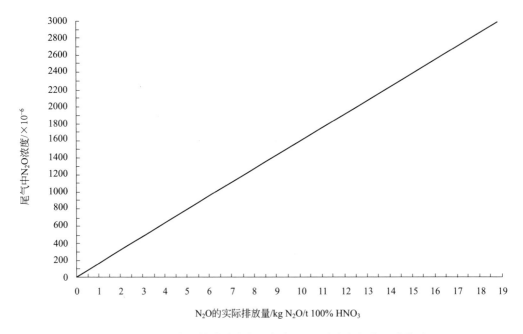

图 3-3 N_2O 的实际排放浓度与尾气中 N_2O 浓度之间的经验关系

数据来源：[96，Maurer and Groves，2004]

表 3-7 硝酸生产装置的 N_2O 排放浓度（文献值）

工艺类型	N_2O 排放量		备注	数据来源
	kg/t 100%硝酸	10^{-6}(体积分数)		
使用 NSCR 系统		300		[96，Maurer and Groves，2004]
变化值（一个催化剂更换周期）	5.6～9	900～1500	使用中压燃烧炉。N_2O 的产率 1.5%～2.5%	
所有装置	1.9～21.6	300～3500		[102，EFMA，2000]
Norsk Hydro	2.5	400	新式综合装置	[86，IPCC，2000]
低压氧化	4～5	650～810		
中压氧化	6～7.5	970～1220		

续表

工艺类型	N$_2$O 排放量		备注	数据来源
	kg/t 100%硝酸	10^{-6}(体积分数)		
欧盟设计的双加压装置	8~10	1300~1620		[86,IPCC,2000]
少量落后的装置	10~19	1620~3080		
19 套 Yara 装置	3~9	490~1500		[80,Jenssen,2004]
常压装置	5	810		
中压氧化	7	1140		
高压装置	5~9	810~1500		
欧盟平均值	6	970		
根据具体的操作条件	3.1~12.3	500~2000		[98,ADEME,2003]
欧盟的典型值	6~8	970~1300		[99,IRMA,2003]
欧盟平均值	7	1140		[87,infoMil,2001]
双 M/H 装置	0.12~0.25	20~40	2003 年加装尾气处理系统	[100,AMI,2006]
	4.9~8.6	800~1400	2003 年之前的状况,3.3/8bar	[94,Austrian UBA,2001]
双 L/M 装置	3.4~4.9	550~800	0/3.8bar	[94,Austrian UBA,2001] [100,AMI,2006]
单 M/M 装置	4.9	800	平均值。Heraeus 升级了氧化催化剂(见 3.4.3 部分),4.5bar、250℃(进膨胀器前)	SKW Piesteritz
单 M/M 装置	6.2~7.4	1000~1200	230℃(进膨胀器前)	Sasol Nitro,South Africa
双 M/H 装置	7.7	1250	产能:584000t/a,5/10bar	YARA,Sluiskil 6
双 M/H 装置	9	1500	产能:500000t/a, 5/11bar、500℃(进膨胀器前)	DSM Geleen
单 M/M 装置	7.1	1150	产能:210000t/yr,5bar、450℃(进膨胀器前)	DSM Geleen [103,Brink,2000]
双 M/H 装置	7.7	1250	产能:730000t/a,4/11bar	YARA,Sluiskil 7
单 M/M 装置	5.7	920	产能:255000t/a,4bar、400℃(进膨胀器前)	DSM IJmuiden [103,Brink,2000]
双 M/H 装置	9	1500	产能:245000t/a,4/10bar	DSM IJmuiden
单 M/M 装置	3.8	613	产能:80000t/a,2.6~3.6bar	Kemira Agro Pernis[①]
单 H/H 装置	0.2	27	产能:400000 t/a,NSCR 系统,9bar	Kemira Agro Rozenburg[①]
双 M/H 装置	5.3	860	产能:1100t/a,3.5/12.8bar,催化剂寿命为 5 个月	Agropolychim,Devnia
中压装置	1.9	300	Heraeus 二代催化剂	GP Rouen AN6
双 M/M 装置 (KD6)	5.5		Heraeus 二代催化剂	Lovochemie,Lovosice
			Heraeus 二代催化剂	Agropolychim

续表

工艺类型	N₂O 排放量		备注	数据来源
	kg/t 100% 硝酸	10⁻⁶（体积分数）		
双 M/H 装置（Uhde2）	7.2	1350	产能：750t/a	Kemira GrowHow, Tertre
双 M/M 装置（Uhde3）	7.1	1150	产能：550t/a	
双 H/H 装置（Dupont）	0.2	33	产能：850t/a, NSCR 系统	
双 M/H 装置（SZ2）	1.8	285	BASF 二代催化剂,12cm（还原前为 6.7kg）	BASF, Antwerp
双 M/H 装置（SZ3）	1.7	272	BASF 二代催化剂,12cm（还原前为 6.7kg）	
双 M/H 装置	6.7			
双 H/H 装置	0.01		NSCR 系统	
M/H 装置	2.0	325	YARA 二代催化剂,50% 的填充量（还原前为 7kg）	YARA, Ambès
	3.3	535	YARA 二代催化剂,40% 的填充量（还原前为 7kg）	
M/H 装置	2.8	445	YARA 二代催化剂,25% 的填充量（还原前为 5.2kg）	YARA, Montoir
	0.8	130	YARA 二代催化剂,75% 的填充量（还原前为 5.2kg）	

① 已停产。

注：1bar＝10⁵ Pa。

表 3-8 硝酸生产装置的 NO_x 排放浓度 （文献值）

工艺类型	NO_x 排放量		NO_x 去除系统		备注	数据来源
	mg/m³（标）	10⁻⁶（体积分数）	类型	去除率/%		
双 M/H 装置，生产线 E		5	组合式	99	自 2003 年 9 月起，与尾气减排系统联合使用,3.3/8bar,300000t/a, 无氨气损失	[100,AMI,2006] [108,Groves,2006]
	180~190	90	SCR	82	2003 年之前,3.3/8bar, 300000t/a,氨气损失量为 0.26~2.6mg/m³（标）	[94,Austrian UBA, 2001]
双 L/M 装置，生产线 F	320~330	155~160	SCR	92~95	0/3.8bar, 180000t/a, 氨气损失量为 0.05～0.1mg/m³（标）	[94,Austrian UBA, 2001]
	158	90			2006 年 SCR 系统进行了优化	[100,AMI,2006]
双 M/H 装置	164~185	80~90	—	—	5/11bar, 2000t/d, 低温冷却水	YARA, Porsgrunn
双 M/H 装置	410	200	—	—	产能:584000t/a,5/10bar	YARA, Sluiskil 6
双 M/H 装置	348	170	—	—	产能:500000t/a,5/11bar、500℃（进膨胀器前）	DSM Geleen

续表

工艺类型	NO$_x$ 排放量		NO$_x$ 去除系统		备注	数据来源
	mg/m³(标)	10^{-6}(体积分数)	类型	去除率/%		
单 M/M 装置	154	75	SCR	97	产能:210000t/a,5bar、450℃(进膨胀器前)	DSM Geleen
双 M/H 装置	369	180			产能:730000t/a,4/11bar	YARA,Sluiskil 7
单 M/M 装置	410	200	SCR	87	产能:255000t/a,4bar、400℃(进膨胀器前)	DSM IJmuiden
双 M/H 装置	410	200			产能:245000t/a,4/10bar	DSM IJmuiden
单 M/M 装置	492	240	SCR	87	产能:75000t/a,2.6～3.6bar	Kemira Agro Pernis[①]
单 H/H 装置	205	100	NSCR	95	产能:400000t/a,8.4bar	Kemira Agro Rozenburg[①]
双 L/M 装置	205	100	SCR	80	产能:约73000t/a,0/3.5bar	Kemira Agro Denmark
		<200	SCR	90	产能:500t/d,吸收压力3.67bar,1990 年安装了SCR 设备	Kemira Agro,Willebroek[①]
双 M/H 装置	145～161	70	SCR	50～67	产能:650t/d,5/10bar、350℃(进膨胀器前)(年均值)	BASF Antwerp
两套双 M/H 装置	145～161	<100	SCR	70～76	产能:2 × 945t/d,5/10bar,350℃(进膨胀器前),氨气损失量小于10×10^{-6}(年均值)	BASF Antwerp
单 H/H 装置	156	75	NSCR		9.5bar,NSCR 处理后温度约为620℃(年均值)	
四套 L/M 装置		<150	SCR	67～81	产能:4×270t/d,氧化压力1.3bar,吸收压力7.3bar,1975/1977 年安装了SCR 系统	BASF Ludwigshafen
		165	SCR	87	产能:225t/d,吸收压力3.3bar,1976 年安装了SCR 系统	CFK Köln
		<200	SCR	60	产能:270t/d,吸收压力4.5bar,1979 年安装了SCR 系统	GUANO,Krefeld
		<200	SCR	83	产能:180t/d,吸收压力7.0bar,1983 年安装了SCR 系统	GUANO,Nordenham
两套装置		200	SCR	90～92	产能:225t/d,吸收压力3.4bar 和 3.2bar,1979/1980 年安装了SCR 系统	SUPRA Landskrona[①]
		<200	SCR	64	产能:300t/d,吸收压力4.5bar,1982 年安装了SCR 系统	SUPRA,Koeping

续表

工艺类型	NO$_x$ 排放量		NO$_x$ 去除系统		备注	数据来源
	mg/m^3(标)	10^{-6}(体积分数)	类型	去除率/%		
两套装置		<500	SCR	75~83	产能:390t/d,吸收压力1.5bar,1982 年安装了 SCR 系统	SUPRA,Koeping
		<200	SCR	60	产能:360t/d,吸收压力4.9bar,1982 年安装了 SCR 系统	Quimigal,Alverca
		<200	SCR	60	产能:360t/d,吸收压力4.9bar,1982 年安装了 SCR 系统	Quimigal,Lavradio
		<500	SCR	41	产能:920t/d,吸收压力7.0bar,1982 年安装了 SCR 系统	PEC,Ottmarsheim
		<200	SCR	60	产能:450t/d,吸收压力4.7bar,1983 年安装了 SCR 系统	YARA,Rjukan[①]
		<200	SCR	71~80	产能:900t/d,吸收压力4.7bar,1985 年安装了 SCR 系统	YARA,Ravenna
		<200	SCR	80	产能:170t/d,吸收压力6.26bar,1988 年安装了 SCR 系统	YARA,Ravenna
		<200	SCR	92	产能:172t/d,吸收压力6.35bar,1987 年安装了 SCR 系统	YARA,Ravenna
		300	SCR	88	产能:670t/d,吸收压力3.7bar,1985 年安装了 SCR 系统	YARA,IJmuiden
		<170	SCR	76	产能:500t/d,吸收压力4.6bar,1986 年安装了 SCR 系统	DuPont,Orange(USA)
		<200	SCR	80	产能:300t/d,吸收压力3.8bar,1987 年安装了 SCR 系统	Lonza,Visp.
		<200	SCR	90	产能:500t/d,吸收压力3.57bar,1990 年安装了 SCR 系统	RADICI,Novara
		<100	SCR	80	产能:225t/d,吸收压力11.2bar,1991 年安装了 SCR 系统	FCC,Pascagoula(USA)
		<100	SCR	90	产能:245t/d,吸收压力11.2bar,1992 年安装了 SCR 系统	BP Lima(USA)
单 M/M 装置	410	200	SCR	83	产能:65000t/a,4.5bar	SMX Sasolburg
双 M/H 装置		170~200	—		产能:1100t/d,3.5/12.8bar,吸收温度 20~40℃	Agropolychim,Devnia

续表

工艺类型	NO$_x$ 排放量		NO$_x$ 去除系统		备注	数据来源
	mg/m³(标)	10⁻⁶(体积分数)	类型	去除率/%		
三套装置		70	SCR			Hu-Chems, Korea
单 H/H 装置,UKL-7(GIAP)	103	50	SCR 或 NSCR	95	产能:120000t/a,7bar,氨气损失约 50ppm	[88,infoMil,1999]
双 M/H 装置,AK-72(GIAP)	103	50	SCR 或 NSCR	93	产能:380000t/a,4/10bar,氨气损失约 5×10⁶	
M/H 装置(Uhde2)		190～200	—		产能:750t/d	Kemira GrowHow,Tertre
M/M 装置(Uhde3)		150～180	SCR	75～90	产能:550t/d	
H/H 装置(Dupont)		150～180	NSCR	75～90	产能:850t/d	

① 设备已停产。

注：1bar＝10⁵Pa。

3.4 BAT 备选技术

3.4.1 氧化催化剂的性能与寿命

（1）概述

降低催化剂性能的影响因素如下：

- 空气污染引起的中毒以及氨气对催化剂的污染；
- 氨气与空气的混合不够充分；
- 气体与催化剂的接触不够充分。

催化剂受到影响可使 NO 的产率减少 10%。氧化炉中氨气局部过量（爆炸下限）非常危险，且会使催化剂金属网丝过热。通过以下方法可将影响降至最低：使用磁性过滤器去除氨气中的杂质，使用静态混合器提高混合效果，对氨气和空气的混合物进行过滤。氧化炉的顶端使用穿孔板或蜂窝状网格结构以保证气体分布均匀。气体应平稳通催化剂金属网丝。

① 催化剂的构成　向铂中加铑形成合金可提高金属网丝的强度，减少催化剂损失，但因以前铑比铂昂贵，会增加催化剂成本。当合金中铑的含量为 5%～10% 时的催化效果最佳。如果反应在低温条件下（＜800℃）进行反应，三氧化二铑会聚集在催化剂表面从而降低催化性能，宜使用纯铂催化剂。钯比铂或铑都便宜，在合金中添加 5% 的钯不会明显影响 NO 的产率，但可降低成本。

② 催化剂寿命对 N$_2$O 产量的影响　反应过程中部分铂和铑会发生气化，因此多数情况须在催化剂下方安装铂回收装置。一般使用钯合金（有时也添加金），称为"吸气剂"或捕捉剂，可回收 60%～80% 损失的催化剂。催化剂的损失不可避免，需

定期更换催化剂金属网丝。催化剂的使用寿命从 1.5～12 个月不等。表 3-9 列出了氨气氧化过程中不同压力下各操作参数的数值。

表 3-9　氨气氧化过程在不同压力下各操作参数的数值

氨气氧化压力	1	3～7	8～12	10^5 Pa
催化剂层数	3～5	6～10	20～50	
气体流速	0.4～1.0	1～3	2～4	m/s
温度	840～850	850～900	900～950	℃
催化剂损失	0.04～0.06	0.10～0.16	0.25～0.32	g/tonne HNO_3
使用寿命	8～12	4～7	1.5～3	月

数据来源：[88，infoMil，1999，94，Austrian UBA，2001]。

对中压氧化炉，使用新铂网时 N_2O 的产率小于 1.5%，尾气中 N_2O 浓度小于 1000×10^{-6}；在催化剂使用后期，尾气中浓度会高达 1500×10^{-6}，同时会有 2.5% 的氨气转化为 N_2O [96，Maurer and Groves，2004]。催化剂的使用时间与 N_2O 产量之间的关系见图 3-4 [18，French Standardization，2003]。

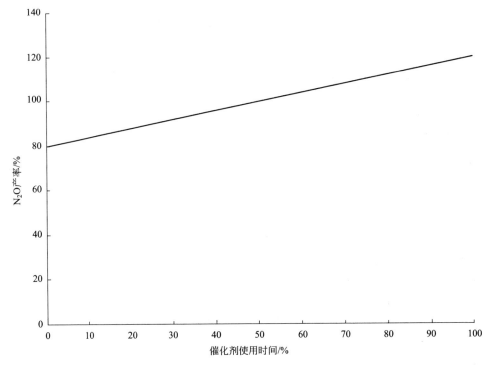

图 3-4　N_2O 产量与催化剂使用时间的关系

数据来源：[118，French Standardization，2003]

如果 N_2O 的产量突然增加，表明催化剂已中毒，此时氨气能绕过铂网，可能会导致在冷却工段生成硝酸铵并使下游设备过热。

因此必须对催化剂性能进行监控（通过监控 N_2O 排放浓度），以便及时更换催化剂。

（2）环境效益

- NO 的产率提高。

- 最大限度减少 N_2O 的生成。

（3）跨介质影响

无明确影响。

（4）操作数据

见表 3-9。

（5）适用性

普遍适用。

随着近年来催化剂生产技术的进步，催化剂每年更换 1~4 次 [154，TWG on LVIC-AAF，2006]。

（6）经济性

- 监控催化剂性能增加运行成本。

- 催化剂寿命变短时更换催化剂增加成本。

- 提高 NO 产率增加收益。

（7）实施的驱动力

提高 NO 的产率，减少 N_2O 的排放。

（8）参考文献和示例装置

[87，infoMil，2001，96，Maurer and Groves，2004，102，EFMA，2000]

3.4.2 氧化过程的优化

（1）概述

对氧化过程进行优化的目的是使 NO 的产率最大，即使反应过程中副产物如 N_2O 的产生量最少。当氨气与空气混合气中氨含量为 9.5％～10.5％时，氧化过程 NO 的产率最高。低压（尽可能低）和最佳温度（750～900℃）有利于 NO 的生成。

氨气/空气比　从工程的角度看，氨气氧化反应是最高效的工业催化反应之一（压力为 $1 \times 10^5 Pa$ 时，最高理论转化率可达 98％，见图 3-5）。根据反应方程式的计量关系，氨气与空气的混合气中，氨气含量应为 14.38％。由于种种原因，通常采用较低的氨气比例，其中最主要的原因是氨气含量高会使氨气的转化率下降。此外，氨气和空气混合气体可能引起爆炸，其爆炸下限（LEL）随压力的升高而降低，因此对于高压氧化炉，混合气中氨气含量不能超过 11％，而低压反应炉的氨气含量可达 13.5％。当混合不完全时可能使局部氨气/空气比过高，需设定一个安全极限，多数设备中氨气含量控制在 10％左右。

根据热力学原理，低压操作条件有利于提高 NH_3 转化为 NO 的转化率。

提高反应温度会加强氨气的氧化，但 N_2 和 N_2O 产量增加反而会降低氨气的转化率。通常选择的反应温度为 850～950℃，相应 NO 的产率可达 96％以上。反应温

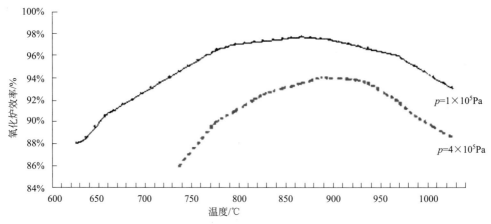

图 3-5　压力为 $1×10^5$ Pa 和 $4×10^5$ Pa 时氧化炉效率与温度的关系

数据来源：[88，infoMil，1999]

度也可高于 950℃，但会增加催化剂的蒸发损失。低温时，催化氧化反应利于 N_2 和 N_2O 的生成。反应温度 850～950℃时，N_2O 不稳定，部分还原生成 N_2 和 O_2。升高温度和延长停留时间有利于还原反应的发生。反应温度与氨气/空气比直接相关，氨气浓度每增加 1%，温度约升高 68℃。

（2）环境效益

● 提高了 NO 的产率；

● 尽量减少 N_2O 的生成。

（3）跨介质影响

无明确影响。

（4）操作数据

见（1）概述部分。

（5）适用性

普遍适用。对现有装置的改造受限，新建装置容易实现。氨气/空气比、温度和压力会影响到产率和产品质量，因此在技术条件允许时，通常使这些参数尽可能接近最佳值。

（6）经济性

未提供具体信息。

（7）实施驱动力

提高 NO 的产率，减少 N_2O 的排放。

（8）参考文献和示例装置

[88，infoMil，1999]

世界上所有硝酸生产装置都可通过优化操作条件使 NO 产率达到最大。NO 的产率会影响最终产品的产量，因此当技术和经济条件允许时，应尽可能提高 NO 的产率。NO 的最大产率为 98%，剩余的氨转化成 N_2 和 N_2O。

3.4.3 替代氧化催化剂

（1）概述

① 改良型铂催化剂　改变了催化剂的组成和几何形状，可提高 NH_3 氧化成 NO 的转化率，减少 NO_2 的生成，且延长了催化剂的使用寿命。Heraeus 生产的 FTC 和 FTC＋催化剂以及 Umicore 生产的氧化催化剂都属于改良型铂催化剂 [87，infoMil，2001，105，Müller，2003，145，Nitrogen2003，2003]。

② Co_3O_4 催化剂　Co_3O_4 催化剂已经使用了 30 年。有报道称，使用该催化剂时氨气转化率可高达 94％～95％；也有报道称，高压装置中氨气转化率仅能达到 88％～92％。现有硝酸生产装置的 NO 产率一般在 93％～97％。此外，催化剂的使用寿命越长，装置的停车次数越少，表观压差也越小。高温以及 Co_3O_4 还原为 CoO 会使催化剂失活。

③ 两级催化剂　在独联体国家广泛使用，第一级使用一个或数个铂金属网丝催化剂，第二级使用无铂氧化催化剂。

（2）环境效益

● 使用改良型 Heraeus 铂催化剂，N_2O 产生量可减少 30％～50％ [105，Müller，2003]。某 M/M 型硝酸装置中使用 Heraeus 铂催化剂，催化剂使用寿命为半年时，N_2O 的排放浓度为 $(500\sim1000)\times10^{-6}$，平均值约为 800×10^{-6}。其他 M/M 型装置的 N_2O 的排放浓度为 $(600\sim700)\times10^{-6}$。

● 使用改良型铂催化剂时 N_2O 的产生量可减少 30％ [87，infoMil，2001]。

● 已证实使用替代氧化催化剂时 N_2O 的产生量较铂类催化剂减少 80％～90％，但会使 NO 产率下降、氨气的消耗增加。

● 在相同条件下，使用两级催化剂可使铂的使用量减少 40％～50％，使铂的损失减少 15％～30％。

（3）跨介质影响

无明确影响。

（4）操作数据

见概述。

（5）适用性

优化的铂催化剂和替代催化剂均已商品化，可以预测，这些催化剂对任何操作压力的新建和现有装置均适用。

（6）经济性

对于新建装置，可选用替代催化剂。对于现有装置，1999 年报道的改造费用为 150 万～200 万美元，2001 年约为 142.5 万～190 万欧元同时 NO 产率较低对成本效益也有重大影响。

每生产 1t 硝酸可节省 0.50～2.00 欧元 [145，Nitrogen 2003，2003]。

（7）可行性

工艺优化，尽量减少 N_2O 的形成。

（8）参考文献和示例装置

［87，infoMil，2001，94，Austrian UBA，2001，105，Müller，2003］

- SKW Piesteritz GmbH：改良型 Heraeus 铂催化剂；
- Grande Paroisse，Rouen：改良型 Heraeus 铂催化剂；
- Incitec（澳大利亚）和 Simplot（加拿大）使用氧化钴催化剂；
- 独联体国家广泛使用两级催化剂。

3.4.4　吸收工段的优化

（1）概述

见 3.4.10 部分"在吸收工段末端投加 H_2O_2"。

对吸收工段进行优化有利于硝酸的生成，且可最大限度减少 NO 和 NO_2 的排放。在吸收工段，NO 氧化生成 NO_2、以二聚体 N_2O_4 形式存在的 NO_2 在水中的吸收、N_2O_4 反应生成硝酸的过程可认为是一步完成的，即"吸收过程"。影响吸收效率的因素很多，主要因素如下。

① 压力　高压有利于吸收。高压既有利于硝酸的生成，也可以最大限度减少 NO_x 的排放。为使吸收效果最佳，吸收工段的操作压力应高于大气压，对新建硝酸装置至少要达到中压 ［$(1.7 \sim 6.5) \times 10^5 Pa$］。吸收压力对吸收工段的影响见表 3-10。吸收工段尾气中污染物排放浓度与吸收压力之间的关系见图 3-6。

② 温度　吸收过程，特别是硝酸的生成在吸收塔下部 1/3 处进行，吸收过程要放热，需进行冷却以移除热量。混合气在进入吸收塔之前进行冷却有利于吸收。

③ NO_x、H_2O 和 O_2 的充分接触　NO_x、H_2O 和 O_2 的充分接触主要靠吸收塔的设计来实现，主要设计参数包括流量、塔板数和塔板种类、塔板间距和吸收塔的数量。延长停留时间可确保 NO_x 高效转化为硝酸，且可最大限度减少 NO_x 的排放。许多硝酸装置使用筛板或泡罩塔板的单级吸收塔，塔板间距从塔底到塔顶逐渐增大。

表 3-10　M/H 和 L/M 装置吸收工段的操作参数

项目	M/H	L/M	单位
吸收压力	8	3.8	$10^5 Pa$
吸收温度	25	25	℃
吸收效率	99.6	98.2	%
SCR 之前的 NO_x 浓度	≤500	2000～3000	10^{-6}

数据来源：［94，Austrian UBA，2001］

对硝酸生产的操作参数进行优化，最大限度减少未被氧化的 NO 和未被吸收的 NO_2 的排放。多种方式可用于一个或多个参数的优化。

④ 高压装置　加大硝酸产率和减少 NO_x 排放量可提高吸收反应的效率。在单加压工艺中，氨气氧化与 NO_2 吸收在相同压力下进行。常见单加压装置有三种类型：低压（$< 1.7 \times 10^5 Pa$），中压 ［$(1.7 \sim 6.5) \times 10^5 Pa$］ 和高压 ［$(6.5 \sim 13) \times 10^5 Pa$］。

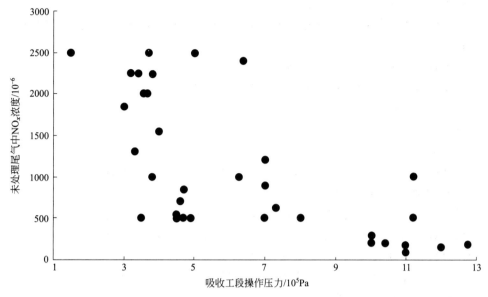

图 3-6　吸收压力与尾气中 NO_x 含量的关系（根据表 3-8 中的数据绘制）

与单加压装置不同，双加压装置吸收过程的压力高于氧化过程的压力。大部分双加压装置使用低压/中压组合或中压/高压组合。

⑤ 吸收强化　通过以下两种方式可提高吸收效率并减少 NO_x 的排放：安装大型单级吸收塔以增加吸收塔的高度，或串联一个二级吸收塔。增大吸收塔体积或塔板数可提高 NO_x 到硝酸的转化率并减少 NO_x 的排放量。吸收过程强化有时与多种冷却系统联合使用。吸收塔下部 40%～50% 使用普通冷却水进行冷却，而平衡塔板（占总塔板数 50%～60%）使用 2～7℃冷却水或冷却剂进行冷却。冷却过程可在具有专有冷却剂的冷却循环系统或氨气蒸发的冷却系统中进行。

⑥ 高效吸收（HEA）　在 NO_2 吸收过程中，生成硝酸的反应包括：

$$2HNO_2 + O_2 \Longrightarrow 2HNO_3$$

$$3HNO_2 \Longrightarrow HNO_3 + H_2O + 2NO$$

高效吸收工艺可在不产生 NO 的情况下生产硝酸。在吸收塔内进行气-液接触可提高氧气在循环酸中的浓度，强化 HNO_2 在液相中的氧化，使第一个反应更容易发生。

（2）环境效益

● 尾气中 NO_x 的浓度可控制在 40～50ppm（82～103mg NO_x/m³）（15×10⁵Pa，生产典型的低浓度硝酸，吸收过程进行了优化）；

● 在技术和经济上可行时，使用新型吸收塔，高压下 NO_x 的浓度可控制在（100～150）×10⁻⁶；

● 现有装置因需对吸收塔进行改造或更换成先进的吸收塔，无法达到上述 NO_x 排放浓度。

（3）跨介质影响

- 高压吸收可减少蒸汽输出；
- 具有合适冷却系统的强化吸收会消耗更多的能量，冷却系统需达到较低的温度；
- 增加了热损失，而热水的排放可能会造成水体热污染；
- H/H 装置的 NO 产率较低，产生更多的 NO_2。

（4）操作数据

见概述。

（5）适用性

① 高压装置　对于现有装置，在技术条件允许时可增大吸收塔压力；对于新建装置，通常设计为 M/H 型。

② 吸收强化　对新建或现有装置均适用。对现有装置的改造包括增加一个串联的二级吸收塔或用新式吸收塔替代旧吸收塔。新建装置均采用大型单级吸收塔。强化吸收减排使用不同的冷却形式，且仅能用于吸收压力高于 $9 \times 10^5 Pa$ 的硝酸装置。增加冷却系统和相关的管道会产生附加费用。Haifa Chemicals 公司在现有装置中增加了二级吸收塔，操作压力为 $7 \times 10^5 Pa$。

③ 高效吸收（HEA）　对新建或现有装置均适用。在现有装置中，可将高效吸收塔与现有吸收塔串联使用。

ZAK，Tarnow 决定用日产 700t 硝酸的 M/H 生产线（$5/15 \times 10^5 Pa$）来替代目前使用的 8 个生产线。Instytut Nawozow Sztucznych（INS）研究所目前正在进行装置研发，且设计了一种可优化该新型吸收塔的电脑程序。该程序同样可以模拟吸收塔的运行状况。表 3-11 列出了高压吸收压力与筛板结构、筛板间距和吸收塔的尺寸等参数的最佳设计值。

表 3-11　吸收工段设计优化的研究（ZAK，Tarnow）

项目		方案 1	方案 2	方案 3
		设计值，低蒸汽输出	低浓度硝酸，低蒸汽输出	最经济的选择，高蒸汽输出
吸收压力/$10^5 Pa$		15	15	12
硝酸产品浓度/%		65	56	60
尾气中 NO_x 浓度	mg/L	100	40	130~170
	mg/m³（标）	205	82	267~349

数据来源：[88，infoMil，1999]。

Yara，Porsgrunn 的硝酸装置建于 1992 年，为产能 2000t/d 的 M/H 型装置（$5/11 \times 10^5 Pa$）。采用特殊的吸收塔设计和较低的冷却水温度（由于 Porsgrunn 的气候原因，水不经冷却就能达到 4~6℃），在不安装减排系统时 NO_x 的排放浓度就能达到 $(80~90) \times 10^{-6}$。

Agropolychim，Devnia 的硝酸装置建于 2003 年，为产能 1100t/d 的 M/H 型装置（$3.5/12.8 \times 10^5 Pa$）。吸附温度为 20~40℃，NO_x 排放浓度量为 $(170~200) \times 10^{-6}$。

（6）经济性

●以前，单加压装置在经济上具有特殊优势。因仅使用 1 台压缩冷凝设备，成本较低。当原料和能源价格较低时，低投资能迅速得到回报。当原料和能源价格较高时，必须最大限度地提高产率和能效，此时投资较高，设备的尺寸也是重要因素。大型装置（100%硝酸产能＞1000t/d）宜采用双加压工艺。

●在双加压装置中，需使用不锈钢压缩机对 NO_x 进行压缩。因此，双加压装置的投资比单加压装置高近 15%～20%。但双加压装置优化了 NO 产率和能量回收效果，补偿了高投资。综上所述，大型装置（100%硝酸产能＞1000t/d）宜采用双加压工艺。

●1998 年，在日产 365t 100%硝酸的装置中，使用高效吸收（HEA）系统去除 NO_x 所需的总费用为 0.6 美元/t 硝酸（约 0.55 欧元/t 硝酸）。

（7）实施驱动力

优化硝酸产率，减少 NO_x 排放。

（8）参考文献和示例装置

[88，infoMil，1999，94，Austrian UBA，2001]，ZAK，Tarnow；Yara，Porsgrunn，Agropolychim，Devnia，Haifa Chemicals Ltd.。

3.4.5 扩展反应室使 N_2O 分解

（1）概述

Yara 公司研发了一种延长高温下（850～950℃）反应器停留时间以减少 N_2O 生成量的技术，并申请了专利。该技术在铂催化剂和第一换热器之间增加了一个近 3.5m 高的"空"反应室（见图 3-7），使停留时间延长了 1～3s。由于 N_2O 在高温下时处于亚稳态，70%～85%的 N_2O 分解为 O_2 和 N_2。

（2）环境效益

应用该技术可使 N_2O 排放量达到 2～3kg/t 100%硝酸 [80，Jenssen，2004，104，Schöffel，2001] 或约 400×10^{-6} [17，2nd TWG meeting，2004]，见图 3-8。

（3）跨介质影响

无明确影响。

（4）操作数据

对于新式双加压装置，假设在分解反应室中存在温度梯度，扩展反应室高度与 N_2O 分解率（%）之间的关系见文献 [104，Schöffel，2001]。例如，N_2O 分解率为 80%时所需的扩展反应室长度为 7 m。

（5）适用性

适用于新建装置，但对低压装置不适用。Porsgrunn（Norway），Hydro Agri（Yara）成功使用了该技术，未检测到 NO 产率损失。

由于改造成本太高，对现有装置不适用。

由于缺少对氧化催化剂的机械支撑，该技术仅适用于直径小于 4 m 的反应器

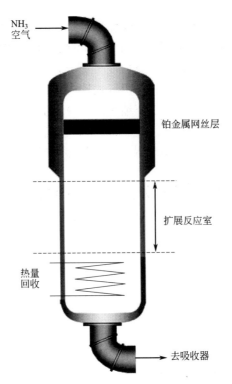

图 3-7　通过扩展反应室使 N_2O 分解

数据来源：[87，infoMil，2001]

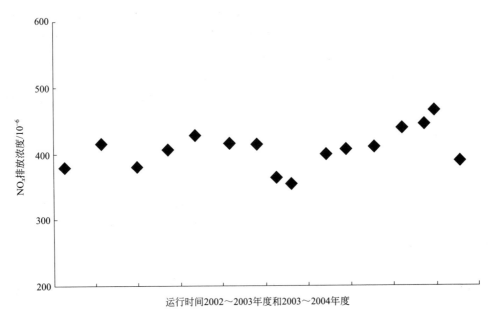

运行时间2002～2003年度和2003～2004年度

图 3-8　示例装置 N_2O 的排放浓度 [17，2nd TWG meeting，2004]

（氧化反应条件：催化剂温度 890℃、$4 \times 10^5 Pa$，反应器扩展了 4m）

［154，TWG on LVIC-AAF，2006］。

（6）经济性

- 新建装置增加的投资成本较低。
- 现有装置改造成本太高。
- 增加的运行成本可忽略。

（7）实施驱动力

减少 N_2O 的排放。

（8）参考文献和示例装置

［17，2nd TWG meeting，2004，80，Jenssen，2004，87，infoMil，2001，104，Schöffel，2001］，Yara，Porsgrunn（1991）。

3.4.6　氧化反应器中 N_2O 的催化分解

（1）概述

在高温区（800～950℃），N_2O 生成后在选择性 N_2O 分解催化剂作用下立即分解。催化剂需安置在铂金属网丝之下。大部分硝酸装置都会安装填满拉西环的筐，以支撑金属网丝，可用 N_2O 分解催化剂替换部分拉西环。因此一般无需对筐架进行改造，也无需改变金属网丝的安装形式。氧化反应器中 N_2O 的催化分解见图 3-9。

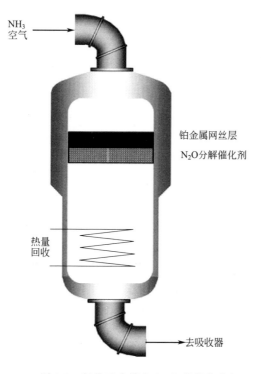

图 3-9　氧化反应器中 N_2O 的催化分解

数据来源：［87，infoMil，2001］

根据［109，Lenoir，2006］报道，当催化剂厚约 50～200mm 时，只需较低的附加压降即可达到很高的 N_2O 分解率。但随着氧化压力的升高，N_2O 脱除催化剂层的压降也增高。

（2）环境效益

根据催化剂的装填高度和评估寿命，N_2O 的平均排放浓度为（130～325）× 10^{-6}，见表 3-12。

表 3-12 在氧化反应器中进行 N_2O 催化分解的示例装置

装置	类型	N_2O 排放浓度		N_2O 限值/(kg/t)	备注
		kg/t	10^{-6}	100% HNO_3	
YARA，Ambès	M/M	2.0	325	7	实施时间：2002 年 5 月到 2003 年 6 月，催化剂填充率 50%
	M/M	3.3	535		实施时间：2004 年 1 月到 2006 年 3 月，催化剂填充率 40%
YARA，Montoir	M/H	2.8	445	5.2	实施时间：2003 年 8 月，催化剂填充率 25%
	M/H	0.8	130		实施时间：2005 年 8 月，新型催化剂，填充率 75%
YARA，Pardies	M/M				
BASF，Ludwigshafen	L/M				实施时间：1999 年。由于产量下降，停止使用 N_2O 分解催化剂，目前正在研究中
BASF，Antwerp SZ2	M/H	1.8	285	6.7	实施时间：2005～2006 年，新型催化剂，填充高度 12cm
BASF，Antwerp SZ3	M/H	1.7	272		实施时间：2005～2006 年，新型催化剂，填充高度 12cm
Lovochemie KD6	M/M	5.5	890		使用 Heraeus 催化剂
Grande Paroisse，Rouen	M/H	1.9	300		Heraeus 催化剂与改良的氧化催化剂（添加了 FTC）联合使用
Ube Industries，Yamaguchi					BASF 催化剂，2001 年开始实施
F&C Ltd，以色列	H/H				YARA 催化剂，计划中
NCIC Ltd，中国	M/?				BASF 催化剂，计划中
NFL Ltd，印度	M/?				BASF 催化剂，计划中
Sasol					Heraeus 催化剂，计划中

注："?" 表示没有确定采用 H 还是 M。

数据来源：［87，infoMil，2001，106，Yara，2006，109，Lenoir，2006，110，F&C，2005，111，NCIC，2004，113，Sasol，2006，154，TWG on LVIC-AAF，2006］。

（3）跨介质影响

无明确影响。

（4）操作数据

N_2O 脱除催化剂种类很多，例如有以下几种。

① Yara 公司研制的催化剂 [109，Lenoir，2006]：

- 氧化铈基催化剂，活性组分为钴；
- 圆柱形多芯颗粒 9×9mm；
- 容重 $1.1 \sim 1.3$g/m^3；
- 径向耐压强度＞20N；
- 升温升压可提高效率；
- 对 NO 产率无损失。

② BASF 公司研制的催化剂 [111，NCIC，2004，149，BASF，2006]：

- 有多种型号可选，如"用种-85"型；
- 组成（质量百分比），CuO 20％，ZnO 16％，还有 Al_2O_3 和助催化剂；
- 形状多样；
- 对低、中和高压氧化均适用；
- 未检测到 NO 产率损失。

③ Heraeus 公司研制的催化剂 [113，Sasol，2006，116，Jantsch，2006]：

- 将贵金属镀到陶瓷载体表面；
- 未检测到 NO 产率损失；
- 改变催化剂层厚度可调节 N_2O 的浓度。

（5）适用性

对新建和现有装置均普遍适用。相关实例见表 3-12。

在常压装置中，反应器中压降增加会降低装置的产能 [149，BASF，2006]。

根据具体实例，限制 N_2O 分解催化剂应用的因素可能包括以下几点 [149，BASF，2006]：

- 部分装置需对筐架进行改造；
- 筐架的设计和筐架的实际状况；
- N_2O 分解催化剂的填充厚度为 $5 \sim 14$cm；
- 反应器壁可能有气体逸出；
- 气体的温度、压力和流速；
- 附加压降，取决于催化剂的尺寸和形状；
- 重量和压降的增加使反应器产生更多的静电。

（6）经济性

- 增加催化剂成本；
- 直接使用原筐架，既简单又经济；
- 大多数情况下仍需要 NO_x 脱除系统。

[89，Kuiper，2001] 对各种 N_2O 脱除方法进行了比较（包括 Yara、BASF 和 Uhde 等方法），没有证据表明不同方法的成本效益和吨产品 N_2O 减排花费有明显差异，每脱除 1t 当量 CO_2 的费用为 $0.71 \sim 0.87$ 欧元，而每生产 1 t 硝酸的 N_2O 脱除费用为 $0.98 \sim 1.20$ 欧元。

（7）参考文献和示例装置

［87，infoMil，2001，104，Schöffel，2001，106，Yara，2006，109，Lenoir，2006，110，F&C，2005，111，NCIC，2004，113，Sasol，2006］，示例装置见表3-12。

3.4.7 尾气中 NO$_x$ 和 N$_2$O 的联合脱除

（1）概述

该工艺在尾气加热器和尾气涡轮机之间加装 NO$_x$ 和 N$_2$O 的联合脱除器，要求尾气温度约为 420～480℃。NO$_x$ 和 N$_2$O 的联合脱除器由两层催化剂（铁沸石）构成，中间注入氨，见图 3-10。在第一层催化剂中，N$_2$O 分解为 O$_2$ 和 N$_2$（N$_2$O 分解过程），该反应在充满 NO$_x$ 的环境下进行的，NO$_x$ 可促进 N$_2$O 分解（联合催化）；第二层催化剂中（N$_2$O 脱除/NO$_x$ 脱除过程），用注入的氨脱除 NO$_x$，同时 N$_2$O 也会进一步分解。

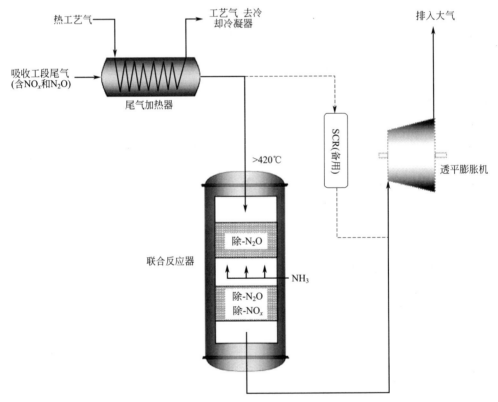

图 3-10　NO$_x$ 和 N$_2$O 的联合脱除

数据来源：［82，Uhde/AMI，2004］

（2）环境效益

- NO$_x$ 和 N$_2$O 同时脱除；
- N$_2$O 的脱除率达 98%～99%；

- N_2O 的排放量为 0.12～0.25kg/t 100% HNO_3 或 （20～40）×10^{-6}；
- NO_x 的脱除率达 99%；
- NO_x 的排放浓度小于 5×10^{-6} ［108，Groves，2006］；
- 无氨气逸出。

示例装置在 2003～2005 年间尾气中 N_2O 的排放浓度量见图 3-11。

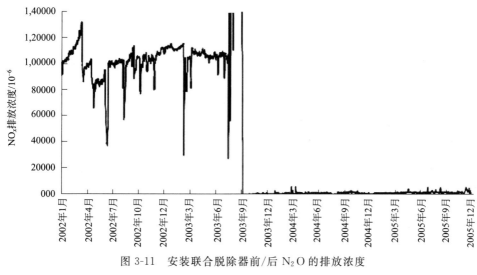

图 3-11　安装联合脱除器前/后 N_2O 的排放浓度

数据来源：［100，AMI，2006］

（3）跨介质影响

消耗氨气。

（4）操作数据

示例装置的操作数据如下。

- 装置类型：M/H 型 （3.3/8×10^5Pa）；
- 产能：1000t/d；
- 体积流量：120000m^3（标）/h；
- 尾气中 NO_x 浓度：≤500×10^{-6}；
- 尾气中 N_2O 浓度：（800～1400）×10^{-6}，一般为 （1000～1100）×10^{-6}；
- 金属网丝 （催化剂） 每年约更换两次，吸收温度为 25℃。

（5）适用性

普遍适用于新建装置。对现有装置，尾气温度≥420℃时无需进行大的改造。以下类型的装置要求尾气温度≥420℃ （或更高） ［104，Schöffel，2001］：

- 最近建设的 M/H 装置；
- H/H 型装置 （欧洲仅有少量）。

［88，infoMil，1999，103，Brink，2000］介绍了产生高温尾气的装置：

- Geleen DSM 的 M/M 型装置 （450℃，1968 年投产）；
- IJmuiden DSM 的 M/M 型装置 （400℃，1966 年投产）；

- IJmuiden DSM 的 M/H 型装置（500℃，1987 年投产）；
- Geleen DSM 的 M/H 型装置（500℃，1989 年投产）。

减少与工艺冷却器的接触面积或安装内部旁路，可使尾气温度在一定范围内有所增加，示例装置尾气温度从 387℃增加到了 435℃ [119，Hu-Chems，2006]。

（6）经济性

① 投资成本　AMI 设备的成本为 210 万欧元。根据从 AMI 设备得到的经验，通过节省设备中的部件，未来同等产能硝酸装置的联合减排设备的价格会减少到 170 万欧元。

② 操作费用　较高的压降（约＋50×10^2 Pa）可由尾气温度升高来补偿（大约＋10 K，N_2O 的分解反应为放热反应），因此几乎不增加能耗。因催化剂成本和使用寿命未知，无法确定总的操作费用和催化剂费用。

[89，Kuiper，2001] 对各种 N_2O 脱除方法进行了比较（包括 Yara、BASF 和 Uhde 等方法），没有证据表明不同方法的成本效益和吨产品 N_2O 减排花费有明显差异，每脱除 1 t 当量 CO_2 的费用为 0.71～0.87 欧元，而每生产 1 t 硝酸的 N_2O 脱除费用为 0.98～1.20 欧元。

（7）实施驱动力

减少 N_2O 的排放。

（8）参考文献和示例装置

[82，Uhde/AMI，2004，83，Maurer and Groves，2005，84，Schwefer，2005，85，Uhde，2004，92，Maurer and Merkel，2003，93，Uhde，2005，94，Austrian UBA，2001，95，Wiesenberger，2004，96，Maurer and Groves，2004，100，AMI，2006，108，Groves，2006]，AMI，Linz（2003 年 9 月从 SCR 改为联合处理）。

3.4.8　尾气中 NO_x 和 N_2O 的非选择性催化还原

（1）概述

NO_x 的非选择性催化还原（NSCR）指还原剂（燃料）与 NO_x 反应生成 N_2 和 H_2O。虽然 NSCR 为 NO_x 脱除系统，但也能显著减少 N_2O 的排放。因燃料首先消耗掉废气中存在的自由氧，再脱除 NO_x 和 N_2O，因此称为非选择性。最常用的燃料有天然气（CH_4）、H_2 或合成氨装置吹扫气（主要成分为 H_2）。NO_x 和 N_2O 转化为 N_2 过程需要使用过量的还原剂。NSCR 的催化剂通常由铂、五氧化二钒、氧化铁或钛制成，催化剂载体则由氧化铝球或蜂窝陶瓷制成。燃料的需求量包括脱除所有氧（自由态和氮氧化物形式）的消耗量和过量部分（体积百分比约为 0.5％ CH_4）。随着催化剂使用时间的增加，去除同样量的 NO_x 和 N_2O 所需燃料也增多。

在催化还原反应之前尾气必须先预热。所选燃料不同，预热温度从 200～300℃（H_2）到 450～575℃（天然气）。由于 NSCR 设备中的反应为放热反应，尾气温度将非常高（＞800℃），甚至会超过气体膨胀设备进气温度的最大限值。采用单级和两级还原，可解决高温问题。

① 单级设备　仅适用于吸收器排放尾气中氧含量低于 2.8% 的情况，氧含量为 2.8% 时，尾气经过 NSCR 设备后温度可达 800℃ 左右。单级设备排出的废气需经换热或冷浸处理，以达到气体膨胀设备的温度限值。

② 两级设备　内部含有冷浸段，当氧含量大于 3% 时使用。两级还原分两种：一种采用能去除第一级反应器热量的二级反应器；另一种将 70% 的尾气预热到 480℃ 左右，添加燃料后通过第一级催化剂，调节输送到第一级反应器的燃料量，使出口气达到所需要的排放温度。其余 30% 的尾气仅被加热到 120℃ 左右，然后与第一级反应器的出口气混合，混合气加上完全还原所需的燃料，一起通过第二级催化剂，排出的废气送气体膨胀器。

（2）可实现的环境效益

- NO_x 和 N_2O 的联合脱除；
- N_2O 脱除率 $>95\%$，N_2O 排放浓度 $<50\times10^{-6}$；
- NO_x 的排放浓度减少到 $(100\sim150)\times10^{-6}$。

（3）跨介质影响

- 使用烃类燃料时将会排放 CO、CO_2 和 C_xH_y。一般而言，CO 排放浓度 $<1000\times10^{-6}$，但 C_xH_y 的排放浓度高达 4000×10^{-6}，CO_2 的排放浓度将超过 6300×10^{-6}。

- 尾气需要预热到很高的温度，尤其是使用烃类燃料时。尾气从 ±50℃ 左右预热到 $\pm250\sim300$℃（H_2）或到 $450\sim550$℃（天然气）。脱除过程所需热量可从反应过程中获得，但可能会减少输出的蒸汽量。

（4）操作数据

见概述。

（5）适用性

普遍适用。现有装置安装 NSCR 需进行大规模改造，不太可行。

（6）经济性

根据 ［87，infoMil，2001］，NSCR 催化剂的价格从 10.6 万～14.3 万美元/m^3（9.8 万～13.1 万欧元/m^3）不等（不包括技术成本和维修费用）。$1.20m^3$ 的催化剂可处理流量为 $48235m^3/h$ 的气体。示例装置中，要使 NO_x 的含量从 2000×10^{-6} 减少到 150×10^{-6}，天然气的流量需达到 $290~m^3/h$。N_2O 浓度明显减小，具体数值未知。燃料的成本为 29.0 美元/h（26.8 欧元/h）或 1.95 美元/t 100% 硝酸（1.80 欧元/t 100% 硝酸）。以上提到的费用仅为催化剂和燃料的成本，不包括安装、维修和折旧费用。通过提高能量回收可抵消部分天然气成本。高温（>800℃）会使催化剂的使用寿命减少至 3～5 年。

（7）实施驱动力

减少 NO_x 和 N_2O 的排放。

（8）参考文献和示例装置

［80，Jenssen，2004，87，infoMil，2001，88，infoMil，1999，94，Austrian

UBA，2001]。

BASF 公司位于 Antwer 的 H/H 装置。

Kemira Agro Rozenburg（荷兰）使用 NSCR 去除 NO_x。该装置的操作压力为 $9 \times 10^5 Pa$（H/H），年产能达 $40 \times 10^4 t$ 100% 硝酸。该装置使用 NSCR 可将 N_2O 的排放浓度减少至 27×10^{-6}。Kemira Agro Rozenburg 装置已于 2000 年 12 月关停 [87，infoMil，2001]，其 NSCR 具有以下特点。

- NO_x 脱除前的浓度：2000×10^{-6}；
- NO_x 脱除后的浓度：100×10^{-6}；
- 使用天然气为燃料；
- CH_4 排放量：0.4t/a；
- CO 排放量：0.7t/a；
- CO_2 排放量：6216t/a；
- VOCs（不包括甲烷）排放量：0.3t/a。

Kemira Agro Rozenburg 装置关停后，比利时 Tertre 的装置重新安装了 NSCR [33，VITO，2005]，特点如下。

- NO_x 脱除前的浓度：2000×10^{-6}；
- NO_x 脱除后的浓度：$(150 \sim 190) \times 10^{-6}$。
- 使用天然气为燃料。

3.4.9　NO_x 的选择性催化还原（SCR）

（1）概述

有关选择性催化还原（SCR）的详细介绍见 [11，European Commission，2003]。NO_x 的选择性催化还原的基本原理是 NO_x 与 NH_3 反应生成 N_2 和水蒸气，反应方程式如下：

$$6NO + 4NH_3 \rightleftharpoons 5N_2 + 6H_2O$$
$$6NO_2 + 8NH_3 \rightleftharpoons 7N_2 + 12H_2O$$
$$NO + NO_2 + 2NH_3 \rightleftharpoons 2N_2 + 3H_2O$$
$$4NO + O_2 + 4NH_3 \rightleftharpoons 4N_2 + 6H_2O$$

将所需化学计量数的 NH_3 或浓缩的氨溶液注入废气流中。在催化剂作用下，NH_3 优先与废气中的 NO_x 反应。根据所用的催化剂类型，需将尾气加热到 $120 \sim 400℃$。通常利用从氨气氧化反应器中回收的热量在热交换器中对尾气进行加热。SCR 设备可安装在膨胀器之前或之后。

因需处理尾气的组成不同，使用 SCR 方法脱除硝酸装置尾气中 NO_x 的过程与脱除其他（如电厂）尾气中 NO_x 存在明显差异。硝酸装置产生的尾气中 NO_2 含量较高，其在尾气中所占比例为 50%～75%，严重影响了催化剂的性能，因此电厂使用的催化剂不能用于硝酸装置。

（2）环境效益

- NO_x 转化率达 $80\%\sim97\%$ ［11，European Commission，2003］;
- NO_x 排放浓度为 $(74\sim100)\times10^{-6}$ ［11，European Commission，2003］;
- NH_3 优先与 NO_x 反应，与 NSCR 相比，SCR 消耗的还原剂较少，但 NSCR 可回收能量。

NO_x 排放浓度见图 3-12 ［图中 1×10^{-6} $NO_x=2.05mgNO_x/m^3$（标）］，表 3-8 及 3.4.7 部分"尾气中 NO_x 和 N_2O 的联合脱除"。

（3）跨介质影响

- 氨气的消耗量取决于 NO_x 的脱除量;
- 逸出的氨气一般低于 10×10^{-6} ［$20.5mg/m^3$（标）］;
- 催化剂使用时间过长时会产生少量 N_2O。

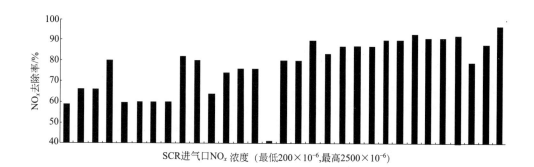

图 3-12　硝酸装置尾气中 NO_x 选择性催化还原的去除率

（去除率与 NO_x 的进口浓度有关。该图依据表 3-8 的数据绘制）

（4）操作数据

- 最佳操作温度为 $200\sim350℃$;
- 进入膨胀器之前的压降为 $(0.01\sim0.1)\times10^5Pa$;
- 还原反应后废气温度为 $200\sim360℃$，远低于 NSCR 中的 $650\sim800℃$，对反应器材质要求较低。

（5）适用性

普遍适用。SCR 可用于新建和现有装置，且可在各种压力条件下运行。

出于安全考虑，使用 SCR 时废气的入口温度一般不低于 $180℃$ ［154，TWG on LVIC-AAF，2006］。

（6）经济性

产量为 1000t 100% HNO_3/d，年运行时间为 8400h 的 M/H 型硝酸装置，SCR 的成本如下。

- 基建成本：200 万欧元;
- 年运行成本：30 万欧元;
- 总成本：1998 年约为 1.3 美元/t 100% HNO_3（1.16 欧元/t 100% HNO_3）。

假定催化剂的价格为 3.5 万～5.3 万美元/m^3（约 3.2 万～4.9 万欧元/m^3），不含技术成本和维修费用，当尾气流量为 $48235m^3/h$，催化剂的用量为 $3.75m^3$，氨气的消耗量为 $77kg/h$，NO_x 从 2000×10^{-6} 降至 150×10^{-6} 时，运行成本如下所示。

- 燃料费用：15.40 美元/h（大约 14.20 欧元/h）；
- 1.03 美元/t 100% HNO_3（约 0.95 欧元/t 100% HNO_3）。

注：氨气价格 200 美元/t（185 欧元/t），平均氨气消耗量为 $3230m^3/t$ 100% HNO_3，体积流量为 $48235m^3/h$、年运行时间 8640h，相应的纯硝酸年产量为 12.9×10^4t。

（7）实施驱动力

减少 NO_x 的排放。

（8）参考文献和示例装置

[11，European Commission，2003，88，infoMil，1999，94，Austrian UBA，2001]

3.4.10　在吸收工段末端投加 H_2O_2

（1）概述

相关部门要求 Haifa 化学公司到 2006 年末减少其硝酸装置排放的 NO_x，该公司的硝酸生产线概况见表 3-13。出于安全考虑，2 号生产线不再使用 SCR；之后开始在吸收工段末端投加 H_2O_2 的满负荷生产测试及操作。

当膨胀器中废气温度低于 85℃，且有 NO_x（经 SCR 去除后的残余量）和 NH_3（SCR 的损失量）存在时，在膨胀板或管路中将会产生硝酸铵和亚硝酸铵层，必须考虑其安全问题。

将 H_2O_2 投加到 2 号生产线的第二吸收塔以提高吸收效率，综合考虑经济成本，选择合适的 H_2O_2 投加量。

表 3-13　示例工厂两条硝酸生产线的概况

指标	生产线 1	生产线 2
吸收压力	4×10^5Pa	7×10^5Pa
膨胀器入口温度	210℃	175℃
膨胀器出口温度	120℃	35℃
脱除之前 NO_x 的浓度	2000×10^{-6}[①]	500×10^{-6}[②]
脱除之后 NO_x 的浓度	80×10^{-6}(SCR)[①]	150×10^{-6}(H_2O_2)

① 在以色列冷却水温度随季节变化，NO_x 排放浓度冬季为 1400×10^{-6}，夏季为 2500×10^{-6}。SCR 通过控制 NH_3 的量可控制 NO_x 排放量。

② 增加第二级吸收塔之前，NO_x 排放浓度为 1000×10^{-6}。

资料来源：Haifa Chemicals Ltd.（以色列）。

（2）环境效益

- 示例装置 NO_x 的排放浓度可到达 150×10^{-6}；

● 硝酸产量增加。

（3）跨介质影响

消耗 H_2O_2。

（4）操作数据

第一级吸收塔中的硝酸浓度：60％～62％。

第二级吸收塔中的硝酸浓度：约8％。

（5）适用性

普遍适用。

（6）经济性

投资成本：产量为 384t/100％ HNO_3 的装置应用该技术的成本为 50 万美元（12.7×10^4 t/a）。

专项费用：2.5 美元 t/100％ HNO_3。

（7）实施驱动力

在非常低的尾气温度下减少 NO_x 排放时需考虑安全因素。

（8）参考文献和示例装置

Roister Clarck Nitrogen，美国；

Agrium Kenewick，美国；

Apach Nitrogen，美国（开车和停车）；

Haifa Chemicals Ltd.，以色列。

3.4.11　开车和停车时 NO_x 的脱除

可参见 3.4.10 部分"在吸收工段末端投加 H_2O_2"。

（1）概述

开车和停车时硝酸的生产过程不稳定。开车前 10～45min，NO_x 的排放浓度较高 [$(600\sim2000)\times10^{-6}$]，导致每年多产生 100～1000kg NO_x。停车时，有 10～30min 的 NO_x 排放浓度也会达到上述水平 [$(600\sim2000)\times10^{-6}$]，每年最多会多产生 500kg NO_x。

稳定运行阶段 NO_2 占 NO_x 的 50％～75％。开车时，NO_2 的量远远大于 NO 的量（70％ NO_2，30％ NO），使废气呈现红褐色或黄色。排放这种废气会引发当地居民的不满，这是地方性问题，在此不再赘述。

有多种技术可减少开车和停车过程 NO_x 的排放量。相对于 NO_x 减排量来说，技术的投资较高。开车和停车过程多产生的 NO_x 排放量不足全年排放量的 1％。因此改变排放废气的颜色将更经济。

开车时尾气的处理措施包括以下几种。

① 尾气加热　可使用加热炉、蒸汽加热器或分离式燃烧炉对尾气进行加热。在 SCR 或 NSCR 的最佳操作温度（180～450℃）下运行，会减少开车过程 NO_x 的排放，且使开车时间最短。

② 安装低温 SCR 安装运行温度范围较大的 SCR 可在低温下（≥180℃）脱除 NO_x，同时可缩短 SCR 的停车时间。

③ 安装洗涤器 使用碱液、碳酸钠或氨为洗涤剂的碱洗涤器可使开车过程 NO_x 的排放量最低。

④ 安装使用干燥吸收材料的吸收塔 使用干燥吸收剂，如硅胶或分子筛可脱除开车过程的 NO_x。

由于停车时压力和温度迅速降低，上述方法不适合用于停车过程 NO_x 的减排。

（2）环境效益

① 尾气加热 开车过程产生 NO_x 的脱除率≥70％，具体数据不详。

② 安装低温 SCR 由于运行温度较低（≥180℃），开车过程 NO_x 的排放量仍较高，但会缩短开车时间。SCR 对 NO_x 的脱除率为 80％～95％，具体数据不详。

③ 安装洗涤器 开车过程产生 NO_x 的脱除率≥脱除率，具体数据不详。

④ 安装使用干燥吸收剂的吸收塔 开车过程产生 NO_x 的脱除率≥脱除率，具体数据不详。

（3）跨介质影响

① 尾气加热 需消耗能量使尾气温度升高到 SCR 或 NSCR 的最佳运行温度。

② 安装低温 SCR 由于开车时运行不稳定且温度较低，废气通过 SCR 时，向其中投加的 NH_3 会与废气中的含氮气体反应生成硝酸铵或亚硝酸铵，这些铵盐的沉积可能会引发爆炸。因此 SCR 进口废气温度需≥180℃，以最大限度地降低操作风险。

③ 安装洗涤器 若 SCR 在 200～350℃的高温下运行，洗涤液将产生大量的水蒸气，水消耗量较大，洗涤液不能重复使用，只能作为废水进行处理。

④ 安装使用干燥吸收剂的吸收塔 废吸附剂需作为固废进行处置。

（4）操作数据

未提供具体信息。

（5）适用性

① 尾气加热 尾气加热设备特别是封闭式的设备占地较大。但对装有 SCR 或 NSCR 的新建或现有硝酸装置均适用。需消耗能量使尾气温度升高到 SCR 或 NSCR 的最佳运行温度（180～450℃）。

② 安装低温 SCR 需足够的空间安装该设备，催化剂需及时更换。

③ 安装洗涤器 洗涤设备体积大，需足够的空间安装该设备。

④ 安装使用干燥吸附材料的吸收塔 需足够的空间安装吸收塔。SCR 进口气体温度需达到 200～350℃，但会破坏吸收剂的性能。

（6）经济性

一般来说，相对于 NO_x 减排量，大部分开车时尾气的处理技术都相当昂贵。

① 尾气加热 一个燃烧炉的成本为 20 万荷兰盾（约 9.1 万欧元）。安装一个燃烧炉的最低成本为 100 万荷兰盾（45 万欧元），含设备和安装费用。所需其他费用暂不清楚。

② 安装低温 SCR 安装一套完整 SCR 的最低总成本为 100 万荷兰盾（约 45 万

欧元）。如果仅用来脱除开车过程产生的 NO_x，安装 SCR 很不划算。所需其他费用暂不清楚。

③ 安装洗涤器　NO_x 使废气显酸性，需要使用碱性洗涤液而不能用水作洗涤液，因此洗涤器的运行费用很高，具体数据不详。

④ 安装使用干燥吸附材料的吸收塔　需定期更换达到饱和的吸附剂，运行费用很高，具体数据不详。

（7）实施驱动力

使红褐色或黄色尾气颜色变淡。

（8）参考文献和示例装置

［88，infoMil，1999］

3.5　硝酸生产的 BAT 技术

BAT 技术即 1.5 部分介绍的通用最佳可行技术。

存储过程的 BAT 技术见 ［5，European Commission，2005］。

BAT 技术使用可回收能源，如伴生蒸汽和/或电能。

BAT 技术可联合采用以下技术，使 N_2O 的排放浓度达到排放要求或表 3-14 中给出的排放水平。

- 优化原料过滤 （见 3.4.1 部分）；
- 优化原料混合 （见 3.4.1 部分）；
- 优化气体在催化剂上的分布 （见 3.4.1 部分）；
- 监控催化剂的性能，及时更换催化剂 （见 3.4.1 部分）；
- 优化空气和氨气的混合比 （见 3.4.2 部分）；
- 优化氧化工段的压力和温度 （见 3.4.2 部分）；
- 在新建装置中使用扩展反应室分解 N_2O （见 3.4.5 部分）；
- N_2O 在反应室中的催化分解 （见 3.4.6 部分）；
- 废气中 NO_x 和 N_2O 的联合脱除 （见 3.4.7 部分）。

表 3-14　硝酸生产 BAT 技术对应的 N_2O 排放浓度

项目	装置	N_2O 排放量[①]	
		kg/t 100% HNO_3	10^{-6}(体积分数)
M/M、M/H 和 H/H	新建装置	0.12～0.6	20～100
	现有装置	0.12～1.85	20～300
L/M 装置		无相关数据	

① 氧化催化剂使用寿命内排放浓度的平均值。

不同观点：由于 3.4.6 和 3.4.7 部分中所提到的 N_2O 脱除技术缺乏工程应用数

据，测试装置的结果不一致，各种技术和操作在当前欧洲硝酸生产中受到限制等原因，工业部门以及某成员国不认同现有装置应用 BAT 技术后的 N_2O 排放浓度。他们认为，虽然催化剂已经商品化，但其在硝酸生产中的应用尚不成熟。工业部门认为，N_2O 排放浓度应与 N_2O 去除催化剂使用寿命内达到的平均值有关，虽然目前尚不太清楚具体数值。工业部门及该成员国认为现有装置 BAT 技术的 N_2O 排放浓度为 $2.5kg/t$ 100% HNO_3。

BAT 技术可采用以下一项或几项技术，使 NO_x 的排放浓度达到表 3-15 给出的排放水平：

- 吸收工段的优化（见 3.4.4 部分）；
- 尾气中 NO_x 和 N_2O 的联合脱除（见 3.4.7 部分）；
- NO_x 选择性催化还原（见 3.4.9 部分）；
- 在吸收工段末端投加 H_2O_2（见 3.4.10 部分）。

BAT 技术可应用于减少开工停车阶段废气的排放量（见 3.4.10 和 3.4.11 部分）。

表 3-15　硝酸生产 BAT 技术对应的 NO_x 排放浓度

项目	NO_x 排放浓度(以 NO_2 计)	
	kg/t 100% HNO_3	10^{-6}(体积分数)
新建装置	—	5～75
现有装置	—	5～90[①]
SCR 中 NH_3 的逸出	—	＜5

① 可达到 $150×10^{-6}$；出于安全考虑，NH_4NO_3 的沉积限制了 SCR 或通过添加 H_2O_2 代替 SCR 的处理效果。

3.6　硝酸生产的新兴技术

加入烃类化合物联合脱除 NO_x 和 N_2O 实施驱动力

（1）概述

可参见 3.4.7 部分、与 3.4.7 部分所介绍技术的不同之处在于：在第一层催化剂中，NO_x 通过与氨反应脱除（相当于使用 SCR 系统）；在第二层催化剂中，N_2O 与烃类化合物，如天然气或丙烷发生催化还原反应进行脱除，如图 3-13 所示。

（2）环境效益

- NO_x 和 N_2O 的排放浓度与 3.4.7 部分介绍内容相近；
- N_2O 去除率可达 97%。

（3）跨介质影响

- 消耗烃类化合物和氨气；
- 无其他污染物（如 CO）排放的相关信息。

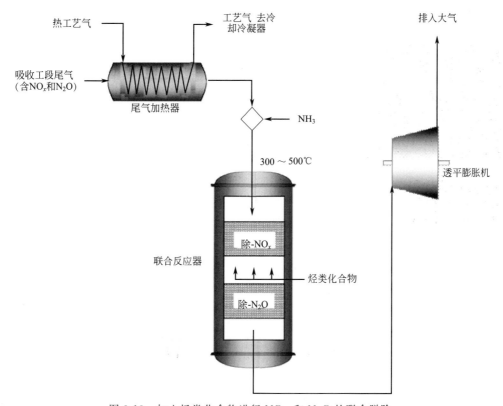

图 3-13 加入烃类化合物进行 NO_x 和 N_2O 的联合脱除

（4）操作数据

无具体信息。

（5）适用性

适用于尾气温度 300~500℃ 的硝酸装置，目前研发的重点是拓宽使用温度范围。在某种条件下，减少与工艺冷却器的接触面积或安装内部旁路可调节尾气温度。

（6）经济性

没有相关数据。

（7）实施驱动力

减少 N_2O 排放。

（8）参考文献和示例装置

[146，Uhde，2006]

Abu Qir Fertilizer 公司，埃及，2006 年 9 月建成；

Hu-Chems Fine Chemical Coorperation，韩国，2007 年建成

4

硫酸

4.1 概　　述

　　世界上 H_2SO_4 的产量远大于其他化学品。1997 年，西欧 H_2SO_4 总产量超过 19Mt，全球 H_2SO_4 总产量约 150 Mt，其中近 1/2 产于北美、西欧和日本。表 4-1 列出了部分欧洲国家的 H_2SO_4 产量。2004 年，欧盟 25 国共 95 个 H_2SO_4 生产厂家的年产量达到约 22 Mt［17，2nd TWG meeting，2004］，图 4-1 为 H_2SO_4 生产厂家的生产规模分布情况。表 4-2 为欧空局（ESA）统计的各 H_2SO_4 生产厂家的概况。

表 4-1　部分欧洲国家的 H_2SO_4 产量

H_2SO_4 产量/Mt	1994 年	1997 年	2000 年	2006 年
比利时/卢森堡	1515	2160	2238	1942
芬兰	1373	1570	1655	1760
法国	2227	2242	2269	1755
德国	3380	3496	4898	4595
希腊	630	0675	688	815
意大利	1228	1590	1042	1616
荷兰	1073	1040	988	988
挪威	585	666	569	315
西班牙	2348	2810	2418	3500
瑞典	518	630	629	1010
英国	1225	1205	1058	447

数据来源：［58，TAK-S，2003］。

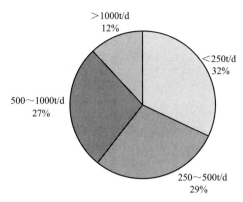

图 4-1　2004 年欧盟 25 国 H_2SO_4 工厂的生产规模

数据来源：[17，第 2 次技术工作组会议，2004]

表 4-2　欧空局或与其相关的 H_2SO_4 生产厂

国家	公司	地点	产能/(t/a)	SO_2 来源	产品
奥地利	Donau Chemie AG	Pischelsdorf	230000	硫黄	H_2SO_4
	Lenzing AG	Lenzing	90000	硫黄	H_2SO_4
比利时	BASF Antwerpen NV	Antwerpen	230000	硫黄	H_2SO_4 和发烟硫酸
	Lanxess Antwerpen NV	Antwerpen	340000	硫黄	H_2SO_4 和发烟硫酸
	Prayon SA	Engis	165000	硫黄	H_2SO_4
	PVS Chemicals Belgium NV	Gent	70000	硫黄	H_2SO_4 和发烟硫酸
	Misa Eco Services Sulfuriqu	Gent（Rieme）	250000	硫黄/废酸/废料	H_2SO_4/发烟硫酸/Na_2SO_3
	Sadaci	Gent	22000	炼厂气	H_2SO_4
	Tessenderlo Group	Ham	365000	硫黄	H_2SO_4
	Umicore	Hoboken	76000	炼厂气	H_2SO_4
		Balen	384000	炼厂气	H_2SO_4
保加利亚	Cumerio	Pirdop	1000000	炼厂气	
	KCM	Plovdiv	110000	炼厂气	
	OCK	Kardjali	35000	炼厂气	
瑞士	SF Chemie	Basel	85000	硫黄	H_2SO_4 和发烟硫酸
克罗地亚	Petrolkemija	Kutina	495000	硫黄	
捷克	Synthesia	Pardubice	76000	硫黄/废酸	
德国	Xstrata Zink GmbH	Nordenham	210000	炼厂气	H_2SO_4
	Berzelius Stolberg GmbH	Stolberg	100000	炼厂气	H_2SO_4
	BASF	Ludwigshafen	610000	硫黄	H_2SO_4 和发烟硫酸
	Lanxess AG	Leverkusen	160000	硫黄	H_2SO_4
		Leverkusen	20000	废酸再生	H_2SO_4

续表

国家	公司	地点	产能/(t/a)	SO₂ 来源	产品
德国	Lanxess AG	Dormagen	94000	废酸再生	H_2SO_4
	Degussa AG	Marl	50000	硫黄	H_2SO_4
		Wesseling	120000	硫黄	H_2SO_4
		Worms	230000	废酸再生	H_2SO_4
		Mannheim	65000		H_2SO_4
	Deutsche Steinkohle AG	Bottrop	15000	硫黄	H_2SO_4 和发烟硫酸
	DOMO Caproleuna GmbH	Leuna	260000	硫黄	H_2SO_4 和发烟硫酸
	Grillo-Werke AG	Frankfurt	258000	硫黄	H_2SO_4 和发烟硫酸
	Tronox	Uerdingen	65000	黄铁矿	H_2SO_4 和发烟硫酸
			25000	硫黄	
	Metaleurop Weser GmbH	Nordenham	50000	炼厂气	H_2SO_4 和发烟硫酸
	Norddeutsche Affinerie AG	Hamburg	1300000	炼厂气	H_2SO_4 和发烟硫酸
	PVS Chemicals Germany GmbH	Kelheim	120000	硫黄	H_2SO_4 和发烟硫酸
	Ruhr-Zink	Datteln	200000	炼厂气	H_2SO_4
	Sachtleben Chemie GmbH	Duisburg	500000	硫，黄铁矿，滤渣循环利用	H_2SO_4 和发烟硫酸
西班牙	Atlantic Copper	Huelva	1350000	铜冶炼厂	H_2SO_4
	Asturiana de Zinc	Avilés (Asturias)	730000	锌冶炼厂	H_2SO_4 和发烟硫酸
	Fertiberia SA	Huelva	890000	硫黄	H_2SO_4
	UBE Chemicals	Castellón	90000	硫黄	H_2SO_4
	Befesa Desulfuracion SA	Luchana-Barakaldo	320000	硫黄	H_2SO_4 和发烟硫酸
芬兰	Boliden Harjavalta Oy	Harjavalta	660000	铜和镍冶炼厂	H_2SO_4
	Kemira Oy	Kokkola	320000	锌焙烧炉	H_2SO_4 和发烟硫酸
	Kemira GrowHow	Siilinjärvi	530000	黄铁矿	H_2SO_4
	Kemira Oy	Pori	220000	硫黄	H_2SO_4
法国	Rhodia Eco Services Sulfurique	Les Roches	250000	硫黄/废酸	H_2SO_4 及再生 H_2SO_4
	Lyondell	Le Havre	275000	硫黄	H_2SO_4
		Thann	45000	硫黄	H_2SO_4
	Huntsman	Calais	300000	硫黄	H_2SO_4
		St. Mihiel	300000	硫黄	H_2SO_4
	Grand Paroisse	Bordeaux	90000	硫黄	H_2SO_4 和发烟硫酸

国家	公司	地点	产能/(t/a)	SO₂来源	产品
法国	Albemarle	Port de Bouc	20000	硫黄	H_2SO_4
	Arkema	Pierre Bénite	165000	硫黄	H_2SO_4 和发烟硫酸
		Pau	35000	硫黄	H_2SO_4
		Carling	155000	硫黄	H_2SO_4 及再生 H_2SO_4
	Umicore	Auby	200000	炼厂气	H_2SO_4
	Clariant	Lamotte	130000	硫黄	H_2SO_4、发烟硫酸和 SO_2
希腊	Phosphoric Fertilizers Industry SA	Kavala	180000	硫黄	H_2SO_4
			280000	硫黄	H_2SO_4
		Thessaloniki	130000	硫黄	
			225000	硫黄	
意大利	Nuova Solmine S. p. A	Scalino(GR)	600000	硫黄	H_2SO_4 和发烟硫酸
	Nuova Solmine	Serravalle Scrivia(AL)	60000	再生气	H_2SO_4 和发烟硫酸
	Marchi Industriale	Marano Veneziano(VE)	90000	硫黄	H_2SO_4 和发 H_2SO_4
	Portovesme s. r. l.	Porto Vesme(CA)	400000	炼厂气	H_2SO_4
	ENI S. p. a	Gela(CL)	180000	炼厂气	H_2SO_4
			120000	未公开	H_2SO_4
	ERG-Priolo	Priolo(SR)	30000	再生气	H_2SO_4
	Ilva-TA	Taranto(TA)	20000	未公开	H_2SO_4
	Fluorsid	Macchiareddu (CA)	100000	硫黄	H_2SO_4
马其顿	Zletlovo	Titov Veles	132000	前烧结(Ex sintering)	
荷兰	Zinifex Budel Zink BV	Budel	380000	炼厂气	H_2SO_4
	DSM Fibre Intermediates B. V.	Geleen	400000	硫黄	发烟硫酸
	Climax	Rotterdam	40000	炼厂气	H_2SO_4
	Corus	Velsen	18000	炼厂气	H_2SO_4
挪威	New Boliden	Odda	195000	炼厂气	H_2SO_4
	Falconbridge Nikkelverk A/S	Kristiansand	110000	硫化镍类物质	H_2SO_4
葡萄牙	Quimitecnica SA	Barreiro-Lavradio	25000	合成氨厂脱硫装置	H_2SO_4
罗马尼亚	Sofert	Bacau	200000	硫黄	
瑞典	Kemira Kemi AB	Helsingborg	360000	硫黄	H_2SO_4 和发烟硫酸
	New Boliden	Skelleftehamn	640000	铜和铅	H_2SO_4
				冶炼	

续表

国家	公司	地点	产能/(t/a)	SO₂ 来源	产品
塞尔维亚	RHMK Trepca	Mitrovica		铅、锌熔炉	
	Sabac	Sabac		铅熔炉	
斯洛文尼亚	Cinkarna Celje d. d.	Celje	150000	硫黄	H_2SO_4
英国	Degussa	Knottingley（Yorks）	30000	硫黄	H_2SO_4
	INEOS Enterprises	Runncorn Site	280000	硫黄	H_2SO_4 和发烟硫酸
	Rhodia Eco Services Ltd	Staveley	117000	硫黄	H_2SO_4 和发烟硫酸
土耳其	Bagfas	Bandyrma	500000	硫黄	
	Tugsas	Samsun	214000	黄铁矿	
	Etibor	Bandyrma	240000	黄铁矿	
	Black Sea Copper	Samsun	282000	炼厂气	

数据来源：[154，TWG on LVIC-AAF]。

图 4-2 为 H_2SO_4 生产的主要原料、消耗以及生产循环概况。表 4-3 为不同 SO_2 来源的 H_2SO_4 产量分布情况。目前 H_2SO_4 主要用于磷肥生产行业；同时，H_2SO_4 也广泛应用于炼油、颜料、酸洗、有色金属冶炼，及炸药、清洁剂（有机磺化工艺）、塑料和人造纤维等生产。H_2SO_4 还可用于生产染料、医药以及氟化学品等化工产品。

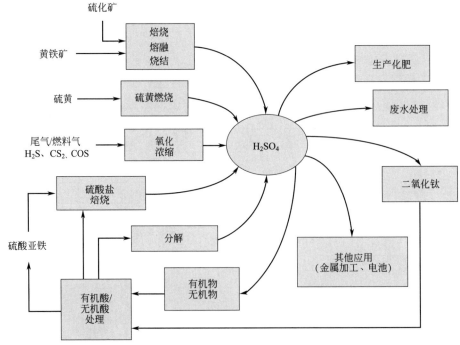

图 4-2 H_2SO_4 生产的主要原料、消耗及生产循环概况

数据来源：[58，TAK-S，2003]

表 4-3   2005 年不同 SO_2 来源的 H_2SO_4 产量分布情况

SO_2 来源	产量分布/%
硫黄	43.7
有色金属	39.0
再生 H_2SO_4	7.5
黄铁矿	4.2
回收及其他	5.6

数据来源：[154，TWG on LVIC-AAF]，此表统计了欧盟 25 国及挪威和瑞士的 H_2SO_4 生产厂。

4.2 生产工艺和技术

4.2.1 概述

H_2SO_4 生产的工艺流程见图 4-3。生产 H_2SO_4 的原料为 SO_2，其来源广泛（见 4.2.3 部分），如硫黄的燃烧或金属硫化物的焙烧等。SO_2 在催化剂作用下发生气相化学平衡反应转化为 SO_3：

$$SO_2+1/2O_2 \rightleftharpoons SO_3 \qquad \triangle H_0=-99KJ/mole$$

转化率的定义如下：

$$转化率＝(SO_{2进}－SO_{2出})/SO_{2进}×100(\%)$$

从热力学和化学计量学角度考虑，都应使 SO_3 的产率最大化。优化平衡时候需要考虑 Lechatelier-Braun 原理（当一个平衡体系的平衡条件发生变化时，平衡往往会向能削弱这种变化的方向移动）。平衡条件包括温度、压力或反应物浓度。对于 SO_2/SO_3 体系，可采取以下方法使 SO_3 的产率达到最大：

- 反应为放热过程，降温有利于 SO_3 的生成；
- 增大氧气的浓度；
- 分离 SO_3（与双吸收过程类似）；
- 增大压力；
- 选择适宜的催化剂以降低反应温度（平衡）；
- 延长反应时间。

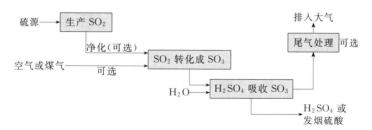

图 4-3 H_2SO_4 生产工艺流程

数据来源：[58，TAK-S，2003]

对整个系统进行优化需在反应速率与化学平衡之间找到一个平衡点。同时，优化还取决于原料气中 SO_2 的浓度及其变化范围。因此，同一 SO_2 来源的不同生产工艺都有或多或少的不同。

以前广泛使用的两种转化器为砖拱结构转化器和铸铁框架结构转化器（在北美仍广泛使用）。

新型转化器有：中心筒（central core tube）转化器；具有一个或多个集成换热器的转化器（换热器置于转化器中心筒内或固定在转化器周围）。

传统转化器的外壳一般由优质锅炉钢材制成，内部衬砖，大多会喷涂一层铝以防止结垢。内衬砖转化器的优点是热容大，可长时间停车而无需预热。其缺点是旧砖拱会产生较多的孔，使部分工艺气体绕过中间吸收塔（见 4.4.6 部分"更换砖拱转化器"）。新型转化器设计时采用 304 型或 321 型不锈钢材料，以确保其能长期稳定运行。虽然不锈钢材料单价高，但由于壁厚较小，质量轻，整个转化器的成本不会增加。图 4-4 为砖拱转化器和中心筒转化器的结构示意。

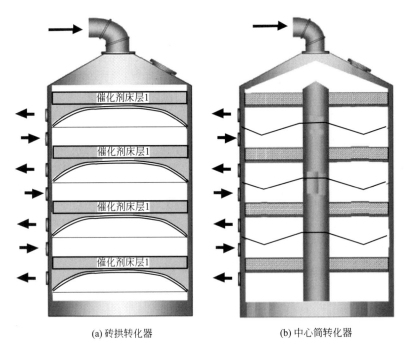

(a) 砖拱转化器　　　　　　(b) 中心筒转化器

图 4-4　砖拱转化器和中心筒转化器结构示意

数据来源：［67，Daum，2000］

最后，用浓度不低于 98％的硫酸吸收 SO_3 和水得到硫酸产品。图 4-5 为一种后吸收塔的示意。该工段的吸收效率取决于以下因素：

- 吸收液中 H_2SO_4 浓度（98.5％～99.5％）；
- 液体的温度变化范围（一般为 70～120℃）；
- 酸的分布技术；
- 原料气的湿度（通过吸收装置的雾气）；

- 雾过滤器；
- 引入气体的温度；
- 气流在吸收液中的流向（并流或逆流）。

尾气中 SO_2 含量、SO_2 单位负荷与转化率之间的关系见 4.3 部分相关内容。

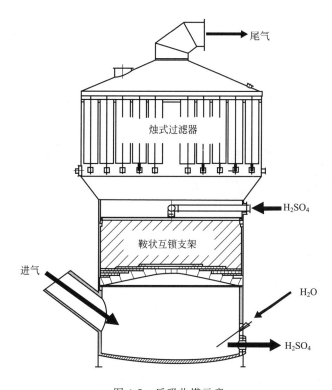

图 4-5　后吸收塔示意

数据来源：[68，Outukumpu，2006]

SO_3 排放量取决于以下因素：

- 气体出塔温度；
- 后吸收塔的结构及操作；
- H_2SO_4 喷雾分离设备；
- 水蒸气存在时在吸收塔上游形成的酸雾；
- 吸收工段的总效率。

图 4-6 为硫酸装置的概况，该装置采用以硫黄燃烧为原料的双接触/双吸收工艺。

近年来，根据产生 SO_2 的原料来源不同，开发了很多 H_2SO_4 生产工艺。硫酸生产工艺的详细介绍，详见：4.4.1 部分："单接触/单吸收工艺"；4.4.2 部分："双接触/双吸收工艺"；4.4.8 部分："湿式催化工艺"；4.4.9 部分："湿/干组合催化工艺"。

尾气处理见 4.4.19～4.4.22 部分相关内容。

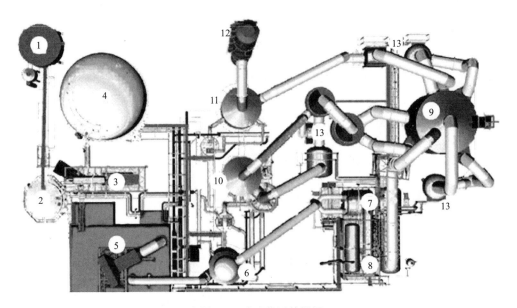

图 4-6　硫酸装置俯视图

数据来源：［68，Outukumpu，2006］

1—固态硫存储器；2—硫熔化；3—液态硫过滤器；4—液态硫存储罐；5—空气过滤器和消声器；

6—空气干燥器；7—硫燃烧器；独立供给空气的两个燃烧炉；8—汽包、给水罐、余热锅炉；

9—转化器；10—中间吸收塔；11—后吸收塔；12—堆栈；

13—换热器、节能器和过热器

4.2.2　催化剂

SO$_2$ 氧化过程的催化剂活性测试结果表明，只有钒化合物、铂和氧化铁的催化效果最佳。目前，应用最广泛的催化剂为五氧化二钒。

商业催化剂中，活性组分是含量为 4%～9%（质量分数）的五氧化二钒（V$_2$O$_5$），另外还有碱金属硫酸盐做助催化剂。在操作条件下，这些组分会形成熔融物，并引发反应。通常用硫酸钾作为助催化剂，但近年来也开始使用硫酸铯作为助催化剂。硫酸铯能降低熔点，使催化剂的操作温度降低。催化剂载体为不同形态的二氧化硅。

催化剂载体混合在一起形成糊状，在常温下被挤压成圆柱形、环形或星形固体颗粒，最后在高温下焙烧成型。目前应用最广的是环形（或星状）催化剂，其压降较低，且对积累的粉尘不敏感。

在工业生产中，常规催化剂低温操作范围为 410～440℃，经过硫酸铯处理的催化剂的低温操作范围为 380～410℃。催化剂的高温操作范围为 600～650℃，高于此温度时，催化剂会因内部表面积减小而永久失活。催化剂的平均寿命约为 10 年。催化剂必须定期清除粉尘以恢复活性，催化剂的使用寿命一般由催化剂清洗过程中的损失量决定。

有关催化剂的其他介绍见 4.4.4 部分"使用铯助催化剂"及 4.4.12 部分"催化

剂失活的预防措施"。

4.2.3 硫的来源和 SO_2 的生产

表 4-4 概括了用于 H_2SO_4 生产的硫的主要来源，以及由此产生的含 SO_2 气体的典型特征。

表 4-4 硫的主要来源及其特征

硫来源/SO_2 生产过程		原料气中 SO_2 含量 /%	接触工段之前 SO_2 的含量/%	SO_2 含量随时间的变化情况	特 点
单质硫		9~12	9~12	非常低	原料气无需清洗
黄铁矿		<15	8~10	低	原料气需清洗；燃烧残渣较多，且一般不能利用
有色金属产品	铜	1~20	1~12	相当高（过程不连续）	原料气需清洗；当 SO_2 含量或废气排放量波动较大时，SO_2 转化率较低；使用富氧空气可增大 SO_2 含量
	铅（烧结）	2~6	2~6		
	铅焙烧/冶炼	7~20	7~12		
	锌	5~10	5~10	相当低	原料气需清洗
$FeSO_4$		6~15	6~12	高	$FeSO_4$ 与颜料生产过程中的稀酸一起处理
含有机污染物的废酸；酸渣		5~10	5~10	通常较高（取决于废酸性质）	原料气需清洗；废气可能含有未燃烧的碳氢化合物，可二次燃烧
H_2S 气体[①]		0.3~10[②]	取决于反应进程	中等，补加硫燃烧时低	H_2S 燃烧生成湿煤气；焦炉煤气：H_2S 气体经洗涤过程分离
含硫化石燃料焙烧的废气		0.1~6	取决于反应进程	从低到高	SO_2 含量低，废气量大

① 焦炉煤气，纺丝浴废气以及天然气和原油加工过程中产生的气体。
② 硫燃烧时 SO_2 含量较高。
数据来源：[57，Austrian UBA，2001，154，TWG on LVIC-AAF]。

4.2.3.1 硫燃烧

通过克劳斯（Claus）工艺将天然气或原油脱硫得到单质硫。单质硫最好以液体的形式（温度 140~150℃的固体也可）输送至硫酸生产厂。如有必要，在燃烧之前最好进行过滤处理。

硫燃烧在一级或二级燃烧器内（900~1500℃）进行。燃烧器由一个燃烧炉和一个余热锅炉构成。燃烧气中的 SO_2 含量一般达到 18%（体积分数），O_2 的含量相对较低（但高于 3%）。转化过程的入口气中 SO_2 的含量一般在 7%~13% 之间，必要时可用空气对其进行稀释。

4.2.3.2 废酸再生

当用 H_2SO_4 或发烟硫酸作催化剂（烷基化、硝化、磺化过程），或者 H_2SO_4 用于清洁、干燥或者除水过程时会产生废酸。

在温度约为1000℃时，废硫酸在炉中氧化条件下发生热分解生成SO_2，反应式如下：

$$H_2SO_4 \longrightarrow SO_2 + H_2O + 1/2O_2 \qquad \Delta H = +202kJ/mol$$

废酸雾化成小液滴会可使热分解较彻底。该过程所需的热量由喷入的热烟道气提供。烟道气量过多会将SO_2稀释，可通过提前预热助燃空气或提供充足的O_2来减少SO_2的稀释倍数。

将废硫酸连同残渣一起在回转炉内的焦炭床上加热至400～1000℃时，废硫酸还原分解生成SO_2。有机物会部分还原成焦炭，部分在还原条件下变成废气中的CO和挥发性有机化合物（VOCs）。而无机物，如镁、铁、铅和重金属则留在焦炭中。废气采用热氧化法处理，操作温度1100～1300℃，废气在氧化炉内停留时间足够长。

燃烧气体中的SO_2含量约为2%～15%，主要取决于废酸的组成（水和有机物的含量）。可添加硫来调整SO_2含量，使其保持稳定。气体燃烧产生的能量大多可回用于废热锅炉以产生蒸汽。废气在清洗、除去雾、干燥及再加热之后输送到转化器中。

另一种工艺是生产H_2SO_4，同时副产液态SO_2或亚硫酸氢钠。

4.2.3.3　硫铁矿焙烧

硫铁矿焙烧首选流化床焙烧炉。焙烧炉在工艺技术、生产能力以及经济性方面均优于其他类型的设备。焙烧黄铁矿得到SO_2气体的同时生成氧化铁并产生热量。生产1t硫酸需要0.5t黄铁矿。

黄铁矿的非均质特征导致焙烧气体中SO_2含量会有一定波动，O_2充足时一般为6%～14%。气体依次通过旋风除尘器、袋式过滤器、洗涤器和静电除尘器，通常需要进行3～4步清洁处理。洗涤后的废水经过处理后才能排放。清洁气体用空气稀释到6%～10%，经干燥后进入转化工段。

4.2.3.4　TiO_2生产和金属硫酸盐焙烧过程中产生的废酸

TiO_2生产过程中产生的废酸用后续H_2SO_4生产装置的热量进行真空加热使其浓缩。浓缩后的H_2SO_4循环用于TiO_2的生产过程，分解金属硫酸盐沉淀物。

硫酸盐，如硫酸铁，在温度超过700℃的多段炉、回转炉或流化床焙烧炉中发生分解，同时添加硫黄、黄铁矿、焦炭、塑料、焦油、褐煤、硬煤和石油作为燃料。产生气体中SO_2的含量取决于燃料的类型；清洗、干燥后气体中SO_2含量约为6%。SO_2含量随时间变化很大。

在第一阶段，利用烟道气在130～200℃的喷雾干燥器或流化床干燥器中对$FeSO_4 \cdot 7H_2O$进行脱水，得到一水或混合型水合物。在第二阶段，原料在约900℃下进行分解，分解产生的气体中SO_2含量约为7%（体积分数）。目前，最普遍的做法是将$FeSO_4$置于的黄铁矿流化床焙烧炉中，用硫黄、煤或燃油作为辅助燃料，在≥850℃的温度下进行焙烧，含SO_2的气体离开流化床后在余热锅炉中冷却至350～400℃后，输送到气体净化系统。净化后的气体再输送到硫酸装置。

金属硫酸盐或硫酸铵，与TiO_2生产或有机磺化过程中产生的酸性废液组成的混合物，也可在流化床焙烧炉或反应炉中进行处理。有时还可利用燃料油或天然气燃烧时产生的烟道气在多段炉中分解硫酸铁。

4.2.3.5 有色金属冶炼

有色金属冶炼即冶金，指通过对矿石焙烧、冶炼或烧结制得金属的（如铜、锌或铅）生产过程。有色金属生产过程的详细介绍见［61，European Commission，2003］。

有色金属冶炼约占 H_2SO_4 生产中硫来源的 39%，许多金属硫化物，在冶金过程焙烧时会产生含 SO_2 的气体。进入硫酸厂的气体中 SO_2 的浓度，决定了每吨固定硫需处理的气体量。通常情况下，冶炼厂气体流量的设计需采用较大的安全系数，以能容纳从熔炉排出的流量波动较大的烟气流。此外，在不增加生产工段的前提下，SO_2 还存在一个最低可处理浓度。表 4-5 列出了冶金过程的特点及其对 H_2SO_4 生产的影响。

表 4-5　冶金过程的特点及其对 H_2SO_4 生产的影响

SO_2浓度的变化（每小时）	对转化率的影响/%	SO_2/O_2波动情况
>4%（体积分数）	−0.4	极高
2%~4%（体积分数）	−0.3	很高
1%~2%（体积分数）	−0.2	高
<1%（体积分数）	−0.1	略高
	−0.2%,清洁和控制阶段	
	−0.2%,气体流量变化>10%时	

数据来源：［154，TWG on LVIC-AAF，2006］。

在制铜厂，由于转炉大约 30% 的操作时间用来进料和排渣，导致转化器中 SO_2 浓度和气体流量均有波动。火法炼铜指将铁铜亚硫酸盐络合物矿石分解成 CuS，然后通过选择性氧化，渣铁分离，最终实现 CuS 氧化的过程，这些过程分别称为焙烧、冶炼和转化（目前的趋势是将焙烧和冶炼过程合并）。闪速熔炼工艺是目前使用最广泛的火法冶炼工艺之一。

目前转化炉广泛用于将空气或富氧空气吹入冰铜来生产粗铜。浓缩液中几乎所有的硫最终都转化为 SO_2。从 $CuFeS_2$ 浓缩物中每提取 1t 铜可产生约 1t 硫黄（2t SO_2）。

铜生产工艺的发展有两大制约因素：一是节能，即最大限度地利用反应过程中产生的热量；二是环保，可在冶金过程中，通过提供充足的 O_2 以减少气体体积，增大 SO_2 浓度，从而改善环境质量。气体净化即通过冷却、洗涤和静电除尘等工序，除去气体中的灰尘和 SO_3。

4.2.3.6 其他来源

大量的含硫气体可直接使用或经过适当处理后作为生产 H_2SO_4 的原料气。

① H_2S 和（或）CS_2 或 COS 在燃烧或催化转化过程中产生的各种气体　例如从焦炉、合成气生产、炼油厂的气化炉和 HDS 单元、Claus 单元尾气或黏胶（Viscose）

生产等得到的富含 H_2S 的尾气。由此得到的 SO_2 原料气中含有水,必须对气体进行干燥或采用特定的湿法催化过程生产硫酸(见 4.4.8 和 4.4.9 部分)。

② 含硫燃料燃烧产生的废气 [10,欧盟委员会,2005]

● 示例 1:"Wellman-Lord" 工艺。该工艺从废气中除去 SO_2,得到富含 SO_2 的气体用于 H_2SO_4 生产。该工艺的基本原理是利用 SO_2 气体在 Na_2SO_3 溶液中的吸收与解吸过程。

● 示例 2:"Bergbau-Forschung" 或 "活性炭" 工艺。两种工艺同样用于从废气中去除 SO_2 气体。该工艺通过 SO_2 在活性炭中的吸收和解吸,得到 SO_2 和水蒸气的混合物,可用于下游湿式催化工艺生产 H_2SO_4(见 4.4.8 和 4.4.9 部分)。

③ 亚硫酸盐或磺酸盐等有机物生产过程中,产生高浓度(可达90%,体积分数)的 SO_2 气体,除去有机物质后,可作为 SO_2 原料气生产 H_2SO_4。

上述情况,H_2SO_4 生产可当作尾气中硫化物的回收或减排技术。

4.2.4　H_2SO_4 产品的处理

表 4-6 总结了 H_2SO_4 产品可能需要进行的几种后处理方法。

表 4-6　H_2SO_4 产品后处理方法概述

处理方法	说　　明			废气污染物	适用性
稀释	生产的硫酸浓度通常为 94%、96% 或 98.5%~99.5%,可用水或蒸汽冷凝水稀释到常用的商业产品浓度/使用浓度(25%~99% 的 H_2SO_4)。稀释可采用批处理("酸加入水中"而不是"水加入酸中!")或在线连续的方式			无	
SO_2 汽提	用空气汽提热酸,将溶解的 SO_2 浓度降至 30 mg/kg 以下。废气返回到接触工艺			无	
去除颗粒	硫酸厂停产检修时,H_2SO_4 中含有不溶硫酸铁颗粒或内衬、填充材料中的硅酸盐颗粒,用常规设备即可除去。硫酸罐装到公路或铁路罐车前需进行过滤			无	
脱硝	加入等量的还原剂与亚硝基硫酸(NOHSO$_4$)反应生成氮或氮氧化物	尿素	吸收塔/罐	N_2	仅限于浓度 <80% 的 H_2SO_4
		硫酸二肼 (40%的溶液)	吸收塔/罐	N_2、N_2O	限于酸,发烟硫酸
		氨基磺酸 (15%的溶液),硫酸羟胺	吸收塔/罐	N_2	仅限于 50%~99.5% 的 H_2SO_4
		SO_2 饱和的酸	78%H_2SO_4/分离塔	N_2、NO_x	仅限于水平衡状态
脱色 "酸漂白"	冶炼厂或回收厂中的酸可能有含碳化合物而使颜色变黑	H_2O_2	吸收塔/罐	无	普遍适用
除汞	Bolchem 方法	在浓度为 99% 的酸作用下,汞化合物被氧化为 HgO。酸浓度稀释到约 80% 时,汞与汞代硫酸盐反应生成 HgS,加压过滤分离 HgS。根据酸中氮氧化物的含量,可将 Hg 的浓度控制在 $0.05×10^{-6}$ 以内。根据水平衡,提纯酸也可用于混合吸收酸				

续表

处理方法	说　明		废气污染物	适用性
SuperLig 方法	在含冠醚的离子交换器中吸收 Hg	可将 Hg 浓度控制在 0.1×10^{-6} 左右		
Toho zinc 方法	KI 加入到 93% 的酸中，生成 HgI 沉淀	要求酸的温度大约为 0℃		

数据来源：[58, TAK-S, 2003]。

4.3　消耗和排放水平

　　尾气中 SO_2 含量与 SO_2 转化率之间的关系见图 4-7 和图 4-8，尾气中 SO_2 比负荷和 SO_2 转化率之间的关系见图 4-9。SO_2 转化率和 SO_2 排放量见表 4-7，排放到空气中的 SO_3 量见表 4-8。H_2SO_4 生产过程的废水产生量（未经处理）见表 4-9，固体废弃物产生量表 4-10。

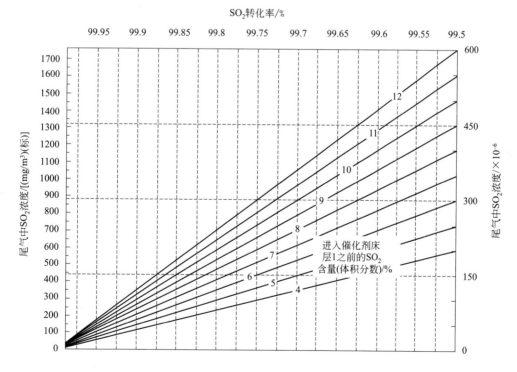

图 4-7　转化率为 99.5%～99.9% 时尾气中 SO_2 含量与进入
催化剂床层 1 之前 SO_2 含量之间的关系（一）

数据来源：[57, Austrian UBA, 2001, 58, TAK-S, 2003]，双接触/双吸收工艺，详见 4.4.2 部分。

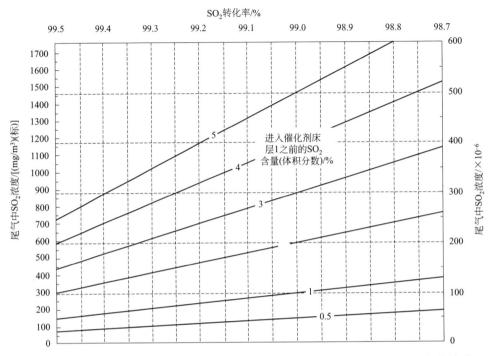

图 4-8　转化率为 99.5%~99.9% 时尾气中 SO₂ 含量与进入催化剂床层 1 之前 SO₂ 含量之间的关系（二）

数据来源：[57，Austrian UBA，2001，58，TAK-S，2003]，除双接触/双吸收外的其他工艺

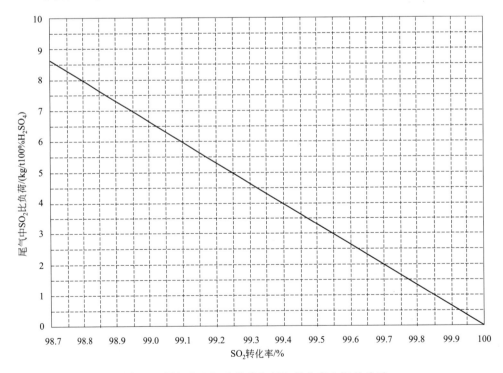

图 4-9　尾气中 SO₂ 比负荷和 SO₂ 转化率之间的关系

数据来源：[57，Austrian UBA，2001，58，TAK-S，2003]

表4-7　SO₂转化率和SO₂排放量

100%H₂SO₄的产能/(t/d)	SO₂来源	工艺类型/减排系统	催化剂床层数	铯-助催化剂	入口SO₂含量/%	入口SO₂含量变化	转化率/%	SO₂排放量 mg/m³	SO₂排放量 kg/t H₂SO₄	数据来源
20	焦炉煤气中H₂S	单接触	4	①	2		99.5	430	4.5	VOEST Linz
690	单质硫	双接触	4		9.5		99.7~99.8	600~700	2.1	Donau Chemie
66	单质硫+黏胶生产的富气	湿/干双接触的结合	4		8		99.8	500	1.18	Lenzing AG
146	单质硫+黏胶生产中的贫气和富气	湿式催化工艺+H₂O₂洗涤器	2		5.9		98.8	170		Lenzing AG (new line)
270	单质硫	双接触	4		11~11.5		99.8	810	1.4	Lenzing AG
17	黏胶生产的富气	湿式催化工艺(单层催化剂),WESP	1		8400mg/m³(标)		99	120	9	Glanzstoff Austria
850	单质硫	双接触	4	●	10.5~11.5		99.7~99.8		1.7	INEOS Enterprises
2000	废酸,硫酸盐焙烧	双接触	4		<8.0		99.5~99.7			Sachtleben Chemie GmbH,Duisburg
1300	铜矿	双接触	5	●	5~12		99.8			Norddeutsche Affinerie
1300	铜矿	双接触	4	●	5~12		99.7~99.8			
1300	铜矿	双接触	4	●	5~12		99.7~99.8			
750	锌矿	双接触	4				99.7~99.8			Ruhr Zink GmbH
750	元素硫	双接触	4				99.7~99.8			Grillo Werke,Frankfurt
600	废酸,FeSO₄,黄铁矿	双接触	5				99.7~99.8			KerrMcGee,Krefeld
768	单质硫	双接触	5				99.8~99.9			Domo Caproleuna GmbH
400	废酸	双接触+H₂O₂洗涤器	4				99.7~99.8	<8(洗涤前为1100)		Degussa AG(Röhm),Wesseling
650	废酸	双接触	5				99.6~99.7			Degussa AG (Röhm),Worms
435	元素硫,废酸	双接触	4	●			99.83~99.87			Lanxess Deutschland GmbH

续表

100%H₂SO₄的产能/(t/d)	SO₂来源	工艺类型/减排系统	催化剂床层数	铯助催化剂	入口SO₂含量/%	入口SO₂含量变化	转化率/%	SO₂排放量 mg/m³	SO₂排放量 kg/t H₂SO₄	数据来源
980	元素硫	双接触	4	●	10~11		99.7~99.8	400~600	0.78~1.18	Lanxess，Antwerp
330	元素硫	双接触	4		8~11		99.6~99.7		<2.8	Clariant，Lamotte
1750	元素硫	双接触	4		10.5~11.5		99.7~99.8	700~800	1.4~1.6	Nuova Solmine
250	硫、SO₂气体	双接触	4				99.8			SFChem，Pratteln
590	锌矿	双接触	4		5~8.5		99.5~99.7			Xstrata Zink GmbH
200	元素硫	单接触	4				99.1			PVS Chemicals
	铜冶炼厂	双接触	4	●	13.1		99.91（设计值）			LG Metals，Korea
	铜冶炼厂	双接触	4	●	14		99.95（设计值）			Kennecott，Utah
320	铅焙烧、QSL和O₂工艺	双接触	4	●（2床）	12		99.6~99.7	<480		Berzelius Metallhütten GmbH，Stolberg
910	单质硫	单接触+尾气处理								Boliden，Sweden
540										Enichem，Italy
339										Sarlux
1000	锌矿石	双接触	5	●	5~7.2		99.92	<200		Zinifex，Budel
900	冶金	双接触	5	●						Asturiana de Zinc S.A.
1000	单质硫	双接触+H₂O₂洗涤器	5	●	10		99.92（洗涤后为99.98）	30（洗涤前为250）	0.15	Kemira Kemi，Helsingborg
1000	单质硫	双接触+热回收系统	4		11.5	常数	99.73	1083	1.77	Tessenderlo Chemie
1500	单质硫、废酸	单接触+NH₃洗涤器	4		6~10		99.94	150		DSM，Geleen
400	单质硫	双接触	5				99.6	685	2.39	Misa Eco
1250	铜矿	双接触	5		5~10.2		99.9			Fluorsid，Macchiareddu
1735	铜矿	双接触	5	●	5~9		99.7~99.8			Atlantic copper，Huelva

续表

100%H₂SO₄的产能/(t/d)	SO₂来源	工艺类型/减排系统	催化剂床层数	铯-助催化剂	入口SO₂含量/%	入口SO₂含量变化	转化率/%	SO₂排放量 mg/m³	SO₂排放量 kg/t H₂SO₄	数据来源
600	铜矿	双接触	4		5~8.5		99.65	<1200		Fertiberia·Huelva
2400	单质硫	双接触	4		10.5~11.5		99.75		1.38	BASF·Ludwigshafen
612	单质硫	双接触	3/1		10		99.8~99.85	<500		
490	单质硫	双接触	3/1		10		99.85~99.9	<500		
370	废酸	双接触	2/2		7		99.5~99.6	<1300		BASF·Antwerp
300	废酸	双接触	2/2		7		99.5~99.6	<1300		
735	单质硫	双接触	3/1		11.6		99.7~99.8			Millennium,Le Havre
800	单质硫	双接触			11.5		99.6		2.6	
940	单质硫		5							Rontealde S. A. Bilbao
537	复杂的铅,硫化铜处理	双接触	4	●	0~6.5	强	99.5~99.7	1200		UMICORE,Hoboken
570	锌矿石	双接触	4		8~8.5		99.5~99.7	900~1200		UMICORE,Auby
320	锌矿石	单接触＋ZnO洗涤器	4	●	5~6.5		98.8~99.1（不洗涤）	600~900（洗涤）		UMICORE.,Balen K11
850	锌矿石	双接触	4	●	8.9~9.5		99.5~99.6	<1200		UMICORE,Balen K12
490	冶金	双接触＋H₂O₂洗涤器								Newmont Gold,USA
400	冶金	双接触＋H₂O₂洗涤器								CPM,Brazil
895	铅烧结矿、ZnS焙烧厂	湿法工艺	2		6.5		98~99			OAO Kazzinc
1140	CuS冶炼厂	湿法工艺	2		6.5		98~99			ZAO Karabashmed
170	MoS₂焙烧炉	湿法工艺	3		1.40~3.75		99.6			Molibdenos y Metales in planning
	元素硫	NH₃洗涤器						210		[57,Austrian UBA,2001]
		双接触	4	●	11.5	常数	99.9	250		[57,Austrian UBA,2001]
84	天然合成气生产中得到的H₂S气体	湿法工艺					98			Amoniaco de Portugal

注：● 表示使用了铯-助催化剂。

表 4-8 排放到空气中的 SO_3 量

项目	SO_3 和酸雾排放量（以硫酸计）		
减排系统	mg/m³	kg/t H_2SO_4	数据来源
高效烛式过滤器	25～35		Grillo-Werke AG,Frankfurt
	18		VOEST Linz
	10～15	0.01～0.02	Donau Chemie
	30	0.07	Lenzing AG
	<50	<0.08	Lenzing AG
湿式静电除尘器	未检出	未检出	Glanzstoff Austria
	20～30		[57,Austrian UBA,2001]
网式过滤器	<100	<0.14	[58,TAK-S,2003]
高效烛式过滤器	<50	<0.07	
尾气洗涤器			
静电除尘器	<20	<0.03	
		0.21	[6,German UBA,2000] (several plants)
		0.053	
		0.056	
		0.017	
		0.061	
		0.031	
		0.094	
		0.08	
	28		
	35		
	42		

表 4-9 H_2SO_4 生产废水量中的主要污染物浓度（未经处理）

SO_2 来源	TiO_2 生产中的废酸和盐（1）	TiO_2 生产中的废酸和盐（2）
	g/t	g/t
SO_4^{2-}	2910	2380
Fe	23	90
Pb	0.1	0.38
Ni		0.05
As		0.24
Cd		0.005
Cr		0.38
Zn		1
Cu	0.16	0.1

SO$_2$来源	TiO$_2$生产中的废酸和盐(1)	TiO$_2$生产中的废酸和盐(2)
	g/t	g/t
Hg	0.002	0.02
TN		
COD	445	19

数据来源：[21，German UBA，2000]。

表 4-10　H$_2$SO$_4$ 生产过程中固体废弃物产生量

项　　目	固体废物	g/t 100％ H$_2$SO$_4$
硫燃烧/单接触工艺	废催化剂	10～20
硫燃烧/双接触工艺		
硫铁矿	废催化剂	约 40
锌、铅熔炉	废催化剂	20～40
复杂(铅,铜)硫化合物的批处理	废催化剂	20～40
铜熔炉	15％～35％装填的催化剂(每清洗一次)	20～40
废酸分解	废催化剂	40
	灰分	400

数据来源：[62，EFMA，2000]。

4.4　BAT 备选技术

4.4.1　单接触/单吸收工艺

（1）概述

净化和干燥后的 SO$_2$ 依次通过 4 层含碱及 V$_2$O$_5$ 的催化床，转化为 SO$_3$，用浓 H$_2$SO$_4$ 吸收 SO$_3$，必要时可在上游添加发烟硫酸吸收塔。SO$_3$ 与酸中的水分发生反应生成 H$_2$SO$_4$。通过加水或者稀硫酸，使吸收塔中的酸浓度维持在 99％（质量分数）左右。

单接触/单吸收工艺流程见图 4-10。

（2）环境效益

说明：SO$_2$ 转化率，尾气中 SO$_2$ 浓度和尾气中 SO$_2$ 比负荷三者之间的关系见图 4-7～图 4-9。

现有 H$_2$SO$_4$ 生产装置的 SO$_2$ 转化率很难大于 98％，也有部分硫酸装置的 SO$_2$ 转化率能达到 98.5％ [58，TAK-S，2003]。

在没有初级或二级减排措施时，SO$_2$ 转化率可达到 97.5％ [57，奥地利 UBA，2001]。

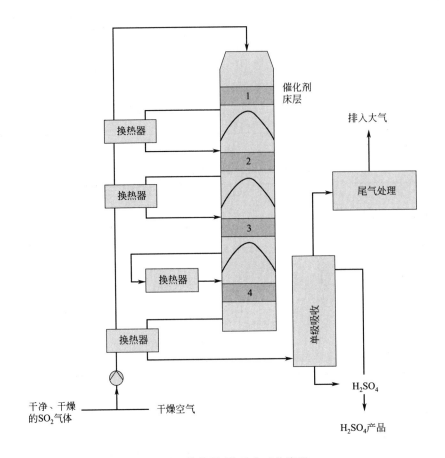

图 4-10　单接触/单吸收工艺流程

数据来源：［59，Outukumpu，2005］和［57，Austrian UBA，2001］

新型 H_2SO_4 装置的转化率可达到 98%～99%［59，Outukumpu，2005］。

（3）跨介质影响

若无其他气体措施时，SO_2 转化率较低导致 SO_2 排放量相对较高。

（4）操作数据

一般 O_2/SO_2 比为 1.7。

（5）适用性

单接触/单吸收工艺通常用于入口气中 SO_2 含量为 3%～6% 时。新型单接触式硫酸装置仅用于入口气体中 SO_2 含量大幅波动的情况［58，TAK-S，2003］。

进气中 SO_2 含量小于 4%（体积分数）时均可用，但需增加初级与二级减排措施（例如铯助催化剂或尾气洗涤）［57，Austrian UBA，2001］。

单吸收硫酸装置的能量平衡性好，当进气中 SO_2 浓度大于 2% 时可维持自热操作［59，Outukumpu，2005］。

（6）经济性

比双接触硫酸装置投资成本低。

（7）实施驱动力

进气中 SO_2 含量较低或有波动。

（8）参考文献和示例装置

［57，Austrian UBA，2001，58，TAK-S，2003］，Voest Alpine Stahl。

4.4.2 双接触/双吸收工艺

（1）概述

双接触工艺中，气体在进入中间吸收塔之前，通过优化转化器床层与接触时间，可使第一催化段转化器内 SO_2 转化率达到 $85\%\sim95\%$。在换热器中将气体冷却至约 $190℃$ 后，用浓度为 $98.5\%\sim99.5\%$ 的 H_2SO_4 吸收生成的 SO_3。必要时，可在中间吸收塔上游添加发烟硫酸吸收塔。SO_3 的吸收能显著改变原有平衡，使反应向着生成 SO_3 的方向进行。如果残余气体能通过随后的转化器床层（通常为 1 个或 2 个），则 SO_3 转化率更高。在第二催化段生成的 SO_3 将在后吸收塔中被完全吸收。图 4-11 为

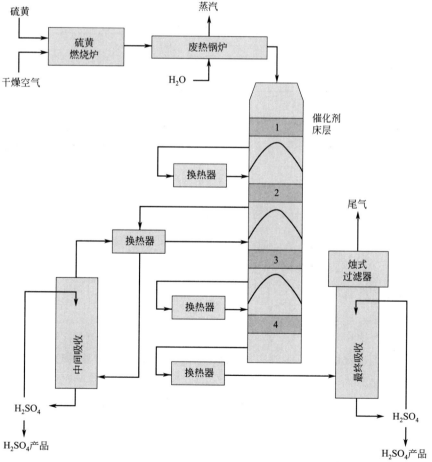

图 4-11 2＋2 式双接触/双吸收工艺流程

数据来源：［57，Austrian UBA，2001］

2+2 模式的双接触/双吸收 H_2SO_4 装置的工艺流程。2+2 是指进入中间吸收塔之前和之后的催化床个数。3+1 为另外一种 4 级催化床的分布模式，3+2 是 5 级催化床的常见分布模式（详见 4.4.3 部分）。

（2）环境效益

说明：SO_2 转化率，尾气中 SO_2 浓度和尾气中 SO_2 比负荷三者之间的关系见图 4-7～图 4-9。

双接触工艺的日均转化率至少为 99.7%～99.9% [154，TWG on LVIC-AAF]。使用 4 级催化床且入口气中 SO_2 浓度波动较小时转化率可达 99.8%。采用 4 级催化床且进口气体来自于有色金属生产工艺时（SO_2 浓度变化较大），转化率可达 99.7% [57，Austrian UBA，2001]。入口气中 SO_2 浓度与转化率的关系见图 4-12 和图 4-13。

能量的回收与输出见 4.4.15 部分。

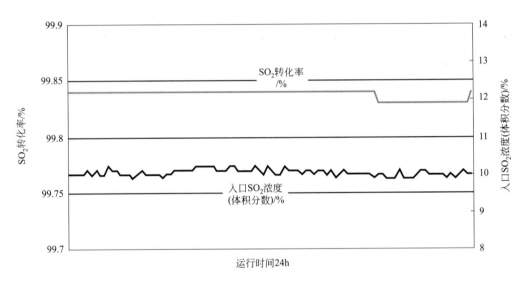

图 4-12　硫黄燃烧制硫酸工艺入口气中 SO_2 浓度与转化率的关系

数据来源：[154，TWG on LVIC-AAF，2006]

（3）跨介质影响

无明确影响。

（4）操作数据

通常情况下，双接触/双吸收工艺原料气中 SO_2 含量为 10%～11% [58，TAK-S，2003]。转化器入口气体温度约为 400℃。低温气体，如净化后的冶金气体，需要从 50℃ 加热到 400℃。通常回收转化过程中产生的热量进行加热 [57，Austrian UBA，2001]。

（5）适用性

适用于 SO_2 入口浓度为 5%～12% 的原料气 [58，TAK-S，2003]。

适用于 SO_2 入口浓度 4.5%～14% 的原料气。当含量低于 4.5% 时，双接触工艺

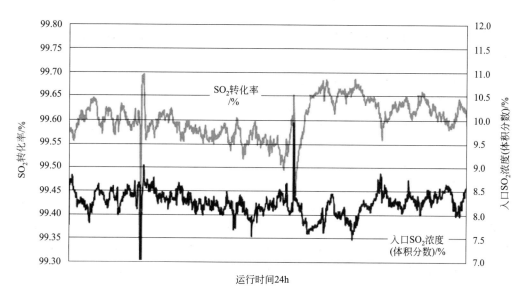

图 4-13 锌焙烧制硫酸工艺入口气中 SO₂ 浓度与转化率的关系

数据来源：[154，TWG on LVIC-AAF，2006]

不能自热进行［59，Outukumpu，2005］。

加压接触工艺。有硫酸装置采用可在 5×10^5 Pa 的高压下运行的双接触工艺。此工艺可通过改变反应平衡使平衡向有利于生成 SO_3 的方向移动，使转化率大大增加。加压双接触工艺中转化率可达 $99.8\% \sim 99.85\%$；此时尾气中 SO_2 浓度约为（$200 \sim 250$）$\times 10^{-6}$。该工艺的缺点是电耗较高，蒸汽产量较少；硫黄燃烧温度很高（1800℃）导致氮氧化物排放量增大。其优点是节省了 $10\% \sim 17\%$ 的投资成本。当高压硫酸装置规模较小时，成本上的优势会被严格的安全管理法规以及耐高压材料所需的额外费用抵消。

（6）经济性

双接触/双吸收工艺入口气中 SO_2 浓度必须大于 4.5%。

（7）实施驱动力

单接触/单吸收工艺的改进。

（8）参考文献和示例装置

［57，Austrian UBA，2001，58，TAK-S，2003］，Donau Chemie AG，Lenzing AG，Degussa AG。

4.4.3 增加第 5 级催化床的双接触工艺

（1）概述

在双接触硫酸装置中增加一级催化床，可使达到转化率 99.9%，同时可以消除入口气中 SO_2 浓度波动的影响。只要现场空间足够就可以增加第 5 级催化床，5 级催化床可设计为 $3+2$ 分布形式（中间吸收塔前配 3 个催化床）。

（2）环境效益

说明：SO_2 转化率，尾气中 SO_2 浓度和尾气中 SO_2 比负荷三者之间的关系见图 4-7～图 4-9。

通过提高 SO_2 转化率来降低 SO_2 排放量。

（3）跨介质影响

较高的压降，使得压缩耗电稍高。

（4）操作数据

未提供具体信息。

（5）适用性

当现场空间足够时，普遍适用于双接触工艺装置。在 Hamburger Affinerie AG 公司，铜冶炼过程中产生的废气可用于 H_2SO_4 的生产（第三条生产线）。第三条生产线采用 5 级催化床，硫酸产量为 1300 t/d（于 1991 年投产）。第 5 级催化床的投资约为 100 万欧元。该硫酸装置 SO_2 的平均排放量为 300mg/m³（标），SO_2 平均转化率为 99.89%。

（6）经济性

H_2SO_4 装置改造的成本计算见表 4-11。

表 4-11　双接触工艺硫酸装置增加第 5 级催化床的成本估算

项　目		成本/（欧元/a）
废气排放量/[m³（标）/h]	36000	
操作时间/（h/a）	8400	
改造前废气中 SO_2 浓度/[mg/m³（标）]	1200	
改造后废气中 SO_2 浓度/[mg/m³（标）]	300	
SO_2 减排量/（kg/h）	32	
增加的投资成本/欧元	1090000	
投资回报,含利息/（欧元/a）		112300
折旧年限/a	15	
利率/%	6	
增加的维护和磨损费用/（欧元/a）		21800
维护和磨损费用占投资成本百分比/%	2	
第 5 级催化床压降导致的能耗/10²Pa	60	
增加的通风设备能耗/（kW·h/h）	92	0.044 欧元/（kW·h） 33700
增加的循环泵的能耗及额外的消耗/（kW·h/h）	42	0.044 欧元/（kW·h） 15500
增加的催化剂成本(包括 6% 的利率)		8900
第 5 级催化床的催化剂用量/m³	30	
催化剂寿命/a	10	
催化剂单价		2180 欧元/m³
回收的硫酸/（kg/h）	50	0.051 欧元/kg −21200

项　　目	成本/(欧元/a)
预计每年增加的费用/(欧元/a)	171000
SO_2 减排放相关的成本/(欧元/t SO_2)	629
H_2SO_4 生产相关的额外费用/(欧元/t H_2SO_4)	1.18

注：计算依据：SO_2 入口浓度为 10.5%，硫酸年产量为 $14.5000×10^4$ t。

数据来源：[57，Austrian UBA，2001]。

（7）实施驱动力

减少 SO_2 排放。

（8）参考文献和示例装置

[57，Austrian UBA，2001，58，TAK-S，2003，60，Windhager，1993]，Hamburger Affinerie AG，Atlantic Copper，Huelva，Rontealde S. A.，Bilbao。

4.4.4　使用铯-助催化剂

（1）概述

SO_2 转化为 SO_3 的反应为放热反应，根据热力学原理，低温有利于 SO_2 的转化。传统催化剂的工作温度通常约为 $420\sim660℃$。铯-助催化剂在较低温度下（$380\sim400℃$）活性很强，可在较低温度范围内（$380\sim620℃$）工作，从而提高 SO_2 的转化率。铯-助催化剂可用于第 1 级催化床，以降低催化床的入口温度，也可用于最后一级催化床（入口温度较低）。

（2）环境效益

转化率可提高 0.1% [17，2nd TWG meeting，2004]。

据报道，捷克共和国某硫酸装置的转化率可达 $99.8\sim99.9\%$（双接触工艺，4 级催化床，铯助催化剂，年产硫酸 $15×10^4$ t），4 年后更换了催化剂，转化率降低为 99.7% [17，2nd TWG meeting，2004]。

与常规催化剂相比，硫黄燃烧制硫酸双接触工艺的 SO_2 转化率可达 99.9%，SO_2 排放量可减少 $30\%\sim70\%$；单接触工艺的 SO_2 转化率可达 99.5%，SO_2 排放量减少 $50\%\sim70\%$。

（3）跨介质影响

增加 1500Pa 压降，需消耗更多的催化剂 [58，TAK-S，2003]。

（4）操作数据

未提供具体信息。

（5）适用性

普遍适用。

在 Voest Alpine Stahl Linz GmbH，对某单接触工艺硫酸装置（以焦炉厂 H_2S 气体为原料气）进行了改造：扩大催化床并在第 4 级催化床中加入铯-助催化剂，在第 3 与第 4 级催化床之间注入氧气。SO_2 排放量可由 $1500mg/m^3$（标）降至 $500mg/m^3$（标）。

在有热回收系统的硫酸装置中使用铯-助催化剂反而会产生副作用［154，TWG on LVIC-AAF，2006］。

（6）经济性

虽然铯-助催化剂比常规催化剂费用高，但产量增加的效益可部分抵消催化剂增加的费用：

- 4 级催化床双接触工艺使用铯-助催化剂的成本见表 4-12；
- 单接触工艺硫酸装置改为使用铯-助催化剂的改造成本见表 4-13；
- 改造成本见附录 V。

表 4-12　4 级催化床双接触工艺使用铯-助催化剂的成本

项　目		成本/(欧元/a)	
废气排放量/[m³(标)/h]	36000		
操作时间/(h/a)	8400		
改造前废气中 SO_2 浓度/[mg/m³(标)]	1200		
改造前废气中 SO_2 浓度/[mg/m³(标)]	400		
SO_2 减排量/(kg/h)	29		
额外的投资成本			
增加的催化剂费用(包括 6% 的利率)/(欧元/a)			
第 4 级催化床增加的催化剂用量/m³	40		
催化剂寿命/a	10		
催化剂单价		4000 欧元/m³	
回收的硫酸/(kg/h)	44	0.051 欧元/kg	
预计每年增加的费用/(欧元/a)			
SO_2 减排放相关的成本/(欧元/t SO_2)			
H_2SO_4 生产相关的额外费用/(欧元/t H_2SO_4)			

　计算依据：SO_2 入口浓度为 10.5%，H_2SO_4 产量为 14.5×10^4 t/a，废气流量为 36000m³(标)/h，SO_2 转化率由 99.6% 增至 99.85%～99.9%。

　数据来源：［57，Austrian UBA，2001］。

表 4-13　单接触工艺硫酸装置改为使用铯-助催化剂的改造成本

项　目		成本/(欧元/a)	
废气排放量/[m³(标)/h]	10000		
操作时间/(h/a)	8400		
改造前废气中 SO_2 浓度/[mg/m³(标)]	1500		
改造后废气中 SO_2 浓度/[mg/m³(标)]	500		
SO_2 减排量/(kg/h)	10		
增加的投资成本/欧元	580000		
投资回报(含利息)/(欧元/a)	59900	59900	
折旧年限/a	15		

续表

项　目		成本/(欧元/a)	
利率/%	6		
增加的维护和磨损费用/(欧元/a)	11650		11600
维护和磨损费用(投资成本的百分比)/%	2		
增加催化剂成本(包括6%的利率)/(欧元/a)			13450
增加催化剂用量/m³	16		
催化剂寿命/a	10		
催化剂单价/(欧元/m³)		6200/m³	
回收的硫酸/(kg/h)	15	0.051 欧元/kg	−6550
预计每年增加的费用/(欧元/a)			78400
与SO_2减排有关的费用/(欧元/t SO_2)			930

计算依据：SO_2 进口浓度为 2%，废气排放量为 10000mg/m³(标)，SO_2 转化率从 98% 增至 99.5%。

数据来源：[57，Austrian UBA，2001]。

（7）实施驱动力

减少 SO_2 排放。

（8）参考文献和示例装置

[57，Austrian UBA，2001，58，TAK-S，2003]，Voest Alpine Stahl，Kemira Kemi，Atlanticcopper Huelva。

4.4.5　单吸收工艺转变为双吸收工艺

（1）概述

若原料气中 SO_2 气体含量超过 4%（质量分数）时，可在单接触工艺中增加中间吸收塔，将其转变为双接触工艺。

（2）环境效益

SO_2 排放量减少 75%。

（3）媒介间作用

增加压降 7000，需增加 100kW 压缩能量。

能源无法回收。

（4）操作数据

未提供具体信息。

（5）适用性

适用于 SO_2 入口浓度满足要求的单接触工艺装置。

（6）经济性

改造成本见附录 V。

（7）实施驱动力

减少 SO_2 排放量。

（8）参考文献和示例装置

［57，Austrian UBA，2001，58，TAK-S，2003］，Rhodia：2 plants in Europe，UMICORE，Hoboken in 2004。

4.4.6　更换砖拱转化器

（1）概述

砖拱转化器在以前应用广泛，其优点是热容高，有利于转化过程的结束和重新开始；其缺点是旧砖拱会产生很多空隙，部分工艺气体会绕过中间吸收塔而直接进入后吸收塔，导致 SO_2 转化率降低。通常情况下，多孔砖拱转化器成本较高，一般采用现代转化器取代砖拱转化器。

（2）环境效益

SO_2 转化率更高。

（3）跨介质影响

无明确影响。

（4）操作数据

未提供具体信息。

（5）适用性

适用于砖拱转化器。砖拱转化器在 20 世纪 80 年代已停建。因此，现有砖拱转化器都至少使用了 25 年。除砖拱转化器外，其他设备可能也需更换，因此需先进行成本核算。

（6）经济性

更换转化器的投资成本大，更换后提高的性能可补偿更换投资。

（7）实施驱动力

- 砖拱转化器性能差；
- 减少 SO_2 排放。

（8）参考文献和示例装置

［17，2nd TWG meeting，2004，68，Outukumpu，2006］

4.4.7　提高进气 O_2/SO_2 比

（1）概述

热力学平衡限制了 SO_2 转化率，也影响着废气中 SO_2 含量。该平衡主要取决于进气中 O_2 和 SO_2 的相对含量，即 O_2/SO_2 比。目前硫燃烧厂原料气体中 SO_2 和 O_2 的含量分别为 11.8% 和 8.9%，O_2/SO_2 比为 0.75。相应硫酸的 SO_2 排放量 $<2kg/t\ H_2SO_4$（相当于转化率约为 99.7%）。

硫酸装置特别是使用富氧空气或稀释空气来调整 O_2/SO_2 比例的装置，经常供应含高浓度 SO_2 的气体。

（2）环境效益

可减少 SO_2 排放。示例装置可减少 30％的废气排放。

（3）跨介质影响

- 能量输出较低；
- 消耗氧气或富氧空气。

（4）操作数据

未提供具体信息。

（5）适用性

适用于实际产量低于产能的已有硫酸厂。新建厂必须考虑其他更多更高的要求。

（6）经济性

提高进气 O_2/SO_2 比的成本见表 4-14。

表 4-14　提高进气 O_2/SO_2 比的成本

项　　目		单位/（欧元/a）	
进气中 SO_2 含量为 10.5％时的废气流量/[m³（标）/h]	36000		
进气中 SO_2 含量为 10.5％时废气中 SO_2 浓度/[mg/m³（标）]	1200		
进气中 SO_2 含量为 9.5％时的废气量/[m³（标）/h]）	40000		
反应气中 SO_2 含量为 9.5％时的废气中 SO_2 浓度/[mg/m³（标）]	700		
操作时间/（h/a）	8400		
SO_2 减排量/（kg/h）	15		
增加的投资成本			
增加的能耗/能量损失			
SO_2 浓度为 9.5％时通风设备增加的能耗/（kg/h）	68	0.044 欧元/（kW·h）	24900
SO_2 浓度为 9.5％时增加的蒸汽损失（$40×10^5$Pa）/（t/h）	1.1		
蒸汽损耗对应的电能损耗/（kg/h）	40	0.044 欧元/（kW·h）	14650
回收的硫酸/（kg/h）	23	0.051 欧元/kg	−9950
预计每年增加的费用/（欧元/a）			29600
SO_2 减排放相关的成本/（欧元/t SO_2）			232
H_2SO_4 生产相关的额外费用/（欧元/t H_2SO_4）			0.204

计算依据：SO_2 入口浓度由 10.5％减少为 9.5％，双接触工艺装置的 H_2SO_4 年产量为 $14.5×10^4$t，其产量低于产能。废气量由 36000m³（标）/a 增至 40000m³（标）/a，转化率从 99.6％提高到 99.74％。

数据来源：[57，Austrian UBA，2001]。

（7）实施驱动力

减少 SO_2 排放。

（8）参考文献和示例装置

[57，Austrian UBA，2001，67，Daum，2000]，Donauchemie GmbH。

4.4.8 湿式催化工艺

（1）概述

湿式催化工艺见图 4-14。湿 SO_2 气体（如来自 H_2S 气体的燃烧或催化转化），不需干燥可直接进入接触塔。催化转化生成的 SO_3 与气体中的水分迅速发生反应，生成 H_2SO_4。生成的 H_2SO_4 在接触塔后的冷凝器中进行浓缩。改变工艺可使浓缩效果提高，且能生产浓酸。示例如下所述。

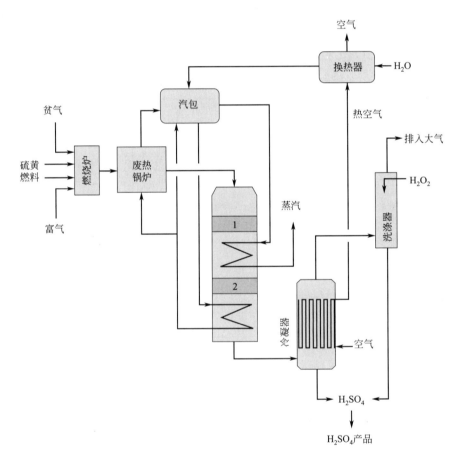

图 4-14 湿法催化工艺示例

扩建后的 Lenzing AG 公司 [63，Laursen，2005]

① 单接触工艺 利用低 SO_2 含量的气体生产高浓度的 H_2SO_4。生成的 H_2SO_4 分两步浓缩：高温文氏冷凝器浓缩，得到浓度为 93％的 H_2SO_4；冷凝塔浓缩得到 70％～80％的 H_2SO_4。

② Topsøe WSA 工艺　特点是可减少酸雾的形成。SO_2 转化为 SO_3 之后，气体在有玻璃管道的降膜蒸发器中浓缩。精确控制温度可减少酸雾的形成。

（2）环境效益

湿式催化工艺应用示例见表 4-15。

- 可将湿 SO_2 气体直接转化；
- 单接触工艺的废气排放浓度可控制在：$SO_2 < 200 \times 10^{-6}$，$SO_3 < 70 \text{mg/m}^3$（标）；
- Topsøe WSA 工艺：转化率达 99.3%。

表 4-15　湿式催化工艺的应用示例

工厂	SO_2来源	入口 SO_2 浓度	转化率	排放浓度
		%	%	mg/m³
Lenzing AG（扩建后）	粘胶生产中的贫气和富气＋单质硫	5.9	98.8 99.9①	170①
PT South Pacific Viscose，Indonesia				
Irving Oil Ltd.，Canada	Claus 装置尾气	1	98.1	341
Molymex SA，Mexico	钼焙烧	3.0～4.1	98.7～99.0	1100～1170
Sokolovska Uhelna，Czech Republic	甲醇洗再生	1.58	97.9	944

① 包括 H_2O_2 洗涤器。

数据来源：［63，Laursen，2005，64，Kristiansen and Jensen，2004］。

（3）跨介质影响

会形成和排放酸雾。

（4）操作数据

未提供具体信息。

（5）适用性

适用于湿 SO_2 气体。可能会形成酸雾，需要对废气进行处理，处理方法可采用静电除尘器、湿法静电除尘器或洗涤塔［57，Austrian UBA，2001］。

（6）经济性

未提供具体数据。

（7）实施驱动力

未提供具体数据。

（8）参考文献和示例装置

［57，Austrian UBA，2001，58，TAK-S，2003，63，Laursen，2005，64，Kristiansen and Jensen，2004］，Glanzstoff Austria，Arzberg power station，KMG Krefeld，Bayer Krefeld，见表 4-15。

4.4.9 干/湿式催化组合工艺

（1）概述

干/湿式催化组合即双接触/双吸收工艺，特别适用于含 H_2S 的原料气。当 H_2S 含量较低时，H_2S 气体将连同单质硫一起燃烧。将温度降低至约 400℃后，湿燃烧气体直接进入接触塔。经催化转化生成的 SO_3 与气体中的水分迅速发生反应，生成 H_2SO_4。H_2SO_4 在第 2 或第 3 级催化床后的中间吸收塔中被吸收。剩余的 SO_2 气体利用干接触工艺在后续催化床中进行转化。

干/湿式组合工艺使用的催化剂与常规双接触工艺相同。

（2）环境效益

- 能够转化湿 SO_2 气体；
- SO_2 转化率高达 99.8%；
- SO_3 排放量为 30mg/m³（标）。

（3）跨介质影响

无明确影响。

（4）操作数据

未提供具体信息。

（5）适用性

适用于湿 SO_2 气体，如含少量 H_2S 的气体。

（6）经济性

未提供具体信息。

（7）实施驱动力

从废气中回收硫黄。

（8）参考文献和示例装置

[57，Austrian UBA，2001]，Lenzing AG。

4.4.10 SCR-湿式催化组合工艺

（1）概述

SCR-湿式催化组合工艺的示例有 SNOX™ 工艺和 Desonox 工艺等。

利用纤维过滤器或静电除尘器除去废气中的颗粒后，在换热器内加热废气，经催化脱除 NO_x 后，废气中的 NO_x 在 NH_3 的作用下选择性还原生成 N_2。在随后的 SO_2 转化器中，SO_2 催化氧化生成 SO_3。SO_3 在冷凝器中以浓硫酸的形式回收。冷凝器中被预热的空气可用作锅炉燃烧气。SCR-湿式催化组合工艺可实现自动化，可在发电厂的主控制室中进行操作，无需增加人力成本。不会产生固体、液体残留，且对锅炉负荷的变化响应很快。

（2）环境效益

- 直接利用废气中的 SO_2 生产 H_2SO_4；

- 可回收废气中 95％的单质硫。

（3）跨介质影响

消耗氨气。

（4）操作数据

未提供具体信息。

（5）适用性

适用于流量大、SO_2 含量低的原料气，通常可用含硫燃料燃烧所产生的尾气为原料气。该组合工艺可用于旧装置改造或新建装置。

（6）经济性

未提供具体信息。

（7）实施驱动力

SO_2 排放量较低。可估算副产品 H_2SO_4 的效益。

（8）参考文献和示例装置

［57，Austrian UBA，2001，66，Haldor Topsoe，2000］

4.4.11 原料气的净化过程

（1）概述

有色金属生产详见 ［61，European Commission，2003］。

由硫铁矿焙烧、有色金属生产以及废酸热分解过程中产生的原料气体中含有各种污染物。为了防止污染物污染 H_2SO_4 产品或对催化剂的性能和寿命产生不利影响，需对原料气进行净化。表 4-16 列出了原料气中的污染物的种类及其来源。

表 4-16　原料气体中的污染物种类及其来源

污染物	来源
粉尘	矿石焙烧、熔融和精炼
砷、硒、镉和汞的挥发性化合物	金属矿石焙烧过
挥发性金属氧化物和氯化物	
气态物质，如 HCl、HF、CO 和 VOCs	废酸分解、硫铁矿焙烧或有色金属加工（在还原条件下）
二噁英/呋喃①	

① ［58，TAK-S，2003］

数据来源：［57，Austrian UBA，2001］。

原料气净化可采用以下技术：

- 干的粗、细颗粒物去除（旋风分离器，热气静电除尘器）；
- 湿式洗涤（文丘里洗涤器）；
- 冷却/干燥；
- Freundlich 型吸附（可选）；

● 湿式静电除尘器。

原料气体冷却至 $320\sim400℃$ 时，约有 $85\%\sim90\%$ 的粉尘在旋风分离器中除去。经静电除尘器进一步处理后，粉尘含量可控制在 $20\sim200mg/m^3$（标）范围内。根据具体情况，回收的粉尘可循环利用也可当作固废。湿式洗涤法用 50% H_2SO_4 作洗涤介质，一方面除去 HCl 和 HF，另一方面浓缩硒、砷的挥发物。洗涤液中的沉积物需分离并进行处理，洗涤液需持续更换。废洗涤液经汽提（除去 SO_2）、中和处理后排放或循环利用。

冷却/干燥后，利用硅石床层吸附除去氟化物。

最后，经两级湿式静电除尘器处理，粉尘量降至 $1mg/m^3$（标）以下。

在接触过程中，CO 转化为 CO_2，剩余的污染物或被产物 H_2SO_4 吸收，或随尾气一起排放。

（2）环境效益

● 最大限度地减少对催化剂性能和寿命的不利影响；

● 减少废气中污染物浓度。

（3）跨介质影响

消耗辅助化学品和能量。

（4）操作数据

未提供具体信息。

（5）适用性

常用于冶金工艺过程和废酸分解过程产生的原料气体。

（6）经济性

未提供具体信息。

（7）实施驱动力

H_2SO_4 产品的纯度要求。

（8）参考文献和示例装置

[57，Austrian UBA，2001，58，TAK-S，2003]

4.4.12 催化剂失活的预防措施

（1）概述

催化剂在使用过程中会逐渐失活——在高温下会逐渐老化（活性成分丧失），易被污垢堵塞。部分催化剂会被硫、燃油、水或硫酸破坏。在一些冶金厂，催化剂容易"中毒"，或因氟化物对硅石载体的腐蚀，或因氯离子侵蚀钒催化剂使其挥发。

在第 1 级催化床中，催化剂通过"fly-catching"作用将气体中的残余灰尘和污垢截留，因此需定期进行检查和更换。在冶金厂，采用静电喷雾除尘器净化气体可降低粉尘量，延长催化剂的使用寿命。硫黄燃烧装置使用额外的抛光式过滤器，以确保良好的空气过滤（例如两级过滤）和硫黄过滤效果，从而充分延长催化剂的清洗周期。

（2）环境效益

催化剂活性下降对 SO_2 转化率和 SO_2 排放量会产生不利影响。

（3）跨介质影响

无明确影响。

（4）操作数据

未提供具体信息。

（5）适用性

普遍适用。

压降的增加或进行必要的锅炉检查时，需更换/清洗催化剂。催化剂更换/清洗时需停车，因此成本很高，在冶金厂也是如此，因为冶金工艺也需停车 ［75，MECS，2006 年］。

催化剂的更换周期如下 ［17，2nd TWG meeting，2004］。

第 1 级催化床：2～3 年更换 1 次。

其他催化床：10 年左右更换 1 次。

第 1 级催化床的催化剂 1～3 年进行一次清洗，少数情况可 4 年清洗 1 次 ［68，Outukumpu，2006］。

（6）经济性

未提供具体信息。

（7）实施驱动力

采用组合措施减少 SO_2 排放。

（8）参考文献和示例装置

［17，2nd TWG meeting，2004，67，Daum，2000］

4.4.13 维持换热器效率

（1）概述

换热器运转多年后，积聚的污垢以及腐蚀都会影响其效率。对换热器内部或外部经常维护，使转化器中的热量能快速转移，可保证催化剂活性最佳。当换热器无法清洗时可考虑更换新换热器。

（2）环境效益

保证催化剂活性最佳。

（3）跨介质影响

无明确影响。

（4）操作数据

未提供具体信息。

（5）适用性

普遍适用。

（6）经济性

未提供具体信息。

（7）实施驱动力

采用组合措施减少 SO_2 排放。

（8）参考文献和示例装置

［17，2nd TWG meeting，2004］

4.4.14　监测 SO_2 浓度

（1）概述

计算 SO_2 转化率，需监测转化器入口及后吸收塔出口气体中的 SO_2 含量（如果尾气未处理，出口气体中 SO_2 浓度即排放浓度）。如果尾气进行了处理（如洗涤），还需监测处理后气体中 SO_2 的浓度。

监测频率如下。

- 计算转化率：每日 1 次；
- 监测 SO_2 排放浓度：连续监测。

（2）环境效益

主要性能指标包括 SO_2 转化率和废气中 SO_2 排放浓度。

（3）跨介质影响

无明确影响。

（4）操作数据

未提供具体信息。

（5）适用性

普遍适用。

（6）经济性

未提供具体信息。

（7）实施驱动力

性能指标监测。

（8）参考文献和示例装置

［17，2nd TWG meeting，2004］

4.4.15　能量的回收和输出

（1）概述

表 4-17、表 4-19 和表 4-20 为双接触工艺的能量平衡。表 4-18 列出了不同配置的双接触工艺与单接触工艺的能耗。其中，表 4-17 和表 4-19 示例中的数据包含了入口气体（硫黄燃烧）释放的能量，表 4-20 中的示例则基于冷入口气体。

表 4-17　基于硫黄燃烧的双接触硫酸工艺的能量平衡

输入能量	回收和损失的能量			
	项目	性能	可回收的能量	GJ/t 100％H₂SO₄
硫黄 97％	硫黄燃烧和余热锅炉 37％		生产高压蒸汽 67％	3.1～3.4
	催化床和气体冷却 30％			
	酸冷却(中间吸收塔, 后吸收塔以及 气体干燥器)31％	85～120℃	用于干燥工段, 生产低压蒸汽 31％	2.1～2.4
	废气(损耗) 1.5％			
电能(用于气体压缩) 3％	硫酸产品(损耗) 0.5％			

计算依据:硫黄燃烧,产量为 1000t 100％H₂SO₄/d,入口气体中 SO₂ 浓度为 11％

数据来源:[57,Austrian UBA,2001]。

表 4-18　不同配置的双接触工艺与单接触工艺的能耗

项目	能量输入/输出				
催化床数量和 SO₂ 入口浓度	2+2/11％	2+2/11％+ 低压蒸汽	3+2/11％	2+2/5％	4/5％ (单接触)
工艺流程	GJ/t H₂SO₄				
入口气体加热	+0.992①	+0.992①	+0.992①	+2.119①	+2.119①
冷却第 1 催化床	−0.471②	−0.471②	−0.471②	−0.704②	−0.704②
冷却第 2 催化床	−1.018②	−1.018②	−0.278②	−1.766②	−0.199②
中间吸收过程	−1.190	−0.673③	−1.380	−1.609	无中间吸收
中间吸收后再加热	+0.847①	+0.610①	+0.815①	+1.959①	
冷却第 3 催化床	−0.195②	−0.195②	−0.888②	−0.061②	−0.046②
冷却第 4 催化床	−0.629②	−0.629②	−0.066②	−1.413②	−1.574②
冷却第 5 催化床	无第 5 催化床	无第 5 催化床	−0.589②	无第 5 催化床	无第 5 催化床
后吸收	−0.635④	−0.901④	−0.452④	−0.777④	−0.777④
H₂SO₄ 产品冷却 至 25℃	−0.096④	−0.096④	−0.096④	−0.096④	−0.096④
可能输出高压和 低压蒸汽的	−0.475④	−1.384④	−0.486④	输入:0.133	−0.404
用水或空气冷却 时的损失	1.921	0.997	1.928	2.482	0.873

① 热交换能量输入。

② 回收热量用于生产高压蒸汽。

③ 回收热量用于生产低压蒸汽（180℃）。

④ 冷却水或空气的损失。

数据来源:[58,TAK-S,2003]。

表 4-19　基于硫黄燃烧的双接触硫酸工艺的能量平衡

输入能量	回收和损失的能量			
	项目	属性	可回收的能量	GJ/t 100％H$_2$SO$_4$
硫黄 98％～98.7％	硫黄燃烧和余热锅炉 34％～37％		生产高压蒸汽 30×10^5 Pa 57％～62％	
	催化床和工业废气的冷却 24％			
	酸冷却(中间吸收塔)21％～24％	<120℃		
	酸冷却(后吸收塔) 7％～9％	<85℃		
	废气(损耗) 3％	75℃		
电能(用于压缩) 1.3％～2％	硫酸产品(损耗) 1.6％	75℃		
	其他损耗 2％～3％			

计算依据:硫黄燃烧,SO$_3$产量为 500 t/d,入口气体中 SO$_2$浓度为 10.5％。

数据来源:[58, TAK-S, 2003]。

表 4-20　基于冶金工艺的双接触过程的能量平衡

输入能量	回收和损失的能量			
	项目	性能	可回收的能量	GJ/tonne 100％H$_2$SO$_4$
来自焙烧工段的气体 94％	酸冷却(中间吸收塔,后吸收塔,气体干燥器) 92％	120～180℃	用于干燥工艺,生产低压蒸汽 92％	约 2.4[①]
	废气(损耗) 5％			
	硫酸产品(损耗) 1％			
电能(用于压缩) 6％	其他(损耗) 2％			

计算依据:冶金尾气净化后再加热,产量为 1000 t 100％H$_2$SO$_4$/d,入口气体中 SO$_2$浓度为 8.5％(质量分数)

① 能耗为 100 GJ/h、H$_2$SO$_4$产量为 1000 t/d 的计算值。

数据来源:[57, Austrian UBA, 2001]

　　输入的初始原材料提供了硫酸生产所需的能量。双接触工艺的特点是,当入口气中 SO$_2$浓度最低为 4％～4.5％(体积分数)时现代化的双接触硫酸装置可实现自热运转。以硫黄燃烧提供原料气的双接触装置中,高达 67％的废热可以高压蒸汽的形式回收利用,废热包括气体燃烧放出的热量以及接触过程产生的反应热。酸冷却过程所释放的热量约占总余热的 30％～40％,其可用于干燥过程,或在特定的热回收系统中生产低压蒸汽,此时热效率可达 85％～90％。

　　而现代化的单接触硫酸装置要实现自热操作,入口气中 SO$_2$浓度需大于 2％[59, Outukumpu, 2005]。

　　如果原料气需要净化(例如冶金废气净化),可利用接触塔中产生的废热将冷的原料气重新加热到催化反应所需的温度。

（2）环境效益

- 现代化双接触装置（硫黄燃烧）的能量输出约为 6 GJ/t H_2SO_4；
- ZnS 焙烧：每 1t 原料可生产 $0.6\sim1t$ 的高压蒸汽（$40\times10^5 Pa/400℃$）。

（3）跨介质影响

无明确影响。

（4）操作数据

- 耗电量：$35\sim50kW\cdot h/t\ H_2SO_4$；
- 用空气每焙烧 1t 硫铁矿可释放约 13GJ 的能量。

（5）适用性

普遍适用。回收和利用的能量大小主要取决于 SO_2 的来源和工艺。回收的能源若没有合适的利用方式，可部分转化成电能。

酸冷却过程中回收的热量主要应用于以下 3 个方面 [59，Outukumpu，2005]：

- 为市政/居民供热系统提供热水；
- 浓缩磷酸；
- 给工业设施供应热水，如过滤器清洗或海水蒸馏。

（6）经济性

可估算成本效益。

（7）实施驱动力

成本效益。

（8）参考文献和示例装置

[57，Austrian UBA，2001，58，TAK-S，2003]，Tessenderlo，Ham。

4.4.16 减少 SO_3 排放

（1）概述

反应气的不完全吸收（干式接触工艺）或不完全冷凝（湿式催化工艺）将产生 SO_3 或 H_2SO_4 酸雾。通过对以下工艺参数的定期监测和控制，可使 SO_3 或 H_2SO_4 酸雾排放量最低。

- 保证 SO_2 气体生产过程的稳定操作，使 SO_2 浓度波动最小；
- 使用杂质含量较低的硫黄（硫黄燃烧工艺）；
- 干式接触工艺中对入口气体和燃烧气体进行充分干燥；
- 扩大冷凝区域（湿式催化工艺）；
- 优化酸的分布；
- 高效烛式过滤器的应用和控制；
- 监控循环酸量；
- 监控吸收塔内的酸浓度和温度；
- 对 SO_3/H_2SO_4 酸雾进行监测。

进一步减少 SO_3/H_2SO_4 排放方法见表 4-21。

表 4-21　SO_3/H_2SO_4 的回收/减排技术

项目	排放浓度			备注
	$H_2SO_4\,mg/m^3$（标）	kg SO_3/t H_2SO_4	投资成本/欧元	
高效烛式过滤器	<50	<0.14	1500000	
湿式洗涤器				
网状过滤器	<100	<0.07	500000	
静电除尘器	<20	<0.03	3000000	
湿式静电除尘器	无法检测			特别是对湿式催化工艺，回收 H_2SO_4

（2）环境效益

减少 SO_3 和 H_2SO_4 酸雾的排放。

（3）跨介质影响

湿式洗涤消耗化学品和能耗。

（4）操作数据

未提供具体信息。

（5）适用性

普遍适用。

（6）经济性

见表 4-21。

（7）实施驱动力

降低 SO_3 排放浓度。

（8）参考文献和示例装置

[57，Austrian UBA，2001，58，TAK-S，2003]。

4.4.17　降低 NO_x 排放

（1）概述

下列情况必须考虑是否生成 NO_x：

- 硫黄或含硫气体在高温条件下燃烧；
- 废酸分解；
- 含硫矿石和硫铁矿的焙烧。

使用低 NO_x 燃烧器可使 NO_x 排放浓度最低。

（2）环境效益

硫黄燃烧工艺的 NO_x 排放量可控制在 $20mg/m^3$（标）以内。

（3）跨介质影响

无明确影响。

（4）操作数据

未提供具体信息。

（5）适用性

普遍适用。

（6）经济性

未提供具体数据。

（7）实施驱动力

减少 NO_x 排放，提高产品质量。

（8）参考文献和示例装置

［57，Austrian UBA，2001］

4.4.18　废水处理

（1）概述

废水主要在湿法洗涤工艺中产生，特别是冶炼尾气、硫铁矿焙烧气体以及废酸再生气体的洗涤过程。

主要通过沉淀、过滤/滗析的方式去除废水中的固体。废水排放前必须进行中和处理。

（2）环境效益

减少了废水污染物的排放。

（3）跨介质影响

无明确影响。

（4）操作数据

未提供具体信息。

（5）适用性

普遍适用。

（6）经济性

未提供具体信息。

（7）实施驱动力

减少废水污染物的排放。

（8）参考文献和示例装置

［57，Austrian UBA，2001，58，TAK-S，2003］

4.4.19　用 NH_3 净化尾气

（1）概述

SO_2 与氨水溶液反应生成 $(NH_4)_2SO_3$ 或 $(NH_4)_2SO_4$。

（2）环境效益

- SO_2 排放量减少 88% 以上；
- SO_2 排放浓度可控制在 $150mg/Nm^3$；
- 可减少 SO_3/H_2SO_4 酸雾的排放。

（3）跨介质影响

- 消耗化学品和能量；
- 生成 $(NH_4)_2SO_3/(NH_4)_2SO_4$ 副产品。

（4）操作数据

未提供具体信息。

（5）适用性

普遍适用，副产品可原地回用。

（6）经济性

投资成本预计为 600 万欧元 ［58，TAK-S，2003 年］。

（7）实施驱动力

减少 SO_2 排放。

（8）参考文献和示例装置

［57，Austrian UBA，2001，58，TAK-S，2003］，DSM，Geleen。

4.4.20　用 ZnO 净化尾气

（1）概述

SO_2 与 ZnO 水溶液反应生成 $ZnSO_4$。

（2）可实现环境效益

- SO_2 排放浓度可控制在 $600mg/m^3$（标）；
- 可减少 SO_3/H_2SO_4 酸雾的排放。

（3）跨介质影响

- 消耗化学品和能量；
- 副产 $ZnSO_4$。

（4）操作数据

未提供具体信息。

（5）适用性

普遍适用，副产品可原位回用或出售。

（6）经济性

2002 年，尾气流量 $5\times10^4 m^3/h$ 时的投资成本是 200 万欧元。

（7）实施驱动力

减少 SO_2 排放。

（8）参考文献和示例装置

［75，MECS，2006］，UMICORE，Balen。

4.4.21 尾气处理：Sulfazide 工艺

（1）概述

Sulfazide 工艺的原理：用水蒸气润湿后尾气通过一个填满活性炭的反应器，其中的 SO_2、SO_3 和 H_2SO_4 被吸附，同时 SO_2 被 O_2 氧化成 SO_3。用水再生活性炭时可获得浓度为 $20\% \sim 25\%$ 的 H_2SO_4，H_2SO_4 可回用到硫酸装置。

（2）环境效益

- SO_2 排放量减少 90% 以上；
- 可减少 SO_3 / H_2SO_4 酸雾的排放。

（3）跨介质影响

消耗活性炭和能量。

（4）操作数据

未提供具体信息。

（5）适用性

普遍适用。

（6）经济性

投资费用预计为 550 万欧元。

（7）实施驱动力

减少 SO_2 排放。

（8）参考文献和示例装置

[57，Austrian UBA，2001，58，TAK-S，2003]，Kerr McGee，Krefeld（用于处理 apower 厂的尾气）。

4.4.22 用 H_2O_2 净化尾气

（1）概述

SO_2 可被 H_2O_2 或 H_2SO_5（过一硫酸）氧化成 SO_3，转化率可达 99% 以上。用 H_2O_2 工艺代替传统的单接触或双接触工艺不经济，因为该工艺原料成本更高。工业上仍采用 H_2O_2 或电化学法生成的 H_2SO_5 作洗涤液来回收尾气中的 SO_2 气体。洗涤过程中产生的 H_2SO_4 可回用到硫酸装置的吸收工段。因此，该尾气处理工艺不会产生废液或副产品。

（2）环境效益

- SO_2 去除效率可达 98% [57，Austrian UBA，2001]；
- SO_2 排放浓度可控制在 $60mg/m^3$（标）[59，Outukumpu，2005]。

表 4-22 介绍了不同 SO_2 转化工艺类型的硫酸装置尾气经 H_2O_2 洗涤后的 SO_2 浓度。

表 4-22 尾气经 H_2O_2 洗涤后的 SO_2 浓度

示例工厂	转化工艺类型	SO_2 浓度/[mg/m³(标)]		
		尾气	排放气	去除率/%
Degussa,Wesseling	双接触工艺	1100	8	99
Lenzing AG	湿式催化工艺	2000	170	91.5
Kemira Kemi,Helsingborg	5 级催化床双接触工艺	250	30	88
Newmont Gold,US	双接触工艺			
CPM,Brazil	双接触工艺			

（3）跨介质影响

消耗化学品和能量。

（4）操作数据

未提供具体信息。

（5）适用性

普遍适用。

（6）经济性

某单接触工艺硫酸装置，在后吸收塔之后使用 H_2O_2 洗涤器，每年需支付的额外费用如下（计算依据：1000t H_2SO_4/d，去除 10t SO_2/d）[58，TAK-S，2003]。

总成本：196.5 万欧元，包括人员、折旧、维修、电力和原材料的成本。

（7）实施驱动力

减少 SO_2 排放。

（8）参考文献和示例装置

[57，Austrian UBA，2001，58，TAK-S，2003，62，EFMA，2000，63，Laursen，2005]，RöhmGmbH Wesseling，Kemira Kemi Helsingborg（in combination with a 5th bed），Lenzing AG，Newmont Gold（USA），CPM（Brazil）。

4.4.23 工艺气中汞的去除

（1）概述

冶炼工艺产生的酸或来自回收装置的酸中可能含有汞，若不能在洗涤和冷却工段去除，大多数汞将随工艺气一起进入硫酸生产装置，最终残留在 H_2SO_4 产品中。除表 4-6 中去除硫酸产品中汞的方法外，采用表 4-23 中的方法可将汞从工艺气体中去除。

表 4-23 工艺气体中汞的去除方法

方法	特殊条件	处理后汞的含量
Boliden-Norzinkk 法	用含 Cl^- 的溶液洗涤，生成 Hg_2Cl_2	
(Kalomel)	小于 $0.5×10^{-6}$,根据洗涤和冷却装置中的温度而定	

续表

方法	特殊条件	处理后汞的含量
Outokumpu 法	用约 190℃ 热硫酸(90%)洗涤,生成 Hg_2SO_4	$<0.5\times10^{-6}$
DOWA 法	用硫化铅浸湿的小球吸收,生成 HgS	$<0.1\times10^{-6}$
硫氰酸钠法	用硫氰酸盐溶液洗涤,生成 HgS	未知
活性炭过滤器	吸附 HgO	未知
硒过滤器	在掺杂硒的惰性材料/沸石上生成 HgSe	$<0.1\times10^{-6}$,主要用于 SO_2 气体生产过程

(2) 环境效益

减少硫酸产品中的汞含量。

(3) 跨介质影响

消耗化学品和能量。

(4) 操作数据

未提供具体信息。

(5) 适用性

普遍适用。

(6) 经济性

未提供具体信息。

(7) 实施驱动力

提高产品纯度。

(8) 参考文献和示例装置

[58，TAK-S，2003]

4.5 硫酸生产的 BAT 技术

BAT 技术即 1.5 部分介绍的通用最佳可行技术。

存储过程的 BAT 技术见 [5，European Commission，2005]。

BAT 技术可以共生蒸汽，发电以及加热水等形式回收能源（见 4.4.15 部分）。

BAT 技术可采用以下组合技术，以实现表 4-24 列出的 SO_2 转化率和废气排放浓度：

- 双接触/双吸收工艺（见 4.4.2 部分）；
- 单接触/单吸收工艺（见 4.4.1 部分）；
- 增加第 5 级催化床（见 4.4.3 部分）；
- 在第 4 级或第 5 级催化床中使用铯-助催化剂（见 4.4.4 部分）；
- 单吸收工艺改造成双吸收工艺（见 4.4.5 部分）；
- 采用湿式或干/湿组合工艺（见 4.4.8 和 4.4.9 部分）；

- 定期清洗和更换催化剂，特别是第 1 级催化床中的催化剂（见 4.4.12 部分）；
- 用不锈钢转化器代替砖拱转化器（见 4.4.6 部分）；
- 净化原料气（冶金厂）（见 4.4.12 部分）；
- 提高空气过滤效果，如硫黄燃烧工艺可使用两级过滤（见 4.4.1 部分）；
- 使用抛光过滤器提高硫磺过滤效果（硫黄燃烧工艺）（见 4.4.12 部分）；
- 保持换热器的效率（见 4.4.13 部分）；
- 当副产品可原位循环利用时对尾气进行净化（见 4.4.19～4.4.22 部分）。

表 4-24　硫酸生产 BAT 技术对应的 SO_2 转化率和废气排放浓度

转化工艺类型		日平均值	
		转化率①	SO_2 mg/m³（标）②
硫磺燃烧-双接触/双吸收工艺	现有装置	99.8%～99.92%	30～680
	新建装置	99.9%～99.92%	30～340
其他双接触/双吸收工艺		99.7%～99.92%	200～680
单接触/单吸收工艺			100～450
其他工艺			15～170

① 该转化率包含吸收塔内 SO_2 的转化，但不包含尾气净化的作用。

② SO_2 的排放浓度为尾气净化后的浓度。

　　BAT 技术应连续监测 SO_2 浓度，以确定 SO_2 的转化率和排放浓度。

　　BAT 技术联合应用以下技术以减少 SO_3/H_2SO_4 酸雾的排放浓度，使其达到表 4-25 中的排放水平（见 4.4.16 部分）：

- 使用杂质含量较低的硫黄（适用于硫黄燃烧工艺）；
- 充分干燥原料气和燃烧气（适用于干式接触工艺）；
- 扩大冷凝区域（适用于湿式催化工艺）；
- 调整合适的酸分布和循环比；
- 吸收后使用高效烛式过滤器；
- 控制吸收塔酸的浓度和温度；
- 在湿式工艺中使用回收/减排技术，如静电除尘器，湿法静电除尘器以及湿法清洗等。

表 4-25　硫酸生产 BAT 技术对应的 SO_3/H_2SO_4 排放量

项　　目	H_2SO_4 排放量
所有工艺	10～35mg/m³（标）
年平均值	

　　BAT 技术尽量减少或消除 NO_x 的排放（见 4.4.17 部分）。

　　BAT 技术将 H_2SO_4 产品汽提过程中产生的废气循环用于接触工艺（见表 4-6）。

5

磷酸

5.1 概　　述

[29，RIZA，2000]，食品级磷酸盐详见 [155，European Commission，2006]。

磷酸（H_3PO_4）是一种无色结晶状化合物，易溶于水。商品浓度为 52%～54% P_2O_5。在无机酸中磷酸的产量和价值仅次于硫酸。

磷酸的用途根据酸的纯度不同而不同，主要用于生产磷酸盐，而不是直接作为酸使用。约 80% 的磷酸用于生产肥料，8% 用于生产动物饲料添加剂。纯度较高的磷酸用于生产钠、钾、钙、铵盐等工业磷酸盐以及用于金属的表面处理，食品级磷酸用于生产酸性饮料和食品级磷酸盐。

2004 年，全球磷酸产能约 4160×10^4 t [154，TWG on LVIC-AAF，2006]。20 世纪 80 年代末至 90 年代初，西欧地区的化肥消费量急剧下降，出于成本考虑，磷酸厂通常建在原料成本较低的地区（磷矿区或硫黄/硫酸产区）。欧洲大批产能较小的工厂被迫关闭，形成了数量较少、产能较大的磷酸产业格局。1980～1992 年间，西欧的磷酸厂数量从 60 家剧减到约 20 家，而平均产能从 8×10^4 t/a 增加到 18×10^4 t/a（以 P_2O_5 计算）。欧洲各磷酸生产厂家及装置概况见表 5-1。

表 5-1　欧洲各磷酸生产厂家及装置概况

国家	公司	工艺类型	石膏处置	产能/kt P_2O_5
比利时	Nilefos	DH	填埋，部分出售	130
	Prayon SA	DHH	20%堆积，80%出售	180
捷克共和国	Fosfa	热法		50
芬兰	Kemira GrowHow	DH	填埋	300
法国	Grand Quevilly(已关闭)	DH	填埋	200

续表

国家	公司	工艺类型	石膏处置	产能/kt P_2O_5
希腊	PFI Ltd.,Kavala	DH	填埋	70
	PFI Ltd.,Thessaloniki	DH	填埋	110
立陶宛	AB Lifosa	HH	填埋	350
荷兰	Hygro Agri Rotterdam(已关闭)	HDH-2	排入大海	160
		HDH-1	排入大海	225
	Thermphos	热法		155
波兰	Police S. A.,Police	DH	填埋	400
	Fosfory N. F.,Gdansk	DH	填埋	110
	Alwernia S. A.	热法		40
	Wizow S. A.	HH	填埋	50
西班牙	Fertiberia S. A.	DH	填埋	420
	FMC Foret S. A.	DH	填埋	130

数据来源：[154，TWG on LVIC-AAF]。

5.2 生产工艺和技术

5.2.1 概述

根据原料的不同，磷酸的生产工艺有以下 2 种。

（1）热法工艺

以单质磷为原料。单质磷由磷矿石、焦炭和二氧化碳在电炉中反应制得（见 5.4.15 部分）。

（2）湿法工艺

以磷矿石为原料，用酸分解磷矿石生产磷酸。

在欧盟，95％的磷酸厂采用湿法工艺，部分磷酸产品用溶剂萃取去除杂质生产工业级和食品级磷酸盐。溶剂萃取纯化湿法工艺较热法工艺能耗低，是欧盟磷酸生产的首选工艺。

5.2.2 湿法工艺

湿法工艺根据酸化时使用的酸可分为 3 种（硝酸、盐酸或硫酸）。硫酸湿法浸提磷矿的产量最大，该工艺的详细说明见：

- 5.4.1 部分"二水物法（DH）"；
- 5.4.2 部分"半水物法（HH）"；
- 5.4.3 部分"单级过滤半水-二水再结晶工艺（HDH-1）"；
- 5.4.4 部分"双级过滤半水-二水再结晶工艺（HDH-2）"；
- 5.4.5 部分"双级过滤二水-半水再结晶工艺（DHH）"。

关于"硝酸磷肥路线"的介绍详见 7.2.2 部分相关内容。

图 5-1 为湿法工艺生产磷酸的工艺流程。磷矿石中的磷酸钙与浓硫酸反应，生成磷酸和不溶性硫酸钙：

$$Ca_3(PO_4)_2 + 3H_2SO_4 \longrightarrow 2H_3PO_4 + 3CaSO_4$$

不溶性硫酸钙可从磷酸中滤出。生成的硫酸钙粘在磷矿石表面，形成一层不溶物，阻碍磷矿石与硫酸继续反应。此时可回流磷酸溶解磷酸钙，生成 $Ca(H_2PO_4)_2$，再与 H_2SO_4 反应生成 $CaSO_4$ 沉淀。

$$Ca_3(PO_4)_2 + 4H_3PO_4 \longrightarrow 3Ca(H_2PO_4)_2$$

$$3Ca(H_2PO_4)_2 + 3H_2SO_4 \longrightarrow 3CaSO_4 + 6H_3PO_4$$

不同反应温度、磷酸及游离硫酸浓度条件下，硫酸钙以不同形式的水合物存在。

反应条件不同，硫酸钙可以二水物或半水物的形式沉淀下来：P_2O_5 浓度为 26%～32%，温度 70～80℃ 时形成二水物沉淀；而 P_2O_5 浓度为 40%～52%，温度为 90～110℃ 时形成半水物沉淀。反应器内物料循环取保充分混合。反应系统由一系列独立的搅拌式反应器组成。在有些工艺中，为节约材料和空间，还使用单槽式反应器代替多级反应器。有些单槽式反应器内部可分割为多个独立的反应器。闪蒸冷却器可控制料浆温度并脱除气体，使得抽浆更容易。此外，也可以使用空气循环冷却机来控制温度。

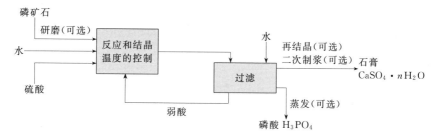

图 5-1 H_3PO_4 生产工艺流程（H_2SO_4 湿法工艺）

数据来源：[29，RIZA，2000，31，EFMA，2000]

磷酸和硫酸钙在过滤工段分离。每生产 1t H_3PO_4（以 P_2O_5 计）约产生 4～5t 石膏。最常见的过滤设备有翻盘式、旋转式和带式过滤器。

连续操作时料浆依次通过过滤介质。初步分离后经至少两次洗涤，以回收所有可溶性 P_2O_5。为提高分离效率，可采用加压或真空过滤，实践证明真空过滤效果更好。洗涤结束后，吸干滤饼除去残留液体。滤饼卸除后，彻底清洗滤布避免造成堵塞，可通过压力反吹将滤饼尽量卸除干净。

滤液与洗涤液分离后，在真空条件下进一步脱除空气，以便在常压条件下输送最终产品或进行回流。气压罐的料腿设于分离器的液面下，以便有足够的压差来维持一定的真空度。

5.2.2.1 原材料

(1) 磷矿 [31，EFMA，2000]

不同产地的磷矿石特性见表 5-2～表 5-4。

表 5-2 不同产地磷矿石的典型组成（根据已有数据分析得到）

产地	矿山/区域	产能/(Mt/a)	储藏量②/Mt	等级(nominal)/% BPL	组成（质量分数）/%														
					P_2O_5	CaO	SiO_2	F	CO_2	Al_2O_3	Fe_2O_3	MgO	Na_2O	K_2O	有机物	有机碳	SO_3	Cl	SrO
中国																			
以色列	Nahal Zin	4.0	180																
约旦	El-Hassa																		
摩洛哥	Khouribga			73	33.4	50.6	1.9	4	4.5	0.4	0.2	0.3	0.7	0.1	0.3		1.6	0.1	0.1
摩洛哥	Youssoufia	22.0	5700																
摩洛哥	Bu-Cra																		
俄罗斯	Kola①	10.5	200	84	38.9	50.5	1.1	3.3	0.2	0.4	0.3	0.1	0.4	0.5		0.1	0.1		2.9
俄罗斯	Kovdor①				37	52.5	2	0.8		0.1	0.2	2.1	0.3			0.2			
塞内加尔	Taiba	2.0	50	80	36.7	50	5	3.7	1.8	1.1	0.9	0.1	0.3	0.1		0.4			0.3
南非	Pharlaborwa①	2.8	1500	80	36.8	52.1	2.6	2.2	3.5	0.2	0.3	1.1	0.1	0.1	0.1		0.2		
叙利亚		2.1	100																
多哥		0.8	30																
突尼斯	Gafsa	8.1	100	80	36.7	51.2	4.5	3.8	1.6	1	1	0.1	0.2	0.1		0.1	0.3	0.1	
美国	Florida	34.2	1000	75	34.3	49.8	3.7	3.9	3.1	1.1	1.1	0.3	0.5	0.1	0.5	0.2	0.1		
美国	North Carolina																		
其他		16.2	1240																
世界		128.2	12000																

① 火成岩。

② 统计时，可开采或用于生产的总量 [9, Austrian UBA, 2002]。

注：BPL 表示用 BPL 百分含量表示。

数据来源：[9, Austrian UBA, 2002, 29, RIZA, 2000, 31, EFMA, 2000]，[154, TWG on LVIC-AAF]。

表 5-3 不同产地磷矿石中的微量元素含量（Cd 突出显示）

产地	矿山/区域	稀有金属	U_3O_8	As	Cr	Hg	Pb	Ni	Zn	Cu	镉[2]
		微量元素/(mg/L)									
中国											
以色列	Nahal Zin										
约旦	El-Hassa										
摩洛哥	Khouribga	900	185	13	200	0.1	10	35	200rib	40	15
	Youssoufia										
	Bu-Cra										
俄罗斯	Kola[1]	6200	11	0.5	19	<0.1	2		20	37	1.2
	Kovdor[1][3]	1400		2	3	0.001	3	2	5	30	<0.4
塞内加尔	Taiba		124	18	6	0.2	5				53
南非	Pharlaborwa[1]	4800	134	13	1	0.1	11	2	6	102	1.3
叙利亚											8
多哥											53
突尼斯	Gafsa										62
美国	Florida	600	101	11	60	0.02	17	28	70	13	9
	North Carolina										
其他											
世界合计											

① 火成岩。

② 部分 [32，European Commission，2001]。

③ [29，RIZA，2000]。

数据来源：[31，EFMA，2000]。

表 5-4 不同产地磷矿石的放射性

产地	矿山/区域	U-238	Th-232	Ra-226	Po-210	Pb-210
		放射性/(Bq/kg)				
中国						
以色列	Nahal Zin	1325	92	1325	1325	1325
约旦	El-Hassa					
摩洛哥	Khouribga					
	Youssoufia					
	Bu-Cra	750	16	750	750	750
俄罗斯	Kola[1]	35	90	35	35	35
	Kovdor[1]	30	30	12	13	8
塞内加尔	Taiba					
南非	Pharlaborwa[1]	110	360	110	110	110

续表

产地	矿山/区域	U-238	Th-232	Ra-226	Po-210	Pb-210
		放射性/(Bq/kg)				
叙利亚						
多哥						
突尼斯	Gafsa					
美国	Florida	1500	37	1300	1300	1300
	North Carolina					

① 火成岩。

数据来源：[29，RIZA，2000] 及 "本书参考文献"。

磷矿石主要来自两种地质类型：火成岩或沉积岩，两种都属于磷灰石，其中最常见的是氟磷灰石 $Ca_{10}(PO_4)_6(F,OH)_2$ 和碳氟磷灰石 $Ca_{10}(PO_4)_{6-x}(CO_3)_x(F,OH)_{2+x}$。火成岩的主要成分是氟磷灰石，而沉积岩则以碳氟磷灰石为主。

最容易开采的磷矿矿床分布在大型沉积岩盆地中。这些沉积岩的形成一般与生物质有关，所以矿石内含有机成分。其他物质的沉积岩经脉石矿渗透，与这些磷酸盐交错穿插，即便是来自同一矿厂的沉积磷矿石，成分也可能不同。

大多数磷矿石在选矿后才可用于生产或在国际磷酸盐市场上出售。选矿阶段使用不同技术去除脉石及相关杂质，进一步导致精选矿石成分上的差异。磷酸生产技术与原料紧密关联，需根据原料不断调整技术。

根据IFA统计，2004年欧盟的磷酸矿来自以下国家：摩洛哥（47.5%）、俄罗斯（24.3%）、约旦（8.1%）、叙利亚（6.2%）、突尼斯（4.9%）、以色列（4.2%）、阿尔及利亚（3.8%）以及其他国家（1.0%）。

（2）硫酸 [29，RIZA，2000]

硫酸作为磷酸生产的原料，主要有用单质硫生产、致命酸（fatal aicd，来自有色金属生产）和废酸三种来源。

因硫酸引入生产工艺的杂质含量，一般远比磷矿石引入的杂质量低，甚至可忽略。硫酸引入的杂质主要为汞和铅，特别是用致命酸作原料时，汞的含量一般如下：

● 单质硫生产的 H_2SO_4：$<0.01 \times 10^{-6}$；

● 致命酸：$(0.1 \sim 1) \times 10^{-6}$。

5.2.2.2 研磨

根据磷矿石性质和采用的生产工艺，需对磷矿石进行研磨。研磨常使用球磨机或棒磨机，这两种研磨机对干/湿岩块均适用。某些商品级磷矿石的粒度分布已满足二水反应的要求，故无需研磨，其他大多数磷矿石需研磨以减小粒径。研磨所需能耗取决于磷矿石的类型，约为 $15 \sim 18 kW \cdot h/t$ 磷矿石 [9，Austrian UBA，2002]。

5.2.2.3 再结晶

再结晶用于提高 P_2O_5 的总收率（P_2O_5 的效率）。不同再结晶过程的介绍详见 5.4.3～5.4.5 部分。

5.2.2.4 蒸发

目前几乎所有的蒸发器都采用强制循环（见图 5-2）。强制循环蒸发器由换热器、蒸汽室或闪蒸室、冷凝器、真空泵、酸循环泵、氟硅酸洗涤器及配套管线组成。

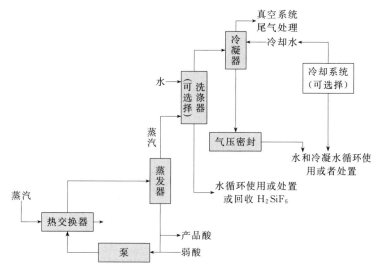

图 5-2 用于 H_3PO_4 浓缩的强制循环蒸发器

数据来源：[15，Ullmanns，2001，31，EFMA，2000]

由于磷酸具有腐蚀性且反应温度较高，磷酸生产装置的所有蒸发器都采用单效蒸发过程。换热器采用石墨或不锈钢材料，其余设备采用钢衬胶。所有的设备设计均遵循最佳工程实践操作。此外，磷酸浓缩倍数较大时可使用多效蒸发系统。

5.2.2.5 副产品磷石膏

湿法磷酸工艺会产生副产品磷石膏（硫酸钙）；每生产 1t 磷酸（P_2O_5）约产生 4～5t 磷石膏。磷矿中杂质最终进入磷酸产品和硫酸钙中。因石膏产量巨大，且含多种杂质，较难处置。

5.2.2.6 副产品氟硅酸

大多数磷矿石的含氟量约为 2%～4%（质量分数）。酸化过程中，氟化物转化为 HF 与过剩 SiO_2 反应生成氟硅酸（H_2SiF_6）。含镁、铝的化合物也会与氟化氢反应，分别生成 $MgSiF_6$ 和 H_3AlF_6。氟化物一部分随蒸汽带走，具体量因反应条件而异，其余部分留在酸溶液中。残留氟化物一部分与其他杂质混合后经过滤除去，剩余部分以底泥形式存在磷酸产品中。挥发性氟化物经蒸发系统释放。

5.3 消耗和排放水平

以下数据均基于用硫酸生产磷酸的湿法工艺路线。有关热法工艺的消耗和排放水平见 5.4.15 部分。

表 5-5～表 5-8 分别列出了磷酸生产中相关的消耗情况、大气污染物排放浓度、水污染物排放浓度和石膏排放量的文献报道值。

表 5-5　磷酸生产的消耗情况

消耗品	（每吨 P_2O_5）消耗量	备　注		数据来源
磷矿石	2.6～3.5t	取决于磷矿石组成		[31,EFMA,2000]
	2.6～3.3t	Nilefos,取决于磷矿石组成		[33,VITO,2005]
	3.1t	Hydro Agri,HDH-2 工艺		[29,RIZA,2000][1]
	2.8t	Kemira,HDH-1 工艺		
硫酸	2.6t			
	2.4～2.9t	Nilefos,取决于磷矿石组成		[33,VITO,2005]
	2.6t	Hydro Agri,HDH-2 工艺		
工艺水	51m³	Kemira,HDH-1 工艺	包括洗涤水	[29,RIZA,2000][1]
	52m³	Hydro Agri,HDH-2 工艺	包括洗涤水	
	3.6～4m³	Nilefos,取决于过滤器中酸的浓度	不包括洗涤水	[33,VITO,2005]
	4～7m³	取决于过滤器中弱酸的浓度以及蒸发循环中冷凝水是否可再循环利用	不包括洗涤水	[31,EFMA,2000]
冷却水	100～150m³	取决于生产工艺类型		
	110～120m³	Nilefos	冷却器及冷凝器用水	[33,VITO,2005]
	40～50m³	Hydro Agri,HDH-2 工艺	冷却器及冷凝器用水	
	101m³	Kemira,HDH-1 工艺	冷却器及冷凝器用水	[29,RIZA,2000][1]
电能	173kW·h			
	167kW·h	Hydro Agri,HDH-2 工艺		
	170～180kW·h	Nilefos		[33,VITO,2005]
	120～180kW·h	取决于是否进行研磨		[31,EFMA,2000]
蒸汽	0.5～2.2t	主要用于蒸发		
	1.0t	Hydro Agri,HDH-2 工艺		[29,RIZA,2000][1]
	2.2t	Kemira,HDH-1 工艺		
	1.9～2.4t	Nilefos,取决于需浓缩的量		[33,VITO,2005]

① 由于将磷石膏排放入海中，已关闭。

表 5-6 磷酸生产的大气污染物排放浓度

污染物	浓度 /(mg/Nm³)	浓度 /(g/t P₂O₅)	备 注	数据来源
氟化物	5	40	新建装置	[31,EFMA,2000]
	30		现有装置	
	<1	6.1	Kemira,HDH-1 工艺,1996/97	[29,RIZA,2000]①
		2.8	Hydro Agri,HDH-2 工艺,1996/97	
	10~15	90~135	Nilefos	[33,VITO,2005]
粉尘	50		新建装置	[31,EFMA,2000]
	150		现有装置	
		10~15	Nilefos,估算值	[33,VITO,2005]
	30	12	Kemira,HDH-1 工艺,1996/97	[29,RIZA,2000]①
		19	Hydro Agri,HDH-2 工艺,1996/97	
	10		Kemira Chemicals Oy	[17,2nd TWG meeting,2004]

① 由于将磷石膏排放入海中,已关闭。

表 5-7 磷酸生产的水体污染物排放浓度

污染物	浓度 /(mg/L)	浓度 /(g/t P₂O₅)	备 注	数据来源
磷(P)		1300	Kemira,HDH-1 工艺,1996/97	[29,RIZA,2000]①
		700	Hydro Agri,HDH-2 工艺,1996/97	
		1000	Nilefos	[33,VITO,2005]
氟(F)		15000	Kemira,HDH-1 工艺,1996/97	[29,RIZA,2000]①
		31000	Hydro Agri,HDH-2 工艺,1996/97	
		2000	Nilefos,氟硅酸再生	[33,VITO,2005]
镉		0.03	Kemira,HDH-1 工艺,1996/97,基于输入/输出数据的估算值	[29,RIZA,2000]①
		0	Hydro Agri,HDH-2 工艺,1996/97,所有测量值都在检测限内	
	0~0.01		Nilefos	[33,VITO,2005]
汞		0	Kemira,HDH-1 工艺,1996/97,基于输入/输出数据的估算值	[29,RIZA,2000]①
	0.01		Hydro Agri,HDH-2 工艺,1996/97	
	<0.002		Nilefos	[33,VITO,2005]
砷		0.02	Kemira,HDH-1 工艺,1996/97,基于输入/输出数据的估算值	[29,RIZA,2000]①
		1.9	Hydro Agri,HDH-2 工艺,1996/97	
	<0.3		Nilefos	[33,VITO,2005]
重金属		1.9	Kemira,HDH-1 工艺,1996/97,基于输入/输出数据的估算值	[29,RIZA,2000]①
		2.8	Hydro Agri,HDH-2 工艺,1996/97	
	<3		Nilefos	[33,VITO,2005]

① 由于将磷石膏排入海中,已关闭。

表 5-8　磷酸生产中排放到水体（海洋）中的磷石膏量

污染物	单位	（每吨 P$_2$O$_5$） 产生量	备　　注	数据来源
石膏	t	4	Kemira，HDH-1 工艺，1996/97	
		4.7	Hydro Agri，HDH-2 工艺，1996/97	
磷(P)	kg	8.1	Kemira，HDH-1 工艺，1996/97	
		5.8	Hydro Agri，HDH-2 工艺，1996/97	
氟(F)		33	Kemira，HDH-1 工艺，1996/97	
		45	Hydro Agri，HDH-2 工艺，1996/97	
镉	g	0.5	Kemira，HDH-1 工艺，1996/97	
		1.4	Hydro Agri，HDH-2 工艺，1996/97	
汞		0.2	Kemira，HDH-1 工艺，1996/97	
		0.5	Hydro Agri，HDH-2 工艺，1996/97	
砷		0.7	Kemira，HDH-1 工艺，1996/97	[29，RIZA，2000][3]
		0	Hydro Agri，HDH-2 工艺，1996/97，所有测量值都在检测限内	
重金属[1]		53	Kemira，HDH-1 工艺，1996/97	
		27	Hydro Agri，HDH-2 工艺，1996/97	
稀有金属[2]		2200	Kemira，HDH-1 工艺，1996/97	
		360	Hydro Agri，HDH-2 工艺，1996/97	
Ra-19	mBq	1.4	Kemira，HDH-1 工艺，1996/97	
		2.3	Hydro Agri，HDH-2 工艺，1996/97	
Po-19		1.4	Kemira，HDH-1 工艺，1996/97	
		2.3	Hydro Agri，HDH-2 工艺，1996/97	
Pb-19		1.4	Kemira，HDH-1 工艺，1996/97	
		2.1	Hydro Agri，HDH-2 工艺，1996/97	

① 铅、铜、锌、镍和铬。

② 主要是镧、铈、镨、钕。

③ 由于将磷石膏排放入海中，已关闭。

5.4　BAT 备选工艺

5.4.1　二水物法（DH）

（1）概述

二水物法包括研磨、反应、过滤和浓缩四个阶段。图 5-3 为二水物法工艺流程。二水物法适用范围广，其优点如下：

- 不受磷矿石品味限制；
- 反应停留时间长；
- 操作温度低；
- 开/停车操作简单；
- 可直接使用湿矿石，节约了干燥成本。

二水物法的最佳操作条件：$26\%\sim32\%$ P_2O_5，$70\sim80℃$，用闪蒸冷却器控制料浆温度并脱除料浆中的气体，以便于抽浆。也可用空气循环冷却器控制温度。

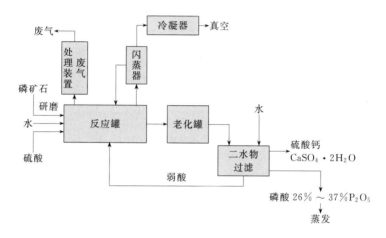

图 5-3　二水物法工艺流程

数据来源：〔31，EFMA，2000〕

（2）环境效益
- 操作温度低；
- 磷矿石无需干燥，节约能源。

（3）跨介质影响
- 产品酸度低（$26\%\sim32\%$ P_2O_5），酸浓缩过程能耗高；
- P_2O_5产率低：$94\%\sim96\%$，损失主要发生在与硫酸钙共结晶时；
- 产生不纯二水物（含有 0.75% P_2O_5）；
- 磷矿石可能需要研磨。

（4）操作数据
见概述。

（5）适用性
普遍适用。

〔33，VITRO，2005〕中提出一种改良型二水物法，产率更高。该工艺所做改进如下：
- 双处理系统（第一步处理 70% 的磷矿石，第二步引入硫酸处理剩余 30% 的磷矿石）；
- 延长反应时间；

● 回收冲洗磷石膏堆时洗出的 P_2O_5 及厂区雨水中的 P_2O_5。

改良后的二水物法 P_2O_5 平均产率大于 97.5%，二水物中含 0.58% 的 P_2O_5。生产过程中的余热可用于 H_3PO_4 浓缩。延长停留时间的改造投资很高。实际生产中常回收磷石膏堆排水。

（6）经济性

未提供具体信息。

（7）实施驱动力

不受磷矿石品味限制，停留时间长，可使用湿矿石，开/停车容易。

（8）参考文献与示例装置

［29，RIZA，2000，31，EFMA，2000，33，VITO，2005］，Nilefos Chemie。

5.4.2 半水物法（HH）

（1）概述

半水物法中硫酸钙以半水物形式沉淀下来，可直接生产浓度 $40\% \sim 46\%$ P_2O_5 的磷酸，节约了能源。图 5-4 为半水物法的工艺流程。

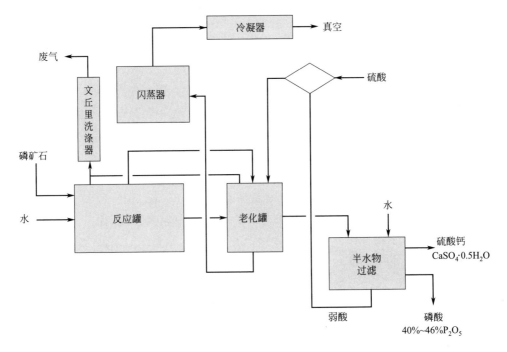

图 5-4 半水物法工艺流程
数据来源：［31，EFMA，2000］

产品酸度相同时，半水物法产品中硫酸盐、悬浮固体以及铝和氟的含量较二水物法低。此外，半水物法工艺的反应条件更剧烈，采用粗颗粒矿石也有较好的反应速率。

半水物晶体比二水物晶体小且较难形成，因此半水物料浆比二水物料浆更难过滤，除非使用晶体形状修饰剂来抑制过度成核，但成熟的半水物工艺一般不需要晶状修饰剂来抑制过度成核。

清洗水使用量受水平衡限制。由于料浆中 P_2O_5 含量较高，使得滤饼中可溶和不溶的 P_2O_5 残留量较大。但半水物法设备简单，且滤网上氟硅化物和 chukhrovite（一种结晶状无机物）的结垢较少，弥补了滤饼中含较多不溶性 P_2O_5 的损失。

硫酸钙的半水物不稳定，易转化成石膏（即便未滤去磷酸），清洗时更容易再水合。在正常运行的半水物法装置中，反应炉内不发生转化过程。在单级半水物法设备中，需使用少量的阻垢剂减少结垢。

由于上文提到的额外 P_2O_5 损失，半水物法工艺中的滤饼比石膏渣块的酸度高，且滤饼中含有更多的氟化物和镉。

与二水物法磷酸装置相比，半水物法工艺操作温度较高（100℃），酸度大（40%～50% P_2O_5），故设备的消耗品（特别是搅拌机和料浆泵）需求量较大。

（2）环境效益

能耗降低：蒸发量减少或无需蒸发；可使用粗粒径矿石，研磨要求较低。

（3）跨介质影响

- P_2O_5 产率低：90%～94%；
- 产生不纯的半水物（1.1% P_2O_5）。

（4）操作数据

见概述。

（5）适用性

普遍适用，但可用于工业生产的矿石数量有限。总产率取决于磷矿石类型。

（6）经济性

反应温度高，对合金材料的要求更高。

（7）实施驱动力

成本效益。

（8）参考文献与示例装置

[29，RIZA，2000，31，EFMA，2000 年]，凯米拉化工公司，芬兰。

5.4.3　单级过滤半水-二水再结晶工艺

（1）概述

图 5-5 为单级过滤半水-二水再结晶工艺（HRC 或 HDH-1）的工艺流程。溶解反应器在半水物条件下运行，反应器的操作条件应利于半水物再水化转化为石膏，再水合过程从来自过滤器的再生料浆中二水物晶核开始。此工艺得到的磷酸浓度与二水物法接近，但石膏的纯度更高。

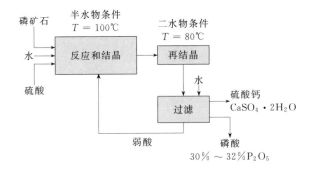

图 5-5　单级过滤半水-二水再结晶工艺的工艺流程

数据来源：［29，RIZA，2000］

（2）环境效益

- 二水物纯度相对较高；

- P_2O_5 产率高：97%；

- 硫酸消耗量少。

（3）跨介质影响

- 磷矿石必须充分研磨；

- 硫酸需稀释；

- 磷酸中含有更多水溶性杂质；

- 磷酸产品需要蒸发浓缩。

（4）操作数据

见概述。

（5）适用性

适用于新建装置［154，TWG on LVIC-AAF］。

（6）经济性

对建筑材料要求高。

（7）实施驱动力

成本效益。

（8）参考文献与示例装置

［29，RIZA，2000，31，EFMA，2000 年］，Kemira Pernis（荷兰，已关闭），在欧盟没有采用此工艺的磷酸装置。

5.4.4　双级过滤半水-二水再结晶工艺

（1）概述

图 5-6 为双级过滤半水-二水再结晶工艺（HDH-2）的工艺流程。在半水物条件下酸化并于再结晶前分离半水物，可直接得到含 40%～52% P_2O_5 的磷酸产品。额外的过滤器和其他配套设备会增加设备的资金成本，但可节约蒸发所需的能源。

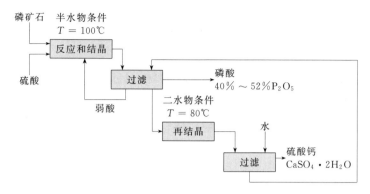

图 5-6　双级过滤半水-二水再结晶工艺的工艺流程

数据来源：［29，RIZA，2000］

（2）环境效益

●产品酸度高，可直接满足下游对高浓度酸的要求，减少或无需蒸发设备，节约了能源；

●磷酸产品纯度高（SO_4^{2-}、Al、F 含量低）；

●矿石无需研磨，节约了能源（可使用粗颗粒矿石）；

●硫酸消耗量少；

●P_2O_5 产率最高：98.5%；

●二水物纯度高（0.19% P_2O_5）。

（3）跨介质影响

无明确影响。

（4）操作数据

见概述。

（5）适用性

普遍适用，但可用于工业生产的矿石数量有限。

（6）经济性

●P_2O_5 产率最高；

●无需蒸发设备，节省能源；

●两级过滤，使用率较低；

●结晶量大；

●投资成本高；

●对建筑材料要求高。

（7）实施驱动力

成本效益。

（8）参考文献与示例装置

［29，RIZA，2000，31，EFMA，2000 年］，Hydro Agri Rotterdam（荷兰，已关闭），在欧盟没有采用此工艺的磷酸装置。

5.4.5 双级过滤二水-半水再结晶工艺

（1）概述

图 5-7 为双级过滤二水-半水再结晶工艺（DH/HH 或 DHH）的工艺流程。该工艺虽然在二水物条件下进行反应，但不必在产品酸与二水物分离过程中回收高纯度的 P_2O_5。脱水阶段产出约 $20\% \sim 30\%$ P_2O_5 和 $10\% \sim 20\%$ H_2SO_4。产品酸的浓度为 $32\% \sim 38\%$ P_2O_5。

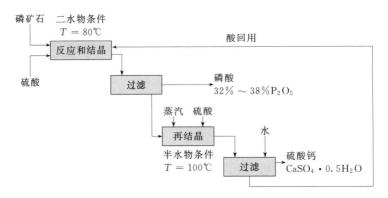

图 5-7 双级过滤二水-半水再结晶工艺的工艺流程

数据来源：[29，RIZA，2000，154，TWG on LVIC-AAF]

（2）环境效益

● 半水物较纯；

● 在存储堆中添加石灰，经自然再水合产生的石膏，可直接用于生产石膏板、灰泥或水泥缓凝剂；

● P_2O_5 产率高：98%。

（3）跨介质影响

● 产品酸需蒸发浓缩；

● 二水合物转化为半水物需蒸汽；

● 矿石需研磨。

（4）操作数据

见概述。

（5）适用性

适用于新建装置，可用多种来源的矿石（见本节"实施驱动力"部分）。

（6）经济性

● 两级过滤，使用率较低；

● 过投资成本较高；

● 建筑材料要求高。

（7）实施驱动力

成本效益，副产品磷石膏可出售。

（8）参考文献与示例装置

［29，RIZA，2000，31，EFMA，2000 年］，Prayon S. A.

5.4.6 再制浆

（1）概述

图 5-8 为再制浆的流程。再制浆是对半水物再结晶工艺（HRC 或 HDH-1）的进一步优化：先对石膏进行再制浆和清洗，然后在进行二次过滤。在一级过滤中未去除的大多数游离酸可在二次过滤时去除，产率可提高 1%（具体取决于游离酸的量）。

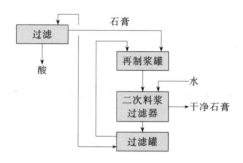

图 5-8　料浆再生流程

来自一级过滤器的石膏在再制浆罐中再次形成料浆，然后抽到二次料浆过滤器内脱水，并用水冲洗石膏。二次料浆过滤器的滤液可回用于一级过滤器冲洗石膏。再制浆过程实际是引入水对石膏进行逆流清洗的过程。

（2）环境效益

● 石膏纯度高；

● 酸产率提高。

（3）跨介质影响

无明确影响。

（4）操作数据

未提供信息。

（5）适用性

适用于半水物法装置。

（6）经济性

投资成本高。

（7）实施驱动力

成本效益。

（8）参考文献与示例装置

［29，RIZA，2000，31，EFMA，2000］，在欧盟不再使用。

5.4.7 氟化物的回收和脱除

（1）概述

磷矿石中氟化物含量为 $2\%\sim4\%$，即每吨矿石含 $20\sim40kg$ 或每吨 P_2O_5 含 $60\sim120kg$ 氟化物。产品酸、石膏、反应器产生的蒸汽以及酸浓缩工段均有氟化物存在。磷矿石中的氟化物在反应中形成氟化氢（HF）并与硅石反应生成氟硅酸（H_2SiF_6）及 $MgSiF_6$ 和 H_3AlF_6 等化合物。氟硅酸受热分解，生成挥发性 SiF_4 和 HF。

二水物法（DH）反应温度较低，可避免氟硅酸分解。大多数氟化物在稀磷酸浓缩过程中进入蒸发器气化。半水物法（HH）反应温度高，大多数氟化物于反应过程释放，随真空冷却器的冷凝水或冷却空气一起离开反应炉，具体情况取决于所使用的冷却系统（闪蒸冷却器或空气循环冷却器）。为防止氟化物随冷凝水排放，可使用间接冷凝系统代替直接接触冷凝器，从而避免冷凝水被氟化物污染。二水物法和半水物法中氟化物的典型分布情况如表 5-9 所列。

表 5-9 DH 和 HH 工艺中氟化物的典型分布

项　　目	DH 工艺/%	HH 工艺/%
酸	15	12
石膏	43	50
反应器废气	5	8
闪蒸冷却器蒸汽	3	30
浓缩器蒸汽	35	—①

① 假定无需浓缩。

数据来源：[31，EFMA，2000]。

氟化物可用多种洗涤系统（见 6.4.6 部分）脱除。从真空闪蒸冷却器和真空蒸发器排出的蒸汽通入分离器，脱除蒸汽中夹带的磷酸液滴，最大程度降低 P_2O_5 对氟硅酸的污染以及其他物质对洗涤液的污染。

如不需回收氟，可用石灰或石灰石对洗涤液进行中和（生成氟化钙沉淀）后排出（见 5.4.9 部分）。

很多公司都回收氟硅酸（H_2SiF_6），用于生产氟化铝、氟化钠和氟化钾等其他氟化物。此时，可用氟硅酸的稀溶液作洗涤液，反应生成游离二氧化硅，控制氟硅酸的浓度即可使二氧化硅沉淀，最后过滤除去二氧化硅。整个氟化物回收系统可回收 $20\%\sim25\%$ 的氟硅酸。

（2）环境效益

● 采用两级以上的吸收器可使回收率达到 99%。根据 [31，EFMA，2000 年] 报道，新建磷酸装置的氟化物排放量可控制在 $5mg/m^3$（标）（$40g/t\ P_2O_5$）。在荷兰，氟化物排放量可控制在 $1\sim5mg/m^3$（标）[29，RIZA，2000 年]。

● 回收氟硅酸具有稳定氟硅酸价格的可能性（见 6.4.4 部分）；氟硅酸可生产

HF，见 6.4.10 部分。

（3）跨介质影响

洗涤时消耗水、能源和化学品。

（4）操作数据

未提供信息。

（5）适用性

普遍适用。如有销售市场，可稳定氟硅酸价格。

（6）经济性

成本估算见表 6-10。

（7）实施驱动力

降低氟化物的排放量。

（8）参考文献与示例装置

［29，RIZA，2000，31，EFMA，2000］

5.4.8 矿石研磨粉尘的回收和去除

（1）概述

磷矿石的装卸、处理、研磨时会排放粉尘。磷酸岩通常用船运输，由起重机卸载后被传送带或卡车转运到存储点和研磨工段。使用封闭式传送带及室内存储可防止磷矿石粉尘的扩散。加强管理，如经常清洗、清扫地面以及码头，可有效控制刮风、下雨引起磷矿石粉尘的扩散。磷酸岩研磨时产生的灰尘可用织物过滤器回收，一般可将粉尘排放量控制在 $2\sim10mg/m^3$（标）［11，European Commission，2003 年］。但岩石颗粒的黏附性很强，容易堵塞滤布，会影响织物过滤器的回收效率。根据［31，EFMA，2000 年］，在新建磷酸装置使用织物过滤器，可将粉尘排放控制在 $50mg/m^3$（标）左右。而在荷兰，粉尘排放可控制在 $30mg/m^3$（标）以下。SSP/TSP 装置使用织物过滤器后粉尘排放量低于 $10mg/m^3$。使用陶瓷过滤器可使研磨过程中的粉尘排放量$<2.5\sim8mg/m^3$（标）。

（2）环境效益

● 回收原料；

● 料粉尘排放量远低于 $10mg/m^3$ ［17，2nd TWG meeting，2004］。

（3）跨介质影响

无明确影响。

（4）操作数据

未提供信息。

（5）适用性

普遍适用，磷矿石是否需要研磨取决于矿石种类和工艺类型。［33，VITO，2005］报道了一个磷矿石偶尔需研磨的示例，厂房内不设通风孔，反发生弥散性排放。

（6）经济性

详见 [11，European Commission，2003]。

（7）实施驱动力

减少粉尘排放量。

（8）参考文献与示例装置

[11，European Commission，2003，17，2nd TWG meeting，2004，29，RIZA，2000，31，EFMA，2000]

5.4.9 磷矿石的选择（一）

（1）概述

理想的磷矿石为磷酸钙 $Ca_3(PO_4)_2$。实际磷矿石中普遍含有杂质，对经济、技术以及环境等产生负面影响。

磷矿石可以是火山岩或火成岩，也可以是沉积岩。火成岩（南非、俄罗斯）含较高的 P_2O_5，但较难得到。沉积岩（美国、摩洛哥、阿尔及利亚）钙化合物含量高，而 P_2O_5 含量低，CaO/P_2O_5 比高。为提高磷酸盐的含量并除去不溶性砂、石等杂质，在矿场就需对沉积矿石进行富集选矿。浮选选矿时使用的有机添加剂会部分残留在磷矿中。供应磷矿石的国家数量有限，且一些国家不再出口磷矿石（美国）或限量出口（俄罗斯），影响了磷矿石的成本。选择磷矿石时，不仅要考虑磷矿石的性质，还需考虑物流，生产装置的设计，矿石中其他成分（如钙、铁、铝、碳、二氧化硅等）的类型及数量，以及各种具体因素。主要包括以下内容。

- P_2O_5 含量决定物流成本。
- CaO/P_2O_5 比决定了酸和副产品（石膏、碳酸钙）的量。
- 磷矿石的物理特性（岩石处理时会产生灰尘）。
- 有机碳的存在会干扰溶解，影响生产过程，如产生过量的氮氧化物和异味。
- 氟、铁、铝等成分会干扰生产工艺：排放过量的氮氧化物、氟化物或产生触变泥浆（铁、铝化合物），不易处理；加剧设备（特别是换热器和烟气管道内）的结垢；过滤性能变差。但在某些情况下，少量此类成分也有好处。
- 硅、铀、镉等成分也影响生产，但某些痕量营养元素的存在对生产过程有利。
- 对任何磷矿石（或几种磷矿的组合）的评估，不能仅凭数据分析（所有矿石都需进行生产规模的测试），必须进行生产性测试。为组合和优化工艺设计、工艺操作参数以及矿石质量，需长期的操作经验。

（2）环境效益

对特定生产装置，选择磷矿石时需遵循如下原则：

- 尽量减少酸用量；
- 优化副产品的数量和种类；
- 尽量减少污染物排放。

（3）跨介质影响

无明确影响。

（4）操作数据

未提供信息。

（5）适用性

普遍适用，但取决于磷矿石是否满足要求。

（6）经济性

杂质较少的矿石价格会随需求增加而上升［49，ERM，2001］。

（7）实施驱动力

提高工艺效率可产生成本效益。

（8）参考文献与示例装置

［29，RIZA，2000，49，ERM，2001］

5.4.10 磷矿石的选择（二）

（1）概述

生产纯净石膏时要求所用的磷矿石杂质少。目前只有少量石膏用于生产建筑材料或路砖等。由于副产品石膏产量大，从经济角度考虑，用石膏生产建筑材料，特别是室内装潢产品，可能成为今后石膏处理的主要方向。要使石膏产品投放市场，需确保石膏中放射性成分的含量非常低。

（2）环境效益

- 可稳定磷石膏的价格；
- 减少石膏排放造成的污染。

（3）跨介质影响

无明确影响。

（4）操作数据

未提供信息。

（5）适用性

普遍适用。

文献"镉在农业土壤中的富集"［49，ERM，2001］中有关于低杂质磷矿石的选择的讨论。磷石膏稳定价格的主要障碍在于缺乏市场。

（6）经济性

杂质较少的矿石价格会随需求增加而上升。

（7）实施驱动力

如果磷石膏价格稳定，可产生成本效益。

（8）参考文献与示例装置

［29，RIZA，2000，49，ERM，2001］

5.4.11　反应萃取去除 H_3PO_4 中的镉

（1）概述

1973 年除镉技术首次在示例磷酸装置中应用，该工序置于硫酸湿法分解矿石工段之后。除镉技术早期由数个以异丙醇作为溶剂的反相萃取步骤组成，最初的目的是去除粗磷酸中的有机物。20 世纪 90 年代初，为应对金属（特别是镉）含量的质量标准提高，示例装置开发了新工艺，该工艺位于已有的萃取工段之前。

除镉技术的原理如下：

● 以氯络合物为反离子，用惰性溶剂、胺或铵化合物组成混合有机溶剂，萃取除去粗磷酸中的镉；

● 分离有机相；

● 用含有盐酸和锌、铁等的氯络合物的水相萃取有机相中的镉，萃取机理为氯络合物和镉在两相间发生置换；

● 分离水相和有机相；

● 从水相中除去镉。

最佳操作温度为 15～25℃，可采取连续或间歇的操作模式。该技术的前提是必须用硫酸分解磷矿石。应用该技术处理 P_2O_5 含量为 28%～58%（质量分数）的磷酸时，镉含量可降低 95%。

除镉工段出水中的镉经沉淀从水相中除去。步骤如下：

● 有机相与水相进行物理分离；

● 蒸馏稀盐酸溶液；

● 在细晶改性过程中，冷却浓溶液，形成镉化物沉淀；

● 过滤分离镉化物沉淀。

除去盐酸和镉的滤液返回最初的粗磷酸中，盐酸回用于萃取工段。上述处理过程需在全封闭的循环体系中进行。

（2）环境效益

镉去除率达 95%。

（3）跨介质影响

能耗高。

（4）操作数据

见概述。

（5）适用性

该技术推荐用于生产具有特殊质量要求的磷酸，例如饲料、食品级磷酸盐或者制药业等［50，German UBA，2002］。

① 砷的分离　将 Na_2S 溶液加入粗磷酸中，过滤除去反应生成的硫化砷沉淀。

② 镉的分离　用烷基硫代磷酸烷基酯类络合剂与镉发生沉淀反应，生成的镉络合物可以固体形式直接除去，也可添加助滤剂或吸收剂后形成固体沉淀除去。该技术已在比利时的 Tessenderlo Chemie 公司实现商业化生产。

③ 湿磷酸产品的进一步提纯　可加入烧碱中和酸，使其中的阳离子杂质如铁、铝、镁、钙离子形成沉淀，此时溶液为含 $18\%\sim20\%$ P_2O_5 的磷酸钠溶液，溶液中的金属磷酸盐沉淀可采用加压过滤除去。使用更多烧碱处理滤饼，反应生成磷酸钠溶液和不溶性金属氢氧化物，可使滤饼中 P_2O_5 的损失从大于 10% 降至小于 5%。中和过程中磷酸转化为磷酸盐溶液，使其用途受限。欧盟使用上述工艺路线，用湿磷酸生产洗涤剂用磷酸盐——三聚磷酸钠 [15, Ullmanns, 2001]。

（6）经济性

额外成本高。

（7）实施驱动力

硫酸产品用于生产商品而不是生产肥料。

（8）参考文献与示例装置

[50, German UBA, 2002]，Chemische Fabrik Budenheim (CFB)，该装置已关停。

5.4.12　使用除雾器

（1）概述

为减少 P_2O_5 对洗涤液的污染，从真空闪蒸冷却器和真空蒸发器出来的蒸汽通常先通过分离器以除去夹带的磷酸小液滴。

尽管使用了分离器，气体洗涤器和冷凝器冷凝液中仍含有少量磷酸，可采用磷酸镁铵（鸟粪石）或磷酸钙沉淀法除去。目前虽然已有不少磷回收装置在运行，但磷酸盐去除技术还没有工业化应用。

（2）环境效益

提高 P_2O_5 产率，减少排入水中的磷酸盐。

（3）跨介质影响

无明确影响。

（4）操作数据

未提供具体信息。

（5）适用性

一般适用于有闪蒸冷却器或真空蒸发器的磷酸生产装置。

使用水环泵，用水环泵循环液或洗涤液洗涤，也可以达到类似效果。

（6）经济性

未提供具体信息，可能需要回收氟硅酸。

（7）实施驱动力

防止污染物排放。

（8）参考文献与示例装置

[29, RIZA, 2000, 31, EFMA, 2000]

5.4.13 磷石膏的处置及价格稳定措施

（1）概述

磷石膏不允许倾倒入海后，欧盟所有磷酸厂产生的磷石膏都进行填埋处理 [154，TWG on LVIC-AAF]。

设计和建造石膏填埋场时，必须保证磷石膏及其酸性渗滤液处于封闭系统中。为避免地下土层和地下水被酸性渗滤液和地表径流（工艺用水和雨水）污染，必须采取严格的预防措施，例如渗滤液收集沟、截污井、天然屏障和场地衬里防渗。此外，为尽量减少对周围环境和水体的污染，需建足够大的污水收集池以防污水溢出。污水需处理后才能排放，如利用中和反应生成沉淀去除水中可溶性的 P_2O_5 和微量元素。不仅正在使用的石膏填埋场渗滤液需处理，停用多年后仍需继续对渗滤液进行处理。

石膏处置的另一种措施是提高石膏质量，以用于天然石膏、烟气脱硫石膏等的生产原料。磷石膏应用的实例很多，表 5-10 对磷石膏的应用概况进行了总结。需要注意的是，不同商业用途需要不同类型的石膏。

表 5-10　磷石膏的应用概况

项目	硬石膏 $CaSO_4$	二水物 $CaSO_4 \cdot 2H_2O$	半水物 $CaSO_4 \cdot 0.5H_2O$
建筑业	水泥地板砖（调节剂）	水泥调节剂	粉刷用灰泥，石膏板，天花板，石膏块，地板砖
农业	作为土壤调节剂中钙、硫的来源，杀虫剂的填充剂以及化肥生产的填充剂	土壤调节剂载体，杀虫剂的填充剂以及化肥生产的填充剂	作为钙和硫的来源
工业/其他	多种用途的填充剂、色素	多种用途的填充剂、色素，生产硫铵和硫酸	多种用途的填充剂、色素

数据来源：[29，RIZA，2000 年]。

受质量问题制约，并非所有石膏的应用开发措施都能成功，多数情况因无法解决石膏的放射性问题而失败。此外，石膏的残留酸味及 P_2O_5 的含量也是重要的影响因素。磷石膏的应用需要纯净的石膏。

（2）环境效益

维持磷石膏的价格稳定可实现环境效益。

（3）跨介质影响

倾倒入海：磷石膏含有各类杂质，其中部分杂质对环境和公众健康具有潜在危害。

（4）操作数据

未提供信息。

（5）适用性

只要有市场，稳定磷石膏价格的措施均普遍适用。目前在欧洲，只有比利时

Prayon S. A. 公司实现了磷石膏产品的工业化（占磷石膏产生量的80％），用于生产粉刷用灰泥。芬兰的Kemira公司将磷石膏用于造纸工业。荷兰Kemira公司将磷石膏用于制造各种建筑产品（灰泥、砖以及石膏板），已成功完成中试试验。

据［33，VITO，2005］报道，稳定磷石膏价格的主要障碍在于运输成本。

（6）经济性

磷石膏价格稳定时可实现成本效益。

（7）实施驱动力

需对大量磷石膏进行处置，或稳定其价格。

（8）参考文献与示例装置

［29，RIZA，2000，31，EFMA，2000，33，VITO，2005］

5.4.14 磷石膏的升级

（1）概述

研究表明，磷石膏中的杂质主要富集在最小的石膏颗粒中，杂质包括汞、常见重金属、放射性元素及稀土元素。去除最小的石膏颗粒，可使石膏的质量大幅改善。荷兰Kemira和Hydro Agri公司的中试实验证明［29，RIZA，2000］，采用水力旋流器可从石膏料浆中分离出约4％（质量分数）的细小颗粒。该技术用于大规模生产时，只需将多个水力旋流器串联使用，而不需增大水力旋流器的大小，可实现工业化。

将石膏料浆与最小颗粒分离还可以改善石膏的洗涤和过滤性能。荷兰Kemira和Hydro Agri公司的中试实验证明，尽管Kemira公司在常规工艺中采用了再制浆过滤，经水力旋流器分离细小颗粒后，剩余料浆在冲洗和过滤时仍能从石膏中除去大量P_2O_5。从技术层面来说，除去的P_2O_5可回用于生产过程，提高了P_2O_5的总产率。经真空过滤后，石膏滤饼中的含水量仍不小于10％，可用于生产石膏产品。

在水力旋流器中分离的细小颗粒作为稀浆排出（0.5％～1％，质量分数）。因为其杂质含量相对较高，很难利用，可填埋或排放入海，采用填埋处理时需先采用过滤等方式从料浆中回收细小颗粒。

（2）环境效益

- 得到更纯净磷石膏，以便利用或处置；
- 有提高P_2O_5产率的潜力。

（3）跨介质影响

- 电耗；
- 大量残留的杂质需处理。

（4）操作数据

未提供信息。

（5）适用性

普遍适用，但还未工业化。

（6）经济性

磷石膏价格稳定时可实现成本效益。

（7）实施驱动力

环境效益和成本效益。

（8）参考文献与示例装置

[29，RIZA，2000 年]。Kemira Agro Pernis 公司在关闭前曾进行将石膏用于生产建筑材料等的中试试验。

5.4.15 热法工艺

（1）概述

热法工艺也可参阅 [155，European Commission，2006]。

热法磷酸生产工艺分为两个阶段：第一阶段，从磷矿石中提取单质磷；第二阶段单质磷在空气中氧化成 P_2O_5，与水反应生成 H_3PO_4。

单质磷从磷矿石中提取。示例装置使用沉积岩和火成岩混合原料。首先对磷矿石进行研磨，磨碎的磷矿石与由水、黏土和各种含磷废液组成的泥浆混合，在造粒机中造粒。随后在约 800℃ 的炉中烧结颗粒，在电阻炉中将烧结的颗粒与焦炭（提供还原条件）和碎石一起加热至约 1500℃，还原烧结颗粒中的磷。总反应可表示为：

$$2Ca_3(PO_4)_2 + 6SiO_2 + 10C \longrightarrow P_4 + 10CO + 6CaSiO_3$$

该过程主要产生气体磷、一氧化碳和液态炉渣。混合气体首先经电除尘器除去粉尘（如 Cottrel 除尘器），随后冷凝回收气体磷。剩余气体主要为一氧化碳，可用作烧结炉的燃料气，也可出售给附近的发电厂。如果还有剩余气体则送火炬燃烧。分批从磷燃烧炉中取出液态炉渣，得到磷渣（主要部分）和磷铁渣（小部分）副产品。进一步处理后，磷渣可用作大型建设工程中的基础材料，磷铁渣可用作钢铁工业的添加剂。热法工艺中磷的回收率约 94%，其余的磷大部分残留在炉渣中（未反应的磷酸盐），少数存在于磷铁（合金）及 Cottrel 除尘器去除的灰尘中。

由单质磷生产磷酸的过程，先将磷与空气一起送入反应器中，磷被氧化成 P_2O_5。反应过程中放出的热量用于产生高压蒸汽。随后 P_2O_5 与稀磷酸接触，与稀酸中的水反应生成磷酸。该工艺装置有两种形式：一种形式，磷的氧化和 P_2O_5 吸收在同一个反应器内进行；另一种新式，P_2O_5 的吸收在独立吸收塔中进行，同时以高压蒸汽的形式回收能量。通常选用第二种形式。由单质磷生产磷酸的反应如下：

$$P_4 + 5O_2 \longrightarrow 2P_2O_5$$

$$P_2O_5 + 3H_2O \longrightarrow 2H_3PO_4$$

（2）环境效益

生产高纯度的磷酸产品。

（3）跨介质影响

表 5-11 和表 5-12 分别为热法生产 H_3PO_4 过程中的污染物排放量、副产品产量及典型物耗和能耗情况，该法中排放的污染物和废料的主要来源如下所述。

表 5-11　热法 H_3PO_4 生产工艺的污染物排放量和副产品产量

排放或产生		每吨 P_2O_5	
		值	单位
到空气中	磷酸盐(P)	0.6	kg
	氟(F)	0.1	
	粉尘	0.4	
	镉	1.0	g
	铅	6.0	
	锌	5.9	
	210-Po	3.5	mBq
	210-Po	0.3	
到水中	磷酸盐(P)	0.7	kg
	氟(F)	0.7	
	镉	0.2	g
	汞	<0.01	
	砷	<0.07	
	重金属	14	
	210-Po	0.05	mBq
	210-Po	0.06	
副产品	气体燃料[①]	1500~1600	m^3(标)
	磷燃烧炉液体炉渣	3.2	t
废料	Cottrel 粉尘	3.2	kg
	硫化砷滤渣	0.1	

① 1998 年, 约 20% 的气体用于燃烧。
数据来源: [29, RIZA, 2000]。

表 5-12　热法 H_3PO_4 生产工艺的典型物耗和能耗

消耗量	每吨 P_2O_5	
	量	单位
磷矿石	3.0~3.4	t
黏土	0.2~0.3	
焦炭	0.5~0.6	
工艺水	40	m^3
冷却水	120	
电能	5700~6000	kW·h
天然气	n. a.	
蒸汽	n. a.	

注: n. a. 表示无数据。
数据来源: [29, RIZA, 2000]。

① 烧结炉中磷矿石颗粒的烧结及焦炭的干燥过程　烧结炉废气中含有各类污染物，如粉尘、氟化物、磷酸盐、重金属、放射性元素、二氧化硫及氮氧化物。废气需经封闭循环的两级洗涤系统洗涤后排放。循环洗涤水经中和后凝絮除去污染物。絮凝得到的固体干燥后返回生产工艺，加入料浆槽或磷矿石中。

② Cottrel 灰尘煅烧，磷燃烧炉中燃料气的燃烧以及液态炉渣的排出过程　磷燃烧炉中产生的气体含有大量粉尘，可通过 Cottrel 电除尘器除去。工艺采用密闭循环系统（废液的循环利用），导致粉尘中富集了大量重金属（主要是锌）和放射性元素（如 Po—210 和 Pb—210）。粉尘与水混合后返回料浆槽，但由于粉尘中含锌量高，必须除去部分锌以防止过度积累。粉尘煅烧（排放灰、氟和 P_2O_5 排空）后储存。

回收磷后的剩余气体主要为一氧化碳，可用作烧结炉的燃料气，也可出售给附近的电厂。如果还有剩余气体则送火炬燃烧，产生的二氧化硫和氮氧化物排空。

磷燃烧炉中的液态炉渣排出时会释放蒸汽，其在文丘里洗涤塔中用水洗涤后排空。

接触过磷的工艺废液输送到废水处理站。

经沉淀、中和、絮凝、分离去除固体物质后，70%～90% 的水回用于生产工艺。剩余的水经石灰处理进一步除去 P_2O_5 后送往生化污水处理厂，出水排入大海。所有固体物质都回用于生产工艺。

③ 生产装置中磷的氧化以及酸中砷的脱除　制酸塔排放的废气含有微量的 P_2O_5 和磷酸。为尽量减少排放，废气冷却后用循环酸和水洗涤，再经文丘里洗涤塔（稀酸）和除雾器进行处理。回收系统的排放气可回用于湿磷酸净化装置或者料浆槽。制酸塔的污染物排放量较烧结炉和磷燃烧炉少。

磷酸用于特殊领域（如食品添加剂和饮料）时，需除去其中所含的微量砷。可在酸中加入硫氢酸钠（NaHS）使砷转化为硫化砷沉淀（As_2S_3）。经分离和进一步处理后，浓缩的硫化砷作为危险化学废料储存起来。

（4）操作数据

热法 H_3PO_4 生产工艺的典型物耗和能耗见表 5-12。

（5）适用性

目前，生产的磷只有约 20% 转化为磷酸。过去，热法磷酸工艺主要用于生产磷酸钠。由于经济原因，热法磷酸工艺正逐渐被湿法磷酸所取代，而热法磷酸工艺专门用于生产特定领域高纯度要求的磷酸，如用于微电子工业中的金属表面处理以及生产酸性饮料。

（6）经济性

与湿法工艺相比成本更高。

（7）实施驱动力

产品纯度高。

（8）参考文献与示例装置

[29，RIZA，2000]，Thermphos International，Vlissingen。

5.5 磷酸生产的 BAT 技术

BAT 技术即 1.5 部分介绍的通用最佳可行技术。

储存过程的 BAT 技术见 [5，European Commission，2005]。

湿法工艺，现有装置的 BAT 技术可采用以下一项或几项技术，使 P_2O_5 产率达到 94.0%～98.5%：

- 二水物法或改进的二水物法（见 5.4.1 部分）；
- 增加停留时间（见 5.4.1 部分）；
- 再结晶工艺（见 5.4.3～5.4.5 部分）；
- 再制浆（见 5.4.6 部分）；
- 双级过滤（见 5.4.4 和 5.4.5 部分）；
- 回收磷石膏堆排水（见 5.4.1 部分）；
- 磷矿石的选择（见 5.4.9 和 5.4.10 部分）。

新建装置 BAT 技术需使 P_2O_5 产率达到 98% 以上，可采用双级过滤再结晶工艺（见 5.4.4 和 5.4.5 部分）。

湿法工艺的 BAT 技术可采用以下一项或几项技术，减少 P_2O_5 排放（见 5.4.12部分）：

- 使用除雾器，使用真空闪蒸冷却器和（或）真空蒸发器；
- 使用水环泵，循环液回用于生产工艺；
- 使用洗涤液循环的洗涤装置。

BAT 技术使用织物过滤器或陶瓷过滤器，将矿石研磨粉尘的排放浓度控制在 2.5～10mg/m³（标）（见 5.4.8 部分）。

BAT 技术使用封闭式输送带、室内存储，经常清洗、清扫装置地面和码头，防止磷矿石粉尘的扩散（见 5.4.8 部分）。

BAT 技术利用合适的洗涤液、洗涤器减少氟化物排放，并将其控制在 1～5mg/m³（标）范围内（以 HF 计）（见 5.4.7 部分）。

湿法工艺的 BAT 技术出售或处理生成的磷石膏和氟硅酸，对磷石膏填埋及渗滤液进行处理（见 5.4.13 部分）。

湿法工艺的 BAT 技术通过间接冷凝系统，或使用回收的洗涤液及购买的洗涤液进行洗涤，防止氟化物排入水中（见 5.4.7 部分）。

废水处理的 BAT 技术可采用以下组合技术（见 5.4.7 部分）：

- 石灰中和；
- 过滤和选择性沉淀；
- 固体回收。

6

氢氟酸

6.1 概　　述

欧盟每年约生产 30×10^4 t HF，其中约 80% 为无水氢氟酸，20% 为氢氟酸水溶液。生产的 HF 有 50% 作为中间体在生产企业内部使用，另外 50% 对外销售。HF 可作为碳氟化合物的生产原料，在钢铁、玻璃的生产和烷基化工艺中也有应用，此外 HF 也可作为无机盐、氯氟烷、全氟碳化物和含氟聚合物的生产原料。近几年 HF 的市场相当稳定。

HF 的质量需求等级不同，对应的提纯工艺也不同。因氢氟酸具有腐蚀性和毒性，在过去的多年里，由生产厂商提出许多关于 HF 安全处理和生产的指南和建议。

在欧盟，HF 工厂主要位于捷克共和国、英国、德国、法国、意大利、西班牙和希腊，欧洲主要氢氟酸生产厂家见表 6-1。这些工厂大部分建于 1917～1989 年之间，在过去的 12 年里都进行了维修和改造。各厂的产能参差不齐，从不足 5000t 到 40000t 以上。在欧洲，约有 400 人直接从事 HF 生产。

表 6-1　欧洲主要氢氟酸生产厂家

生　产　厂　家
Arkema SA，(formerly Atofina SA)，Pierre-Bénite
Lanxess，(formerly Bayer AG)，Leverkusen
Derivados del Fluor SA，Ontón
Fluorchemie Dohna GmbH，Dohna

生　产　厂　家
Fluorchemie Stulln GmbH,Stulln
Honeywell Specialty Chemicals Seelze GmbH
INEOS Fluor Limited,Runcorn
Chemical Works Lubon S. A. ,Lubon
Phosphoric Fertilizers Industry SA,Thessaloniki
Solvay Fluor GmbH,Bad Wimpfen
Solvay Fluor Italy,Porto Marghera
Spolchemie AS,ústi nad Labem

数据来源：[6, German UBA, 2000, 22, CEFIC, 2000, 24, Dreveton, 2000].

6.2　生产工艺和技术

6.2.1　概述

在高温条件下，干燥萤石与浓硫酸反应生成氯化氢和氢氟酸：

$$CaF_2 + H_2SO_4 \longrightarrow 2HF + CaSO_4 \qquad \triangle H_R = 59kJ/mol \qquad (6-1)$$

萤石中存在杂质，会发生副反应。副反应与主反应同时进行，最后生成四氟化硅、二氧化硫、硫化氢、二氧化碳、水和单质硫。反应如下：

$$SiO_2 + 2CaF_2 + 2H_2SO_4 \longrightarrow SiF_4 + 2CaSO_4 + 2H_2O \qquad (6-2)$$

$$CaCO_3 + H_2SO_4 \longrightarrow CaSO_4 + CO_2 + H_2O \qquad (6-3)$$

$$R_2O_3 + 3H_2SO_4 \longrightarrow R(SO_4)_3 + 3 \ H_2O(R=Fe,Al) \qquad (6-4)$$

$$CH_3(CH_2)_n COOH + (2n+3)H_2SO_4 \longrightarrow (n+2)CO_2 + (3n+5)H_5O + (2n+3)SO_2$$
$$(6-5)$$

$$Fe(反应器) + 2H_2SO_4 \longrightarrow FeSO_4 + SO_2 + 2H_2O \qquad (6-6)$$

$$MS + H_2SO_4 \longrightarrow MSO_4 + H_2S(M=金属) \qquad (6-7)$$

$$2H_2S + SO_2 \longrightarrow 3S + 2H_2O \qquad (6-8)$$

在反应式(6-7) 中生成的 H_2S，由反应式(6-8) 转化为硫。上述反应生成的水用硫酸吸收，从反应气体中除去。加入发烟硫酸提供 SO_3，依照反应式(6-9)，SO_3 与水反应生成硫酸 [反应式(6-9)]，以维持反应器内硫酸浓度不变：

$$H_2O + SO_3 \longrightarrow H_2SO_4 \qquad (6-9)$$

除萤石法外，还可由 H_2SiF_6 为原料生产 HF（详见 6.4.10 部分）。

6.2.2　萤石

参见 [22，CEFIC，2000]。

生产 HF 的主要原料是萤矿石，开采的萤矿石中含有 30％～60％的氟化钙。矿石经粉碎、物理浮选，将氟化钙与其他矿物组分分开。目前采用的浮选剂主要是饱和及不饱和植物油脂肪酸，浮选后留在萤石内。浮选后的萤石理论上应含有 97％的氟化钙，作为"酸萤石（acid spar）"使用。

表 6-2 为酸萤石的组成，酸萤石中不得含有直径大于 0.2mm 的组分。出售的大量酸萤石含约 10％的水分以减少粉尘。

表 6-2　酸萤石组成

组成	比例（最大限值，质量分数）/％
CaF_2	＞97.0
SiO_2	＜2.0
$CaCO_3$	＜2.0
残留的氧化物（Fe 和 Al）	＜2.0
$MgCO_3$	＜1.0
$BaSO_4$	＜1.0
硫化物（以 S 计）	＜0.05
磷酸盐（以 P_2O_5 计）	＜0.2
浮选剂（饱和脂肪酸和不饱和脂肪酸）	＜0.3

数据来源：[22，CEFIC，2000]。

萤石经干燥处理后，方可作为原料加入 HF 装置，一般在 120℃的烟气干燥器内加热。没有干燥设备的厂家可直接购买干燥后的萤石。

6.2.3　反应过程及增产措施

图 6-1 为氟化氢的生产工艺流程。目前的工艺一般为连续操作形式，采用间接加热的烟气回转窑以提供反应所需的热量。三氧化硫由发烟硫酸与新鲜浓硫酸（95％～99％ H_2SO_4）及水混合制得，或用含硫酸的固体制得，这些固体可用作气体洗涤工段的洗涤介质，也可用于冷凝工段，之后再回用。上述混合物称为"原料硫酸"，含有 90％～95％的硫酸。回转窑的钢壳加热至约 450℃，以提供反应所需的热量。

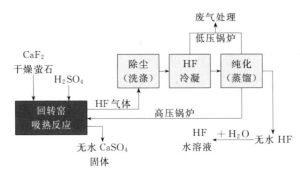

图 6-1　HF 生产工艺流程

数据来源：[22，CEFIC，2000]、[20，Eurofluor，2005]

整个氢氟酸装置保持抽负压状态，以减少 HF 的排放。反应炉需密封以防空气进入，最大限度地减小废气量 [22，CEFIC，2000]。

上述装置日产 1t HF 所需的加热窑表面积约为 5～10m²。由于使用了浮选剂，干燥萤石与硫酸不易混合。提高现有回转窑 HF 产能的方法见表 6-3。能量供给和热回收的方法见图 6-2。大多数装置通过热回收可减少能耗，用回转窑烟道气作为热源预热主燃烧器的供给空气。生产氢氟酸溶液时回转窑里存在大量的水，故能耗较高。

表 6-3　提高现有回转窑产能的方法

预热 H₂SO₄	具 体 内 容
预反应器(捏合机)	在部分反应物料进入回转窑前，将萤石和原料硫酸在间接加热的预反应器里混合。在预反应器里，反应物由液态变为黏糊状，具有很强的腐蚀性和粗糙度，因此预反应器需防腐，使用预反应器可使加热窑表面积减少 30%
煅烧	用含氧烟道气直接加热萤石至 400～450℃并煅烧。煅烧后萤石中 95% 的有机物燃烧生成 CO₂ 和水，5% 裂解后排放。煅烧后的萤石易与硫酸混合，也可避免产生 SO₂，且日产 1t HF 所需的加热窑表面积仅为 2.5～3m²

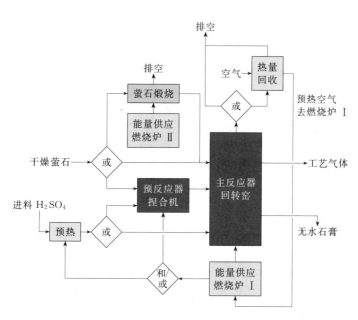

图 6-2　提高现有回转窑的产能及能量供应/回收的方法
数据来源：[22，CEFIC，2000]

在回转窑的加料口或硬石膏出料口可能会有工艺气体泄漏。进料口排放气体的温度约为 150℃；硬石膏的温度在 200～270℃ 之间，从出料口排放的气体温度约为 220℃。

6.2.4　工业废气处理

反应器排出的废气中除粉尘和原料气外，还含有 H_2O、SO_2、CO_2、气态硫、SiF_4 等，具体含量因萤矿石的品位不同而不同。氢氟酸生产废气处理的主要目标为：

- 除去 CaF_2 和 $CaSO_4$ 粉尘；
- 冷凝 HF；
- 除去粗氢氟酸中的高、低沸点杂质。

可采用很多方法对废气进行处理，详见图 6-3。

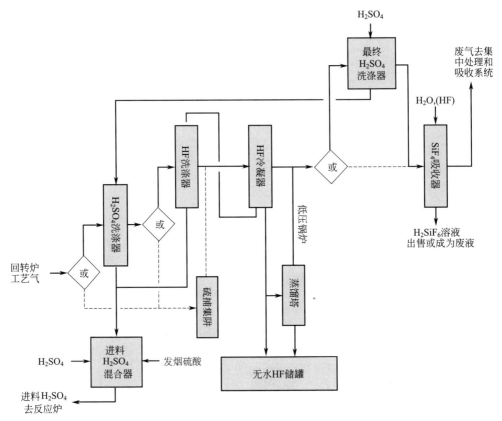

图 6-3　HF 装置废气处理方法

数据来源：[22, CEFIC, 2000]

大多数氢氟酸装置，首先在预净化塔内用浓硫酸对产生的废气进行涤气，以除去粉尘和水，并冷却气体至 100℃ 以下；再用液态 HF 进行二次洗涤，除去残留的粉尘、H_2SO_4 和 H_2O，并冷却气体至 20℃ 左右。在 HF 洗涤器中，部分气态硫凝华。也可不使用上述洗涤器或不用 HF 洗涤器，直接将气体通过冷却的固态硫捕集阱。HF 洗涤器和固态硫捕集阱需定期清洗以除去凝华的硫，清洗频率取决于原材料的品质。

冷却净化的后气体通入冷凝器，用冷却水或卤水冷却。此时大部分 HF 液化，部分液态 HF 送入洗涤器，剩余部分作为 HF 产品储存或送入蒸馏塔以除去 SO_2 和 SiF_4 等低沸点溶解性杂质。低沸点物质和冷凝器中的残余气体混合后送入末端 H_2SO_4 洗涤器，回收其中大部分的 HF。残余气体通过 SiF_4 吸收器，生成 H_2SiF_6 水溶液。在没有末端 H_2SO_4 洗涤器的装置中，生成的 H_2SiF_6 溶液中 HF 含量较高。

从末端 H_2SO_4 洗涤器排出的冷硫酸中含有溶解的 HF，将其送到一级 H_2SO_4 洗涤器（预净化塔），并与回转窑中产生的废气接触换热。从一级洗涤器排出的酸与新鲜硫酸和发烟硫酸在同一容器中混合，生成工艺所需的原料 H_2SO_4。

根据低温蒸馏后 HF 的质量及其最终用途，可能需要二次蒸馏以去除 H_2O 和 H_2SO_4 等高沸点杂质。由于需对所有 HF 进行浓缩，蒸馏过程能耗较高，每 1t HF 需消耗约 360kJ 蒸汽（0.6GJ/t HF），对浓缩的 HF 进行冷却也需大量能耗。冷凝器塔顶排出的液体 HF 为纯 HF。部分 HF 和水混合生成不同浓度的氢氟酸，如 85%、73%、60% 和 40%。混合时剧烈放热，需较好的冷却系统以避免 HF 因蒸发而损失。由工业级氢氟酸制备高纯电子级氢氟酸需要特殊的装置及精密的分析技术。

6.2.5 尾气处理

需处理的尾气量取决于萤石的组成。用水或碱溶液吸收处理尾气时产生含硫酸盐和氟化物的中性废液，例如萤石中的 SiO_2 杂质会留在硬石膏内或以 SiF_4 形式随尾气排放。将废液与含钙化合物反应形成沉淀后进行固液分离，可降低 SO_4^{2-} 和 F^- 的浓度，产生的固体废物（硫酸钙、氟化钙）可与主反应联产副产品硬石膏。用水吸收 SiF_4 产生的 H_2SiF_6 溶液可出售或用作生产氟化物及氟硅化物的原料。H_2SiF_6 也可用于生产 CaF_2 和 SiO_2。

6.2.6 副产品硬石膏

氢氟酸生产过程中会副产硬石膏 $CaSO_4$。经过一系列复杂处理后（如中和反应后），硬石膏可出售用作水泥工业的原料或者作地板砖的黏结剂，减少了需处理的废弃物的量 [6，Geman UBA，2000]。如果无法出售，则需进行处置。

6.2.7 产品的储存与输送

无水 HF 常温下为液体，常压下沸点为 19.5℃。通过冷却或在仓库通风系统安装冷凝器来冷凝 HF 蒸气，可使液态 HF 处于 15℃ 以下的低温状态。液态 HF 一般在常压下存储于碳钢储罐内，在储罐内壁会迅速形成一层薄 FeF_2 保护层，防止对储罐的进一步腐蚀。输送管路中液体流速必须小于 1m/s，以避免腐蚀 FeF_2 保护层。

浓度大于等于 70% 的氢氟酸需储存在碳钢储罐内，浓度小于 70% 的氢氟酸可储存在钢衬罐或聚乙烯罐内。

6.3 消耗和排放水平

6.3.1 消耗量

表 6-4 列出了 HF 生产中的物耗和能耗（文献值）。

表 6-4　HF 生产的物耗和能耗（文献值）

物耗和能耗		每吨 HF	备　注	数据来源
原材料	萤石（CaF_2）	2100～2200kg	CaF_2 的 100% 的当量 H_2SO_4	[22, CEFIC, 2000]
	H_2SO_4	2600～2700kg	100% 的当量 H_2SO_4	
助剂	NaOH		碱液洗涤	
	$Ca(OH)_2$, CaO		中和反应	
公用工程	蒸汽	150～800kg	蒸馏、回转窑加热、HF 的冷却/冷凝。关于燃料的消耗，一份 11 家公司 1999 年的数据为：7 套装置的能耗为 4.5～6.5GJ/t HF；2 套装置的能耗＜4.5GJ/t HF；2 套装置的能耗＞7GJ/t HF	
	工艺水	0.5～25m³		
	冷却水	30～100m³		
	电	150～300kW·h		
	冷却	2～3GJ		
	燃料	4～10GJ		

6.3.2 大气污染物排放浓度

表 6-5 和表 6-6 分别为 HF 生产中粉尘、SO_2 和 HF 的排放浓度（文献值）。

表 6-5　HF 生产过程中的粉尘排放浓度（文献值）

污染物种类		kg/t HF	备　注	数据来源
粉尘	CaF_2	0.05～0.1	直接加热干燥剂的烟道气和（或）气动输送气体的平均排放浓度，可用旋风分离和过滤除去。最大平均排放浓度为 0.5kg/t HF，取决于气动运输距离及储罐的数量[年平均浓度为 24～45mg/m³（标）]	[22, CEFIC, 2000]
		0.01～0.05	无干燥设备的装置（如萤石已预先经过干燥）的最大排放量为 15kg/t HF[年平均浓度为 10～20mg/m³（标）]	
			萤石煅烧时粉尘（一般为 0.005kg/t HF）和有机物（约 0.1kg/t HF）的排放量会上升，需额外配置通风口	
		＜0.07	过滤 CaF_2 粉尘	[6, German UBA, 2000]
	$CaSO_4$	0.05～0.1	来自硬石膏中和工段和后续处理过程，填埋或排入河水或海水时也不可避免。减排设施有旋风分离器、过滤器和湿式洗涤器 　最大排放浓度 0.25kg/t HF,不同处理方式排放浓度不同	[22. CEFIC, 2000]
	CaO 和（或）$Ca(OH)_2$	＜0.001	过滤装置用于减少粉尘排放,粉尘来自硬石膏中和工段所需要的 CaO 和/或 $Ca(OH)_2$ 的运输过程	
	CaF_2		2000 年的平均值为 25.6mg/m³（标）,2004 年的平均值为 13mg/m³（标）。据 2004 官方抽样调查结果,排放量可控制在 4～4.2mg/m³（标）	Solvay, Bad Wimpfen
			2000 年的平均值为 35mg/m³（标）,2004 年的平均值为 15mg/m³（标）	Flourchemie, stulln
			2000 年的平均值为 15.9mg/m³（标）,2004 年的平均值为 18.8mg/m³（标）	Flourchemic, Dohna

表 6-6 HF 生产过程中的氟化物和 SO₂ 排放浓度 （文献值）

污染物种类	kg/tHF	备　注	数据来源
SO₂	0.010	年平均值：碱洗液浓度<20mg/m³。该装置其他污染物排放浓度：NO 0.325kg/t HF，NO₂ 0.056kg/t HF，CO 0.054kg/t HF	[6, German UBA, 2000] [28, Comments on D2, 2004]
	0.007	年平均值：碱洗后浓度<20mg/m³	
	0.017	最新数据：碱洗后浓度<10mg/m³ 时排放量<0.020kg SO₂/t HF	
	0.3～0.5	水洗，最大值：1kg/t HF	[22, CEFIC, 2000]
	0.001～0.01	碱洗，最大值：0.065kg/t HF	
氟化物(HF)	0.002	年平均值：碱洗后浓度<5mg/m³	[6, German UBA, 2000] [28, Comments on D2, 2004]
	0.005	最新数据：碱洗后浓度<0.6mg/m³ 时排放量<0.002kg HF/t HF	
	0.002		
	0.005～0.015	最大值：0.1kg/t HF，排放浓度受吸收过程以及硬石膏处理过程的效率和复杂性影响	[22, CEFIC, 2000]

6.3.3 废液和固体废弃物

表 6-7 和表 6-8 分别为 HF 生产时所排放的废液和固体废弃物（文献值）。

表 6-7 废液排放量 （文献值）

参数	kg/t HF	备　注	数据来源
SO₄²⁻	0.7～20	需处理的尾气量取决于萤石的组成	[22. CEFIC, 2000]
氟化物	0.07～1.0	尾气水洗或碱洗时会产生中性废液	
悬浮物(SS)	0.1～1.0	与石灰发生中和反应，添加絮凝剂、沉淀、过滤 [6, German UBA, 2000]	

表 6-8 固体废弃物排放量 （文献值）

参数	kg/t HF	备　注	数据来源
CaSO₄	约 3700	如无销路则作为副产品处理，CaSO₄ 中含有未反应的 H₂SO₄	[22, CEFIC, 2000]
	5～50	废水洗涤时 SO₄²⁻ 和 F⁻ 生成的沉淀，该数值包括与主反应联产的副产品硬石膏的量	
CaF₂	6～70		

6.4 BAT 备选技术

6.4.1 传热设计

（1）概述

HF 生产中传热的主要问题是为主反应提供足够热量受到的诸多因素制约，包括：

- 粉末产品的黏附性、腐蚀性，限制了回转窑材质的选择；
- 设备表面积大造成大量热损失，设备腐蚀和机械阻力等，影响了回转窑的表面温度。

表 6-9 介绍了改善传热的 4 种方法（b～e），也可参照图 6-2。

表 6-9 改进主反应回转窑传热效率的方法

序号	工　艺	说　　明
a	基础工艺	在基础工艺中，干燥的萤石和原料硫酸按一定比例混合后直接送入回转窑中。通过加热回转窑窑体，提供吸热反应所需的热量。这种间接加热使得生产不同等级产品所需的加热气体的温度更高[以每平方米窑体表面积（m²）对应的 HF 的量（t）计]。因此，在某些情况下，可能导致窑体腐蚀程度更高，硬石膏及氢氟酸质量不纯
b	双夹套和控制温度优化	在回转窑周围安装若干个双层夹套，送入夹套的加热气体的温度沿入口-出口方向递减，从而更好地控制窑内的温度，改善热量的利用。这种改进方式只对新建装置经济可行，对已有装置回转窑增加夹套及相关管道的改造成本过高
c	预热 H_2SO_4	对 H_2SO_4 预热后再加入回转窑中。预热硫酸的过程一般比较简单，但如果硫酸中含有 HF 则要求预热设备采用防腐材料
d	预热萤石	对萤石粉末进行间接预热所需的设备更复杂。由于热反应物的活性较强，当萤石温度升高时，预热过程及回转窑内产生的粉尘夹带量会显著增加，而这反过来又限制了最高反应温度。直接加热则是用含氧气体将萤石煅烧至 400～450℃。此方法的优点是能去除大部分浮选剂，得到的产品易与硫酸混合，反应速度更快，显著降低了回转窑的负荷。其缺点是萤石煅烧设备投资成本高
e	预反应器	先将原料输送到预反应器，然后再送入回转窑。这种预热旋转设备可混合并加热反应物，使 CaF_2 转化率达到 50% 左右，但由于其结构复杂，且需用特殊耐腐蚀合金材料制成，故造价相当昂贵。同时热反应物的黏附性和腐蚀性，使设备极易受到腐蚀。使 CaF_2 在预反应器中充分转化有两个重要优势：一是降低了回转窑的负荷；二是在回转窑中几乎不会产生黏附性物质，从而提高了传热效率且避免了结垢等一系列问题。使用预反应器能降低加热气体的温度，从而降低窑体被腐蚀的风险，并使反应过程更稳定

（2）环境效益

效率更高。

（3）跨介质影响

表 6-9 中预热萤石改进工艺会以裂解产物的形式向空气中排放大约 2%～5% 的有机浮选剂。

（4）操作数据

未提供信息。

（5）适用性

以下编号与表 6-9 中的编号一致：b. 已有或新建装置均适用；c. 普遍适用；d. 普遍适用；e. 普遍适用。

（6）经济性

以下编号与 6-9 中的编号一致：a. 对已有装置来说，投资成本过高；b. 投资成本相对较低；c. 投资成本高；d. 投资、维护成本高。

（7）实施驱动力

优化工艺流程并提高回转窑的生产能力。腐蚀风险较低，反应更稳定。

（8）参考文献和示例装置

[22，CEFIC，2000]，Lanxess（萤石预热），Arkema（kneading for one kiln），dos del Fluor SA（H_2SO_4 预热）。

6.4.2 回转窑热量回收

（1）概述

回转窑窑体出口处的气体温度高达 400℃ 左右，因 HF 的生产速率的变化（用 t HF/m^2 窑壳表面积表示）而不同。多余热量由多个热回收系统吸收，使气体温度下降到 200℃ 或 250℃，回收的热量用于预热反应物、燃烧气或生产装置中的其他液体。

（2）环境效益

节能，整个装置可回收约 20% 的总热量。

（3）跨介质影响

无明确影响。

（4）操作数据

未提供信息。

（5）适用性

一般适用于新建装置。

在现有装置上安装热量回收设备，可能会遇到技术问题。当具备安装热量回收设备条件时，相应改造成本远高于实际节能效益。

（6）经济性

未提供具体信息。

（7）实施驱动力

节省能源和成本。

（8）参考文献和示例装置

[22，CEFIC，2000]

6.4.3 硬石膏的资源化与处置

（1）概述

氢氟酸生产时副产大量无水硫酸钙，即硬石膏（不含结晶水的 $CaSO_4$）。硬石膏主要用作工业生产的原材料，此外人造硬石膏还有多种用途，如泥灰、地板黏结剂、水泥添加剂、农业、塑料制品填充物以及生产多孔砖，且硬石膏是生产上述部分产品的首选原料，但由于多种原因（如其他原料的竞争，以及质量问题等），使得硬石膏总是供大于求。对过量硬石膏最常见的处置方法是填埋，在欧洲有 3 家工厂将其排放到地表水或海水中。

（2）环境效益

硬石膏作为其他产品的原料使用，减少处置量。

（3）跨介质影响

无明确影响。

（4）操作数据

未提供信息。

（5）适用性

普遍适用，但副产品硫酸钙仍需与天然硬石膏、人造硬石膏及水泥竞争市场。因此，在天然硬石膏或熟石膏储量有限的国家需对其进行回收。硬石膏有时与其他产品质量差距较大，能否回用取决于气物理性质及杂质的含量。多数情况需硬石膏进行纯化，导致成本增加。硬石膏与天然材料的竞争无法规避，例如硬石膏可作为地板黏结剂使用，且优于常用的水泥，但由于政策和关税导致市场波动，硬石膏市场的发展十分困难。

（6）经济性

成本效益。

（7）实施驱动力

成本效益。

（8）参考文献和示例装置

[22，CEFIC，2000]

6.4.4 氟硅酸的回收利用

（1）概述

回收氢氟酸中的 SiF_4 可得到 25％～35％的工业级氟硅酸，氟硅酸用途包括：

- 直接用于饮用水的氟化；
- 生产六氟硅酸的钠盐、钾盐、镁盐、铅盐、铜盐、锌盐及铵盐；
- 生产氟化钠；
- 生产冰晶石（氟铝酸钠）、六氟铝酸钾、氟化铝及铝制品；
- 当需提高 HF 产量时也可用于生产 HF。

（2）环境效益

防止副产品进入环境。

（3）跨介质影响

无明确影响。

（4）操作数据

未提供信息。

（5）适用性

生成的氟硅酸与用 HF 和 H_3PO_4 进行玻璃蚀刻时的副产品存在竞争，且需求量有限，多余氟硅酸在填埋前需用石灰中和生成 CaF_2 和 SiO_2。

利用氟硅酸生产 HF 的详细介绍见 6.4.10 部分。

（6）经济性

成本效益。

（7）实施驱动力

成本效益。

（8）参考文献及示例装置

［22，CEFIC，2000，24，Dreveton，2000，25，Davy，2005］

6.4.5 萤石煅烧

（1）概述

萤石煅烧的燃料消耗占 HF 生产总燃料消耗量的 25%，煅烧过程在单独的煅烧炉中进行。约 900℃的烟气与萤石在炉内逆流接触，从而将萤石加热到大约 400℃。气体离开煅烧炉时的温度约为 110℃。由于进料温度较高，旋转窑引入了较高的热量，旋转回转窑需要的表面积相对较小，减小了回转窑的尺寸。

（2）环境效益

浮选剂与硫酸反应时不产生 SO_2。

（3）跨介质影响

以裂解产物的形式向空气中排放大约 2%～5%的有机浮选剂。

（4）操作数据

未提供具体信息。

（5）适用性

高温萤石的反应活性强，反应物可直接加入回转窑无需经过预反应器，因而无法利用预反应器的优点（如反应过程对原料比例和酸浓度变化非常敏感），反而会导致回转窑结垢严重。

（6）经济性

与预反应器相比，煅烧萤石的投资成本高出约 50%～100%，但燃料消耗较少且维护费用较低，缩小了投资成本上的差距。

（7）实施驱动力

提高现有回转窑的生产能力。

（8）参考文件及示例装置

［22，CEFIC，2000］

6.4.6 尾气洗涤：氟化物

（1）概述

气态 HF 易被水或碱液吸收，吸收过程为放热反应，用纯水吸收 HF 生成的酸溶液可在 HF 装置内重复利用。含 HF 的尾气可经单向逆流接触水吸收器进行洗涤。通常尾气的浓度和流速变化较大，因此设计吸收装置（一般采用填料塔）时需以最小液流和最大气流为边界条件，以保证对填料的有效浸润。上述过程会产生大量没有经济价值的 HF 溶液。

通过循环部分喷射液增大液流，可使液流中含有更多的氢氟酸，部分氢氟酸回收。此时，设备出口气体中含 HF，排出气中 HF 的浓度受热力学平衡影响，平衡移动方向取决于液体的组成和温度。设备内未被吸收装置吸收的气体或气流夹带走的酸性液滴也会影响氢氟酸的浓度。采用碱液吸收则不会出现气流夹带酸性液滴的情况，但吸收的气体不易回收。洗涤器后还可使用除雾器。当需要回收 HF 溶液，并要求气体中污染物浓度极低时，建议使用两步吸收系统。

（2）环境效益

表 6-10 列出了使用不同洗涤设备的污染物排放浓度，碱洗能显著减少 SO_2 的排放 [6，German UBA，2000]。

表 6-10　不同洗涤设备的 HF 排放浓度

洗涤设备	氟化物(HF)排放浓度/[mg/m³(标)]	成本估算
采用大量水作洗涤剂的单级单程洗涤装置或多级水喷雾器	5～10	设备简单(无需循环和控温)，投资成本不高
单级闭合循环水洗涤器(同时生成 HF)	排气中 HF 的浓度取决于闭合回路中的酸浓度，需配备二次洗涤装置对排气进行洗涤	净化后的产品酸浓度可达 20%，可用于其他用途。可能需通过冷却循环液以控制温度
双级水洗涤器	低排放量	
单级碱液洗涤器	通常为 1～5	
水、碱液联合洗涤器	通常为 1～5	投资高(需控制设备，成本为水吸收的 2 倍以上)
固体碱吸收器	<5mg	废水产生量较小时具有经济价值

数据来源：[22，CEFIC，2000]。

（3）跨介质影响

消耗热量和水，碱洗时还消耗化学品。

（4）操作数据

HF 吸收设备通常由钢衬胶或聚氯乙烯（PVC）、聚丙炳或聚乙烯（也可选强化玻璃纤维）等材料制成。

（5）适用性

普遍适用，水或碱液洗涤是一项成熟有效的技术。

碱溶液吸收（单级吸收）可处理少量或间歇排出的含 HF 气体，但 HF 和碱液无法回收再用。因废水中含有大量 NaF，该技术不宜用于处理大量连续排出的含 HF 气体。连续流首选水和碱吸收相结合的洗涤技术。

用含固体碱的固定床吸收少量含 HF 的湿气经济可行。

（6）经济性

见表 6-10。

单级单程气体流量为 $100m^3/h$ 的吸收装置，投资约 5 万～8 万欧元（新建装置）。

当气体流量为 $1000m^3/h$ 时，双级气体处理系统的投资约为 15 万～20 万欧元（新建装置）或 2000～4000 欧元。

如果装置内没有可利用的碱溶液，投资成本会明显提高。此时需配置水箱、碱液输送管线和碱存储间。运营成本主要包括碱损耗、能量消耗、废液中和及维护成本。回收 HF 溶液时碱消耗量非常低（忽略对 SO_2 的吸收）；不回收 HF 时，在吸收或废液中和过程消耗等量的碱液。如果碱液由其他装置供应，在污水处理过程只需将废水和碱液混合，则能耗较小，主要为水泵的能耗。

每年的维护费用约占运行成本的 5%。

（7）参考文献和示例装置

[22，CEFIC，2000]，[6，German UBA，2000] 及文献中所列的 3 套示例装置。

6.4.7　尾气的洗涤：氟化物及 SO_2 和 CO_2

（1）概述

水对 SO_2 的吸收量不大，当吸收 HF 后溶液 pH 值较低，对 SO_2 几乎没有吸收效果。在单程吸收工艺中使用大量的碱缓冲溶液洗涤可提高吸收效率，使用海水洗涤尤为有效。洗涤液 pH<8 时不吸收 CO_2。有时需使用氧气、过氧化氢对废水进行氧化处理，将 SO_2 氧化成硫酸盐。尾气中 HF 的吸收见 6.4.6 部分相关内容。

（2）环境效益

洗涤液吸收的 SO_2 先转化成亚硫酸盐，再自然氧化成硫酸盐。这样可避免排放后使地表水 COD 超标，SO_2 的排放浓度见表 6-11。

表 6-11　不同洗涤设备的 SO_2 排放浓度

洗涤设备	SO_2 的排放量/[mg/m³（标）]	成本估算
采用大量水作洗涤剂的单级单程洗涤设备或多级水喷雾器	SO_2 去除率从 20% 至近 100%，取决于洗涤液的量及碱性	设备简单（无需循环和控温），投资成本不高
单级闭合循环水洗涤器（同时生成 HF）	SO_2 几乎未被吸收（洗涤液 pH 值低）	净化后的产品酸浓度可达 20%，可用于其他用途。可能需通过冷却循环液以控制温度
双级水洗涤器		
单级碱溶液洗涤器	SO_2 浓度为 5～100mg/m³	

续表

洗涤设备	SO₂的排放量/[mg/m³（标）]	成本估算
水、碱液联合洗涤器	SO₂浓度为 5～100mg/m³，具体取决于洗涤液的 pH 值及洗涤器的设计参数	投资高（需控制设备,成本为水吸收的 2 倍以上）
固体碱吸收器		

数据来源：［22，CEFIC，2000］。

经水、碱液联合洗涤后，SO_2排放浓度<20mg/m³（标）［6，German UBA，2000］。

经一级或二级洗涤后，SO_2排放浓度<40mg/m³（标），具体浓度取决于洗涤液种类［11，European Commission，2003］。

表 6-12 为德国某 HF 装置的 SO_2 排放浓度［28，Comments on D2，2004］。

表 6-12　德国某 HF 装置的 HF 和 SO₂ 排放浓度

项目	kg/t HF	mg/m³
SO₂	0.02	<10
HF	0.002	<0.6

数据来源：［28，Comments on D2，2004］。

（3）跨介质影响

消耗水和化学品。

（4）操作数据

碱液吸收，pH＝7～9。

（5）适用性

普遍适用。水或碱液洗涤是一项成熟有效的技术。

（6）经济性

见 6.4.6 部分。

（7）实施驱动力

减排。

（8）参考文献和示例装置

［22，CEFIC，2000］，［6，German UBA，2000］以及参考文献中所列的 3 套示例装置。

6.4.8　减少干燥、运输和储存过程中的粉尘排放量

（1）概述

HF 生产过程中，粉尘的主要排放源包括：

- CaF_2粉尘，来自萤石干燥（直接加热干燥）、运输（气动输送）和存储过程；
- $CaSO_4$粉尘，来自硬石膏处理过程；
- CaO 和（或）$Ca(OH)_2$粉尘，来自运输和存储过程。

减少粉尘排放的技术包括使用旋风除尘器、过滤器及湿式洗涤器。

（2）环境效益

减少粉尘排放量。

欧盟 BAT 技术的粉尘减排量见表 6-13 ［11，European Commission，2003］。

表 6-13 减排技术及其粉尘排放浓度

减排技术	排放浓度	脱除率
	mg/m³（标）	％
织物过滤器	2～10	99～99.9
干式或湿式旋风除尘器		20～99
湿式洗涤器		50～99

数据来源：［11，European Commission，2003］。

（3）跨介质影响

湿式洗涤器会产生废水。

（4）操作数据

未提供具体信息，可参照 ［11，European Commission，2003］。

（5）适用性

普遍适用。

（6）经济性

未提供信息。

（7）实施驱动力

减少粉尘排放量。

（8）参考文献及示例装置

［6，German UBA，2000，11，European Commission，2003，22，CEFIC，2000］

6.4.9 废水处理

（1）概述

湿法洗涤废气过程会产生废水。废水中含有无机污染物，通常采用下列方法处理：

- 石灰中和；
- 投加絮凝剂；
- 沉淀；
- 过滤。

（2）环境效益

减少废水污染物的排放。

（3）跨介质影响

消耗药剂。

（4）操作数据

未提供具体信息。

（5）适用性

普遍适用。

（6）经济性

未提供信息。

（7）实施驱动力

减少废水污染物的排放。

（8）参考文件及示例装置

[6，German UBA，2000，28，Comments on D2，2004]。

6.4.10　氟硅酸工艺

（1）概述

反应容器内有强酸存在时，H_2SiF_6 水溶液分解产生 SiF_4 和 HF。HF 随硫酸溶液排出反应器，经蒸发和提纯后得到所需质量的产品。SiF_4 气体用 H_2SiF_6 原料液吸收并生成 H_2SiF_6 和硅，工艺流程见图 6-4。

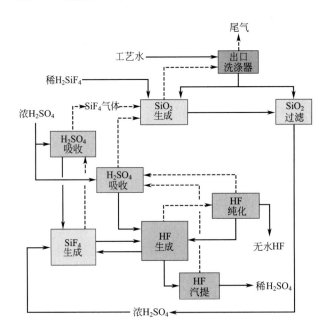

图 6-4　氟硅酸工艺流程

数据来源：[25，Davy，2005]

（2）环境效益

- 回收大量 H_2SiF_6 副产品，可替代天然 H_2SiF_6；
- 如果联合生产基地内有磷酸装置，稀硫酸可回用于磷酸装置。

（3）跨介质影响

直接能耗是萤石工艺的 5～6 倍。

（4）操作数据

① 进料

- H_2SiF_6（以 F 计）：18%～25%（质量分数）。
- H_2SO_4：96%～98%。

② 出料

- H_2SiF_6：99.98%。
- H_2SO_4：70%～75%。
- 硅：1.35～1.8t/t HF（回用于磷酸装置）。

③ 无水 HF 的吨产品消耗量：

- H_2SiF_6：1.5t。
- 硫酸：28～300t（回收用于磷酸装置）。
- 高压蒸汽：5.5t。
- 低压蒸汽：0.43t。
- 工艺水：4.5t。
- 电能：220kW·h。

（5）适用性

只适用于有磷酸装置的联合生产基地。

（6）经济性

未提供具体信息。

（7）实施驱动力

成本效益。

（8）参考文献和示例装置

[24，Dreveton，2000，25，Davy，2005] Lubon S. A.，Oswal，Chemical Works Lubon S. A.，Oswal（规划中）。

6.5　氢氟酸生产的 BAT 技术

BAT 技术即 1.5 部分介绍的通用最佳可行技术。

存储过程的 BAT 技术见 [5，European Commission，2005]。

萤石工艺的 BAT 技术可联合应用下列技术，将燃料消耗控制在表 6-14 的水平内：

- 预热原料 H_2SO_4（见图 6-2 和 6.4.1 部分）；
- 优化回转窑设计，优化回转窑的温度控制（见 6.4.1 部分）；
- 使用预反应器（见图 6-2 和 6.4.1 部分）；

- 回收回转窑热量（见 6.4.2 部分）；
- 煅烧萤石（见图 6-2 和 6.4.1、6.4.5 部分）。

表 6-14　HF 生产 BAT 技术对应的能耗

项目	GJ/t HF	备　　注
用于加热回转窑的燃料	4～6.8	现有装置
	4～5	新建装置,生产无水 HF
	4.5～6	新建装置,生产无水 HF 及氢氟酸溶液

萤石工艺尾气处理 BAT 技术（如水洗和/或碱洗）对应的污染物排放浓度见表 6-15（见 6.4.6 和 6.4.7 部分）。

表 6-15　HF 生产 BAT 对应的污染物排放浓度

项目	kg/t HF	mg/m³（标）	备　　注
SO_2	0.001～0.01		年平均值
氟化物（HF）		0.6～5	

BAT 技术减少萤石干燥、运输及储存过程中的粉尘排放，其粉尘排放浓度为 3～19mg/m³（标）（见 6.4.8 部分）。

> 不同的观点：部分企业认为，由于每年更换一次或多次织物过滤器的成本太高，上述粉尘排放浓度值很难达到。

湿法洗涤废水处理的 BAT 技术可联合使用下列技术（见 6.4.9 部分）：
- 石灰中和；
- 混凝；
- 过滤和选择性沉淀。

萤石工艺的 BAT 技术将生产的硬石膏和氟硅酸出售，如果没有销售市场，则采用填埋等措施进行处置。

氮磷钾复合肥（NPK）和硝酸钙（CN）

7.1 概 述

[154，TWG on LVIC-AAF，2006]

NPK复合肥料命名时，必须考虑肥料中N/P/K的比例及其生产工艺。产品类型包括PK、NP（如DAP）、NK以及NPK。这些产品中可能含有以下物质。

① 氮 尿素、铵盐或硝酸盐中存在，以氮的百分含量表示。

② 磷 以可溶于水的形式和（或）以中性柠檬酸铵和（或）无机酸的形式存在，通常以P_2O_5的百分含量表示。

③ 钾 以可溶于水的形式存在，通常以K_2O的百分含量表示。

④ 次要营养物 如CaO、MgO、N_2O和SO_3。

⑤ 微量元素（锌、铜、硼等）。

⑥ 其他元素。

例如，含硼NPK(Mg-S)20-6-12(3-20)0.1B复合肥表示该肥料中，含N 20％，含P_2O_5 6％，含K_2O 12％，含Mg 3％，含SO_3 20％，含B 0.1％。NPK复合肥典型营养成分（$N+P_2O_5+K_2O$）的含量通常在30％～60％之间。常用复合肥料的消耗量见表7-1。

为满足对各种组成的氮磷钾肥的生产需求，化肥生产类型可分为：混合酸工艺路线和硝酸磷肥工艺路线两类。尽管硝酸磷肥工艺路线的投资更高，且需与其他化肥生产相结合，但该生产工艺路线无需磷酸却能增加产品中磷的含量。在欧洲有 5 个化肥厂采用该工艺路线（BASF Antwerp，AMI Linz，Lovochemie Lovosice，YARA Porsgrunn，YARA Glomfjord）。

表 7-1　西欧常见复合肥的消耗情况

项目	以 1000t 营养成分为基准		
	N	P_2O_5	K_2O
NPK	2171	1739	2253
NP	461	807	0
PK	0	498	525

数据来源：[9，Austrian UBA，2002]。

NPK 复合肥厂生产规模从每天几百吨到 3000t 以上不等，大多化肥厂的生产规模约为 50t/h（1200t/d 或 350000t/a），见表 7-2。

表 7-2　西欧 25 国年产量超过 15 万吨的主要 NPK 复合肥生产厂家（2006 年 2 月）

国家	生产厂家	地 点	产能量/kt
澳地利	AMI	Linz	400
	Donauchemie	Pischelsdorf	150
比利时	BASF	Antwerp	1200
	Rosier	Moustier	300
捷克	Lovochemie	Lovosice	160
芬兰	Kemira GrowHow	Siilinjärvi	500
		Siilinjärvi	525
			425
法国	Roullier Group	CFPR St Malo	250
		CFPR Tonnay-Charente	200
	Grande Paroisse	Grand-Quevilly/Rouen	400
			200
	CEDEST	Mont	150
	Yara France		500
	Pec-Rhin		200
	S. Engrais Chim. Orga		300
	Roullier Group		200
德国	Compo	Krefeld	250
希腊	PFI	Kavala	270
匈牙利	Kemira GrowHow Kft	Veszprem	200

续表

国家	生产厂家	地 点	产能量/kt
意大利	Yara Italy	Ravenna	480
	Roullier Group	Ripalta	200
立陶宛	Kemira GrowHow/Lifosa	Kedainiai	240
	Eurochem/Lifosa	Kedainia	800
	Arvi & CO JSC	Marijampole	160
荷兰	Amfert	Amsterdam	200
	DSM Agro	LJmuiden	230
	Zuid Chemie	Sas van Gent	260
			200
波兰	Fabryka Nawozow Fosforow	Gdansk	150
	Zaklady Police	Police	580
			550
葡萄牙	Adubos	Setúbal/Lisbon	250
			200
斯洛伐克	Duslo	Sala Nad Vahom	290
西班牙	Fertiberia	Avilés	200
		Huelva	200
	Roullier Group	Lodosa	270
	Sader	Luchana	150
	Mirat SA	Salamanca	150
	Agrimartin	Terue	200
瑞典	Yara Sweden	Koeping	330
英国	Kemira GrowHow	Ince	630

7.2 生产工艺和技术

7.2.1 概述

图 7-1 为 NPK 复合肥生产的工艺流程。复合肥的生产路线基本分为 4 类：
- 混合酸工艺路线，无需分解磷矿石；
- 混合酸工艺路线，需分解磷矿石；
- 硝酸磷肥工艺路线（ODDA 工艺）；
- 单个或多种营养组分的机械混合或压制（compactation）（图中未给出）。

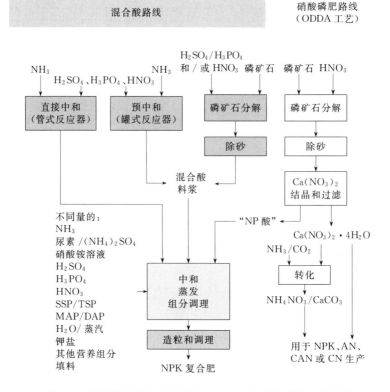

图 7-1 利用磷矿石或 SSP/TSP 生产 NPK 复合肥的工艺流程

数据来源：[154，TWG on LVIC-AAF，2006]

7.2.2 磷矿石分解

分解磷矿石可用硝酸（硝酸磷肥路线）或硝酸，硫酸和（或）磷酸的混合酸（混合酸路线）。

磷矿石的分解，详见：

- 5.2.2 湿法磷酸生产工艺；
- 7.2.2.1 部分"硝酸磷肥路线"；
- 10.2 部分 SSP/TSP 生产的工艺流程及技术。

由于原料需求及副产品等原因，通常需将硝酸磷肥路线[也叫"ODDA"工艺与氨、硝酸和硝酸铵钙（CAN）的生产相结合]。另外，从经济角度考虑，液氨适合用作硝酸磷肥路线中的冷却剂（CNTH 的结晶）。

硝酸磷肥路线工艺流程见图 7-2。硝酸磷肥路线生产 NPK 复合肥的特点是使用硝酸分解磷矿石，并在后续工艺中冷却分解液使钙离子形成硝酸钙晶体并经过滤分离。与硫酸分解工艺的最大区别在于该路线中不生成石膏。滤出硝酸钙晶体后，剩余的 NP 溶液可用于其他 NPK 复合肥生产过程的中和阶段或者造粒阶段。最终的冷却温度会影响 NPK 复合肥的组成。副产品硝酸钙转化为硝铵和碳酸钙，用于生产 CAN，或经提纯后，作为硝铵产品出售。由于对原料的需求，通常需将硝酸磷肥路线与氨、硝酸和 CAN 的生产相结合。

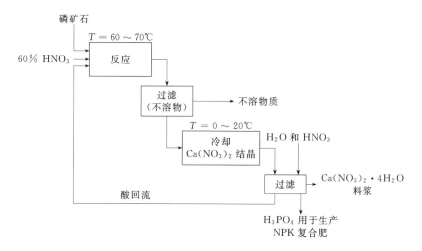

图 7-2　硝酸磷肥路线工艺流程简图

数据来源：［29，RIZA，2000］

7.2.3　直接中和（管式反应器）

H_3PO_4、H_2SO_4 和 HNO_3 在管式反应器内用氨气或液氨中和。管式反应器通常安装在转鼓造粒机内。在干燥器内可能也需使用管式反应器。

该过程可获得多种产品，包括磷酸铵（DAP/MAP）。中和过程的反应热可用于蒸发磷酸中的水分，因此该过程循环比较小，能耗低。

7.2.4　预中和

传统的料浆过程使用预中和器，可在一系列的罐或反应器中进行。用 NH_3 中和 H_3PO_4、H_2SO_4 和 HNO_3，部分料浆蒸发，水分含量降低，以便后续造粒。该工艺可生产高品质的 NPK 复合肥和磷酸铵（DAP/MAP），但料浆中水分较多，需较大循环比，能耗增加。

7.2.5　氨化转鼓造粒

该工艺主要采用固体原料。NH_3 与转鼓造粒机中固体原料和循环物料中的 H_2SO_4、H_3PO_4 或 HNO_3 发生反应。该工艺条件灵活，生产的产品种类多（包括氮含量较低的产品）。

7.2.6 造粒及调理

造粒可采用以下方式：

- 喷浆造粒（spherodise），见 7.4.2 部分；
- 转鼓造粒，见 7.4.3 部分；
- 造粒塔，见 7.4.4 部分；
- 搅拌造粒（pugmill，也叫 blunger）；
- 盘式（pan）造粒（用于 CN 生产，见 7.4.8 部分）；
- 挤压造粒。

喷浆造粒机和转鼓造粒机在造粒及干燥时所需的温度取决于 NPK 复合肥的组成。例如，生产 NPK15-15-15，干燥器进口温度约为 320℃；生产 NPK 20-8-8，干燥器进口温度通常＜200℃。上述温度还受产品类型的影响（例如含 AN 高的产品在高温下会融化）。对某化肥厂而言，生产干燥或造粒温度很低的产品时，尽管输入总热量差别不大，由于需提供温度相当低的空气，使产品的产量较小，即同一化肥厂的日产量可能变化很大。

产品造粒后再进行干燥、筛选，体积过大的颗粒被压碎后与筛选出的粉末一起返回造粒工段。为尽量减少产品的结块，最终产品必须经冷却及涂层（coated）处理后方可入库。

- 产品冷却，见 7.4.5 部分。
- 热空气回收利用，见 7.4.6 和 7.4.2 部分。
- 造粒循环，见 7.4.7 部分。

7.2.7 $Ca(NO_3)_2 \cdot 4H_2O$ 转化成硝酸铵（AN）和石灰

ODDA 工艺用硝酸分解磷矿石生产 NPK 复合肥时，产生副产物 $Ca(NO_3)_2 \cdot 4H_2O$(CNTH)。CNTH 与 NH_3 和 CO_2 反应转化成硝酸铵（AN）和石灰，二者都可用于生产硝酸铵钙（CAN）（见 9.2.1 部分）。

溶解在 NH_4NO_3 溶液中的 NH_3 和 CO_2，在碳化塔内循环利用，反应生成 $(NH_3)_2CO_3$：

$$2NH_3 + CO_2 + H_2O \longrightarrow (NH_4)_2CO_3$$

该反应为放热反应，反应热经冷却除去。CNTH 与 NH_4NO_3 溶液发生如下反应：

$$Ca(NO_3)_2 + (NH_4)_2CO_3 \longrightarrow 2NH_4NO_3 + CaCO_3$$

反应完成后，用 HNO_3 中和过量的 $(NH_4)_2CO_3$。混合液经带式过滤器过滤后，得到 $CaCO_3$ 和浓度约为 65% 的 NH_4NO_3（AN）溶液。AN 溶液在二级蒸发器内（如降膜蒸发器）用蒸汽浓缩。

也可将 CNTH 转化成商业级硝酸钙肥料。

7.2.8　磷酸铵的生产

混合酸路线可生产磷酸铵（DAP/MAP），而硝酸磷肥路线则不能。磷酸铵生产过程通常在大型专用设备内进行。大量的稀磷酸与氨气在预中和罐、管式反应器或两者结合的设备内发生中和反应。产生的料浆经造粒循环后（造粒、干燥及预处理）得到磷酸铵产品。产生的废气经高效旋风分离器处理后，再用磷酸和酸性水洗涤后排放。

7.2.9　废气排放及处理

NPK 复合肥生产的许多工段都产生废气，其中主要污染物包括以下几种。

① NO_x（主要为 NO 和 NO_2）和少量 HNO_3　氮氧化物主要来源于硝酸分解磷矿石的过程。造粒时生成的氮氧化物量取决于产品种类（不同种类产品反应温度、干燥程度等不同）和生产工艺类型（HNO_3 用量）。矿石品位（如有机物及铁的含量）也会影响氮氧化物的产生量。

② NH_3　主要来源于中和过程（管式反应器、预中和罐、转鼓氨化造粒或氨化罐）。NH_3 产生量主要取决于产品种类（反应所需氨的量、pH 值、温度及料浆黏度、干燥速率）和生产工艺类型（反应所需氨的量、是否用酸洗涤液等）。由于喷浆造粒和干燥过程温度较高，会导致部分 NH_3 蒸发。

硝酸磷肥路线中，在 CNTH 转化工段和 AN 浓缩工段也有 NH_3 排放。

③ 氟化物　主要来源为磷矿石。大部分氟化物进入到化肥中，剩余部分进入气相排放。

④ 肥料粉尘　主要来源于干燥和转鼓造粒、喷浆造粒和造粒塔造粒工段，此外，转鼓冷却、过筛、挤压造粒及运输过程也会产生粉尘。

废气的处理方法主要取决于污染物的来源、污染物的浓度及可用的洗涤液，同时也受生产工艺和产品种类的影响。

废气处理方法包括：a. 磷矿石分解废气的湿式洗涤，见 7.4.9 部分；b. 冷凝中和或蒸发工段的水汽；c. 中和、蒸发、造粒和调理工段排放废气的混合洗涤（参见 7.4.10 部分）；d. 用旋风分离器和织物过滤器对干燥气体除尘。

7.3　消耗和排放水平

NPK 复合肥生产过程的能耗、水耗、大气和水污染物排放情况分别见表 7-3～表 7-6。

表 7-3　NPK 复合肥生产过程的能耗（文献值）

项目	每吨产品			备　注		数据来源
	kW·h	m³（标）	kg			
干燥过程的总能耗	89			产量 50t/h（1200t/d 或 350000t/a）	管式反应器造粒	[77, EFMA, 2000]
	125				混合酸路线分解磷矿石	
	83				转鼓氨化造粒	
电耗	34			NPK 复合肥	从 SSP/TSP 开始的混合酸路线	Donauchemie
	28			PK 复合肥		
	109			NP 和 NPK 复合肥	硝酸磷肥路线	AMI, Linz
	25～80			NPK 复合肥	混合酸路线	Compo, Krefeld
	30			蒸汽或水法造粒	混合酸路线	[52, infoMil, 2001]
	50			化学法造粒	硝酸磷肥路线	
	33			产量 50t/h（1200t/d 或 350000t/a）	转鼓氨化造粒	[77, EFMA, 2000]
	50				混合酸路线分解磷矿石分解	
	30				管式反应器造粒	
天然气	80.7		8	NPK 复合肥的干燥	从 SSP/TSP 开始的混合酸路线	Donauchemie
	100.8		10	PK 复合肥的干燥		
			23	NP 和 NPK 复合肥	硝酸磷肥路线	AMI, Linz
	209			蒸汽/水法造粒	混合酸路线	[52, infoMil, 2001]
	116			化学法造粒	硝酸磷肥路线	
重燃油			10～35	喷浆造粒机的加热	50% 的 S（1.8%）进入产品，其余排放	Compo, Krefeld
蒸汽			80	NPK 复合肥	从 SSP/TSP 开始的混合酸路线	Donauchemie
			60	PK 复合肥		
			170	NP 和 NPK 复合肥	硝酸磷肥路线	AMI, Linz
				2000t/a	混合酸路线	BASF, Ludwigshafen
			60	蒸汽/水法造粒	混合酸路线	[52, infoMil, 2001]
			310	化学法造粒	硝酸磷肥路线	
压缩空气		38		NP 和 NPK 复合肥	硝酸磷肥路线	AMI, Linz

表 7-4　NPK 肥料生产过程的耗水量（文献值）

项目	m³/t 产品	复合肥类型	路　线	数据来源
冷却水	17		硝酸磷肥路线	AMI, Linz
造粒和废气洗涤	1.4	NPK 复合肥	管式反应器，从 SSP/TSP 开始的混合酸路线	Donauchemie
	0.9	PK 复合肥		

数据来源：[9, Austrian UBA, 2002]。

表 7-5　**NPK 复合肥生产过程大气污染物排放浓度（文献值）**

项目	排放浓度			备　注	数据来源
	mg/m³(标)	10^{-6}	kg/h		
NO$_x$（以 NO$_2$计）	100		0.8～1.2	8000～12000m³/h，来自磷矿石分解工段，湿式洗涤处理	Compo, Krefeld
	<100		1.9	19000m³/h，来自分解 Kola 磷矿石分解工段，湿式洗涤处理	BASF, Ludwigshafen
	425		8.1	19000m³/h，来自分解 Florida 磷矿石分解工段，湿式洗涤处理	BASF, Ludwigshafen
	50		4.5	90000m³/h，来自干燥工段，仅用旋风分离器处理	Compo, Krefeld
	206		5.15	25000m³/h(2001 年)，来自磷矿石分解工段，多级洗涤处理（见 7.4.9 部分）	AMI, Linz
	245		6.12	25000m³/h(2000 年)来自磷矿石分解工段，多级洗涤处理（见 7.4.9 部分）	AMI, Linz
	22		5.6	250000m³/h，来自中和、蒸发及造粒过程，混合气体洗涤处理（见 7.4.10 部分）	AMI, Linz
	500	250		来自混合酸路线，指导值	[77,EFMA,2000]
	500			硝酸磷肥路线	[77,EFMA,2000]
NH$_3$	16		1.4	90000m³/h，来自干燥工段，仅用旋风分离器处理	Compo, Krefeld
	6		0.05	8000～12000m³/h，来自湿法工艺磷矿石分解工段，湿式洗涤处理分解	Compo, Krefeld
				来自混合酸路线的管式反应器，三级洗涤处理	
	0～10		0～3.4	340000m³/h，来自中和、造粒、干燥工段，经旋风分离器和洗涤处理	
	4.6		0.74	160000m³/h，来自造粒/管式反应器、干燥、冷却、过筛工段，经旋风分离器和三级洗涤处理	
	7.4		1.9	250000m³/h，来自中和、蒸发及造粒工段，气体联合洗涤处理（见 7.4.10 部分）	AMI, Linz
	60	100		来自混合酸路线，指导值	[77,EFMA,2000]
	60			来自硝酸磷肥路线，含 CNTH 转化工段	[76, EFMA, 2000]

续表

项目	排放浓度			备　注	数据来源
	mg/m³(标)	10⁻⁶	kg/h		
氟化物（以 HF 计）	6		0.05～0.07	8000～12000m³/h，来自湿法工艺磷矿石分解工段，湿式洗涤处理	Compo，Krefeld
	1～3		0.02～0.06	19000m³/h，来自 Florida 磷矿石分解工段，湿式洗涤处理分解	BASF，Ludwigshafen
	1～2.7		0.34～0.92	340000m³/h，来自中和、造粒、干燥、调理工段，经旋风分离器和洗涤处理	BASF，Ludwigshafen
	3.2		0.51	160000m³/h，来自造粒/管式反应器、干燥、冷却、过筛工段，经旋风分离器和三级洗涤处理	Donauchemie
	1.65		0.4	250000m³/h，来自中和、蒸发及造粒工段，气体联合洗涤处理（见 7.4.10 部分）	AMI，Linz
	0.34		0.008	25000m³/h（2001 年），来自磷矿石分解，多级洗涤处理（见 7.4.9 部分）分解	AMI，Linz
	0.30		0.008	25000m³/h（2000 年）来自磷矿石分解，多级洗涤处理（见 7.4.9 部分）分解	AMI，Linz
		1.4～2.0		来自混合酸路线管式反应器，三级洗涤处理	CFL，India [79，Carillo，2002]
	5	6		来自混合酸路线，指导值	[77，EFMA，2000]
	5			来自硝酸磷肥路线，含 CNTH 转化工段	[76，EFMA，2000]
粉尘	40～75		3.6～6.8	90000m³/h，来自干燥工段，仅用旋风分离器处理	Compo，Krefeld
	16.8			来自转鼓造粒，转鼓干燥工段，经旋风分离器和洗涤处理	AMFERT，Amsterdam
	10～35		3.4～11.9	340000m³/h，来自中和、造粒、干燥、调理工段，经旋风分离器和洗涤处理	BASF，Ludwigshafen
	26.6		6.7	250000m³/h，来自中和、蒸发及造粒工段，气体联合洗涤处理（见 7.4.10 部分）	AMI，Linz
	70		11.2	160000m³/h，来自造粒/管式反应器、干燥、冷却、过筛工段，经旋风分离器和三级洗涤处理	Donauchemie
		30～40		混合酸路线，来自管式反应器，三级洗涤处理	CFL，India [79，Carillo，2002]
	5		25	500000m³/h，来自硝酸磷肥路线造粒塔，未处理	[76，EFMA，2000]
	20		7.4	370000m³/h，来自 CN 生产的造粒塔，未处理	
	50			干重，来自混合酸路线	

续表

项目	排放浓度			备　　注	数据来源
	mg/m³（标）	10^{-6}	kg/h		
HCl	23		3.7	$160000m^3/h$，来自造粒/管式反应器、干燥、冷却、过筛工段，经旋风分离器和三级洗涤处理	Donauchemie
	3.7			来自转鼓造粒工段，经旋风分离器和洗涤处理	AMFERT
	15			来自转鼓造粒和干燥工段	Zuid-Chemie
	＜30			来自除尘车间、运输、过筛工段，经二级织物过滤器过滤	
	＜30			来自转鼓造粒工段，经旋风分离器和二级洗涤处理	
	1.91			来自 PK 生产，洗涤处理	Amfert Ludwigshafen

表 7-6　NPK 肥料生产过程中废水污染物排放浓度（文献值）

m³/d	参数	kg/d	kg/t P	kg/t P₂O₅	备　　注	参考文献
2400～4000	P	237		1.12	废气洗涤（硝酸分解磷矿石）、洗砂、清洗和冲洗废水；生产规模 210t P₂O₅；废水经生化处理	BASF, Ludwigshafen [78, German UBA, 2001]
	F	282		1.33		
	NO_3^--N＝TN	901		4.26		
3450	pH＝6.8	—	—	—	ODDA 工艺产生的废水，包括 CNTH 转化工段的废水；生产规模 1200t NPK 复合肥；废水中和后排放	AMI, Linz [9, Austrian UBA, 2002]
	FS	215	1.47			
	PO_4^{3-}	77	0.53			
	NH_4^+-N	1000	0.68			
	NO_3^--N	124	0.85			
	NO_2^--N	2	0.01			
	氟化物	43	0.29			
	Cd	0.0014	0.00001			
	TN			1.2	硝酸磷肥路线的矿石分解工段，包括 CNTH 转化工段的废水	[76, EFMA, 2000]
	P₂O₅			0.4		
	氟化物			0.7		
	TN			0.2[①]	硝酸磷肥路线，中和、造粒、干燥、涂层处理工段废水	[76, EFMA, 2000]
	氟化物			0.03[①]		
	TN			0.2[①]	混合酸路线产生的废水	[77, EFMA, 2000]
	氟化物			0.03[①]		

① kg/t NPK 复合肥。

7.4 BAT 备选技术

7.4.1 NO_x 减排

（1）概述

选择适当的操作条件，如控制温度及磷矿石和酸的比例，可最大限度地减少磷矿石分解产生废气中的 NO_x 浓度。分解温度过高会产生大量 NO_x。使用有机物和铁含量低的磷矿石也可减少 NO_x 的产生。

（2）环境效益

最大限度地减少 NO_x 产生。示例装置 NO_x 排放浓度如下 [78，German UBA，2001]：

- 使用佛罗里达磷矿石（IMC）时 NO_x 的排放浓度约为 $425mg/m^3$；
- 使用俄罗斯磷矿石（Kola）时 NO_x 的排放浓度 $100mg/m^3$。

（3）跨介质影响

无明确影响。

（4）操作数据

未提供具体信息。

（5）适用性

普遍适用，但高品位磷矿石不易获得。佛罗里达磷矿石在欧洲使用较少。

磷矿石中的有机物会产生臭味 [52，infoMil，2001]。参见 5.4.9 部分和 5.4.10 部分"磷矿石的选择"。

（6）经济性

含杂质较少的磷矿石价格会上涨。

（7）实施驱动力

未提供具体信息。

（8）参考文献及示例装置

[9，Austrian UBA，2002，78，German UBA，2001]

7.4.2 造粒（1）：喷浆造粒

（1）概述

磷矿石分解产生的料浆通常在喷浆造粒机中造粒。喷浆造粒技术将造粒和干燥在同一工段完成。喷浆造粒机为一个倾斜滚筒，内部分为造粒区和干燥区。

过小及过大的（压碎后）颗粒返回造粒区（即造粒循环）。返回滚筒的颗粒在滚筒中形成移动床层，将含水 10%～20% 的料浆喷洒到移动床层表面。空气经燃烧器预热至 400℃后并流通过喷浆造粒机，料浆中的水分蒸发，得到含水率<1.5%的干燥颗粒。

可从后续冷却工段的热废气（热空气回收见 7.4.6 部分）和除尘工段（来自传送带和升降机的气体）回收部分造粒空气。

（2）环境效益

喷浆造粒机所用原料气的性质见表 7-7。

表 7-7 喷浆造粒机所用原料气的性质

项目	原料气			说　明
	mg/m^3（标）	kg/h	m^3（标）/h	
粉尘	150	37		硝酸磷肥工艺路线生产 NPK 复合肥，原料气与来自中和、蒸发工段的废气一起处理
NH_3	150	37	约 24500	
NO_x	25	6		

数据来源：［9，Austrian UBA，2002］。

（3）跨介质影响

无明确影响。

（4）操作数据

未提供具体信息。

（5）适用性

普遍适用。

（6）经济性

未提供信息。

（7）实施驱动力

未提供具体信息。

（8）参考文献及示例装置

［9，Austrian UBA，2002］，AMI，Linz（硝酸磷肥路线），Kompo，Krefeld（混合酸路线）。

7.4.3 造粒（2）：转鼓造粒

（1）概述

中和工段约 135℃的 NP 料液中含水约 4%～12%，将其与生产所需的盐和回收产物混合后，抽吸、喷洒至旋转的转鼓造粒机中。转鼓内产生的水蒸气由并流空气带走，形成的颗粒在旋转的干燥转鼓中由热空气烘干，使含水量<1.5%。NPK 15-15-15 产量 55t/h 时，干燥转鼓排出的空气流量约为 100000m^3（标）/h，其中含有水、粉尘、氨气及可燃性气体。造粒转鼓和干燥转鼓中排出的空气经高效旋风分离器处理后，粉尘含量<50mg/m^3（标）。与在造粒塔中一样，造粒和干燥过程损失的氨取决于操作温

度和料浆最终的 pH 值。如果料浆最后的 pH≈5，则造粒、干燥工段排气中氨的含量将≥150mg/m³（标）。干燥后的 NPK 复合肥需过筛，尺寸符合要求的热产品送至调理工段，过大颗粒（压碎后）和过小颗粒则返回造粒转鼓中。过筛机、压碎机和传送带产生的粉尘也被转鼓排放的空气带走。

（2）环境效益

● 经旋风分离器处理后，废气和粉尘的浓度＜50mg/m³（标），有时可达 75mg/m³（标）（硝酸磷肥路线）；

● 料浆 pH＝5 时，尾气中氨气的平均含量＜150mg/m³（标）（硝酸磷肥路线）；

● 采用混合酸路线的 AMFERT Amsterdam 多用途生产装置，造粒转鼓和干燥转鼓排放的废气经旋风分离器和洗涤处理后，粉尘含量约为 16.8mg/m³（标）；

● Zuid Chemie 多用途生产装置生产线 1 产生的废气，经旋风分离器和二级洗涤（酸洗＋水洗）后，废气中 NH_3 浓度＜100mg/m³（标）；

● Zuid Chemie 多用途生产装置生产线 2 产生的废气，经旋风分离器和二级洗涤（酸洗＋水洗）后，废气中 NH_3 浓度＜30mg/m³（标）。

（3）跨介质影响

无明确影响。

（4）操作数据

NPK 15-15-15 产量约为 55 t/h 时，废气量约为 100000mg/m³（标）（硝酸磷肥路线）。

（5）适用性

普遍适用。

（6）经济性

未提供信息。

（7）实施驱动力

未提供具体信息。

（8）参考文献及示例装置

[76，EFMA，2000]

7.4.4　造粒（3）：造粒塔造粒

（1）概述

中和单元的 NP 料液与生产所需的盐以及回收产品混合后形成含水量约为 0.5％的料浆。混合料浆送入旋转造粒筒后喷入造粒塔。塔底部的风机将周围空气逆流吹向固化的料浆小颗粒。固体颗粒沉降到塔底后被刮走，送往干燥系统，产品干燥后经过筛处理，过大颗粒（压碎后）和过小颗粒则返回造粒工段，NPK 产品送至调理工段。

（2）环境效益

NPK 复合肥和 CN 生产过程中，造粒塔的排放的污染物及浓度见表 7-8。

表 7-8 NPK 复合肥和 CN 生产过程中造粒塔排放的污染物及浓度

项目	排放量			说　明
	mg/m³	kg/h	m³/h	
粉尘	5	2.5	500000	硝酸磷肥路线生产 NPK 复合肥，未经减排处理。（粉尘排放量取决于 CN 含量，NH₃的排放量与 pH 值、温度及 NH₃/P₂O₅比有关）
NH₃	10～15	5～7.5		
CN 粉尘	20	7.4	370000	CN 产量 40t/h 时的排放量

（3）跨介质影响

无明确影响。

（4）操作数据

未提供具体信息。

（5）适应性

普遍适用。在欧洲，目前仅有一个 NPK 复合肥造粒塔还在运转。如果气候环境不适宜，NPK 复合肥生产的投资成本较高。

（6）经济性

未提供信息。

（7）实施驱动力

未提供具体信息。

（8）参考文献及示例装置

[76，EFMA，2000]，Yara，porsgrunn

7.4.5　板束产品冷却器

（1）概述

干燥和过筛后，大多数肥料产品需经冷却处理，以避免在存储过程结块。推荐使用的冷却器包括：

- 转鼓冷却器；
- 流化床冷却器；
- 板束（或散流）冷却器。

转鼓冷却器以周围环境空气或冷空气为冷却介质，是工业应用最广泛的冷却设备。尽管转鼓冷却器的投资和运行成本相当高，但冷却效果最好。流化床冷却器也使用空气作冷却介质，在非欧盟国家广泛使用。流化床冷却器比转鼓冷却器尺寸小，投资成本也较低，但因压降大，所需冷却气量大，使运行成本大幅增加。

板束冷却器在投资和运行成本方面都有显著优势，目前已有成功的应用案例。板束冷却器由垂直的不锈钢空心板束组成，其冷却固体产品的原理很简单：固体颗粒由进料斗进入冷却器，缓慢穿过板束，同时冷却水逆流通过空心板。板间距对能否实现高效冷却而不引起固体颗粒结块至关重要。冷却后的物料经冷却器底部的卸料伐排出。冷却器的阀门开度由进料斗内的物料高度控制。冷却过程中使用少量干燥空气除去冷却器中的湿气，防止物料结块。板束冷却器的示意见图 7-3。

图 7-3　板束冷却器示意

1—进料斗；2—空心板；3—冷却水支管；4—出料口

数据来源：[55，Piche and Eng，2005]

（2）环境效益

● 减少大气污染物排放。所需干燥空气仅为转鼓冷却器或流化床冷却器所需气流的约 1%。

● 节能，见表 7-9。

表 7-9　不同冷却器的动力能耗对比

项目	每吨产品	备　注
转鼓冷却器	3kW·h	转鼓冷却器、排气扇、洗涤循环泵等均需大功率电机驱动
流化床冷却器	5kW·h	排气扇及洗涤循环泵所需功率更大
板束冷却器	0.6kW·h	仅冷却水泵、鼓风机和传输机需小功率电机驱动

（3）跨介质影响

冷却水用量大：

280~4200L/min［52，infoMil］；

200~300m³/h（BASF，Antwerp）；

150m³/h（AMI，Linz）。

内部冷却系统和干燥气的干燥/压缩能耗可抵消部分节省的动力能耗。如，BASF（Antwerp）的干燥气流用量为10000m³/h，AMI（Linz）为300m³/h［154，TWGONLVIC-AAF，2006］。

板束冷却器不能去除产品中的细粉末，但转鼓和流化床冷却器可以去除［154，TWGONLVIC-AAF，2006］。

（4）操作数据

［52，inforMil，2001年］：

生产能力　5~60t/h；

热量供应　209300~3140000kJ/h；

气体流量　10L/min；

冷却水入口温度应比物料出口温度低约10℃。

（5）适用性

普遍适用，板束冷却器结构紧凑；产能100t/h的装置占地1.8m²，高9m（两级板束冷却器直接叠加的高度）。此外，板束冷却器所需辅助设备少，操作条件温和，产品缓慢通过冷却器，不产生粉尘，产物不分解。

［52，infoMol，2001］简单介绍了尿素的生产技术，示例工厂也生产其他肥料。

板束冷却器可用于冷却各种肥料：尿素颗粒、硝酸铵、硝酸铵钙、NPK复合肥、磷酸二氢铵、磷酸氢二铵，重过磷酸钙以及硫酸铵［55，Piche and Eng，2005］。

板束冷却器不宜用作脲基NPK复合肥和硝酸铵/硝酸铵钙肥料生产的主要冷却器。板束冷却器可能不适用于SSP/TSP肥料的生产［154，TWG on LVIC-AAF，2006］。

（6）经济性

① 设备及安装成本低　板束冷却器的部件及设备和安装成本如下［54，snyder，2003］：

- 主体冷却器；
- 冷却水泵；
- 提供干燥空气的设施（鼓风机和空气干燥器）；
- 内部冷却系统，例如小冷却塔套件（可能不用）；
- 可能需要升降机［154，TWG on LVIC-AAF，2006］；
- 生产能力100t/h的冷却系统，设备及安装总成本约为140万~180万美元，略小于流化床冷却器，远低于转鼓冷却器（未计算转鼓和流化床冷却器所需洗涤器的成本），因此小规模的板束冷却器成本优势明显。

② 运行成本低　板束冷却器的电耗显著小于转鼓冷却器和流化床冷却器，较转鼓和流化床冷却器，每吨产品节约电费0.12~0.22美元。

③ 板束冷却器维护成本低（当冷却器或洗涤塔需进行维修、升级或更换时，板

束冷却器较转鼓或流化床冷却器优势明显）　如前所述，使用板束冷却器的示例装置，因干燥空气用量少，因此污染物排放量少，无需对洗涤器进行升级。

当干燥空气用量增加时成本升高［154，TWG on LVIC-AAF，2006］，见"跨介质影响"部分。

（7）实施驱动力

成本效益。

（8）参考文献及示例装置

［52，infoMil，2001，54，snyder，2003］，BASF Antwerp，AMI Linz，Yara，Porsgrumn，PFi，K.avala。

7.4.6　热空气的循环利用

（1）概述

冷却系统排放废气的传统处理方法是湿式洗涤净化，但洗涤系统效率低，可采用如下替代方法：使用织物过滤器或高效旋风分离器除去热空气（约 60～65℃，流量约 4000m³/h）中的粉尘后，代替新鲜空气，回用作干燥系统的稀释空气。该技术已得到广泛应用，可用于干燥（如美国西部）和潮湿（如美国墨西哥湾）的气候。干燥系统对水分敏感，需严格控制回用空气的含水量。

图 7-4 简要概括了传统处理系统改造为热空气循环干燥系统的示意，主要改变如下：

● 拆除旧设备和管道；

● 加装织物过滤器（或高效旋风分离器）；

● 加装循环空气风扇（如果现有装置中没有或数量不够时）；

● 安装新管道。

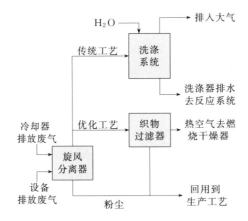

图 7-4　传统处理系统改造为热空气循环干燥系统示意

数据来源：［54，snyder，2003］

（2）环境效益

干燥回收系统应结构简单，发生堵塞、腐蚀等故障时易于维修。热空气循环干燥系统的优点如下。

- 回收热空气中的热量，节省了干燥器的燃料消耗。
- 减少了需洗涤气体的流量，可使：风扇功率减小（织物过滤器或旋风分离器的压降低）；洗涤液循环泵功率减小；补充水量减少（也减少了蒸汽用量）；湿气体减少，使随湿气体排放的氟化物减少。

节省干燥器燃料 6%～12%，折合 0.1～0.2 美元/t 产品。据估计，节省的电量约为 $2kW \cdot h/t$ 产品或 0.1 美元/t 产品。

（3）跨介质影响

该技术要求配置特殊的燃烧器，使 NO_x 排放量增加 [O_2 含量为 3%，NO_x 排放量仍小于 $200mg/m^3$（标）] [52，infoMil，2001]。

（4）操作数据

未提供具体数据。

（5）适用性

普遍适用于各种肥料的生产。Fertiberia（Huelva）和 BASF（Ludwigshafen）使用该技术时遇到困难，最后又改回原技术，主要原因是设备堵塞加剧，维修费用增加 [154，TWG on LVIC-AAF，2006]。

在 AN/CAN 生产中循环利用热空气时应考虑安全问题 [154，TWG on LVIC-AAF，2006]。

（6）经济性

产能 100t/h 时，热空气循环干燥系统的总安装成本约为 60 万～100 万美元。当冷却器（或洗涤塔）需维修、升级或更换时，使用该系统具有经济优势。

示例工厂每年可节省燃料成本 6.1 万欧元（天然气的价格按 0.14 欧元/m^3 计）。

（7）实施驱动力

节省燃料，运行成本减少。

（8）参考文献及示例装置

[52，infoMil，2001，54，Snyder，2003]，AMFERT，Amsterdam，AMI，Linz

7.4.7 优化造粒过程的物料循环比

（1）概述

控制和减少过筛后返回到造粒和干燥设备的物料可提高生产效率。可采用以下方法：

- 选择适当的筛网和压碎机组合；
- 在线监测产品粒径分布以控制造粒循环；
- 选用筒式或链式压碎机；
- 采用浪涌加料斗。

（2）环境效益

降低物料循环比，提高产量和电能利用效率。

（3）跨介质影响

无明确影响。

（4）操作数据

未提供具体信息。

（5）适用性

普遍适用。

（6）经济性

未提供具体信息，可估算成本效益。

（7）实施驱动力

成本效益。

（8）参考文献及示例装置

［54，snyder，2003，154，TWG on LVIC-AAF，2006］

7.4.8 Ca(NO₃)₂·4H₂O 转化成硝酸钙（CN）

（1）概述

$Ca(NO_3)_2 \cdot 4H_2O$（CNTH）转化成（CN）的介绍见表 7-10。

表 7-10 CNTH 转化成（CN）

工艺	说　明
中和及蒸发	硝基磷酸装置中的 CNTH 晶体加热熔化后,经泵送至两级常压反应罐,用氨气中和。氨和其中残留的酸发生反应,放出热量。两个反应罐中的气体需经水洗净化后方可排放。CN 产量为 100t/h 的装置,洗涤器废水污染物排放总量小于 0.3kg/h(NO_3^--N 和 NH_4^+-N),气体污染物浓度小于 35mg/m³(标)。熔化的 CNTH 中含有少量硝酸铵,经一级或两级蒸发,浓度从 60% 提高到 85%,然后将浓缩液转移到造粒塔或盘式造粒工段。含氨的工艺蒸汽用浓缩液洗涤后进行压缩以回收能量用于蒸发器。部分冷凝液排入水体,其余部分返回到工艺中。CN 产量为 100t/h 的装置,当湿式工段设计了溢流液(spillage)收集时,废水中 NO_3^--N 和 NH_4^+-N 总量小于 30kg/h,收集的溢流液返回到工艺过程
盘式造粒	来自蒸发系统的浓缩熔融物料与循环的物料粉末一起喷射到盘式造粒机中,生成的颗粒在平滑转鼓(smoothing drum)中抛光后于流化床中用空气冷却,之后再经两级过筛,粒径大小合适的产品送至涂层滚筒处理后得到最终产品并储存。粒径过大的颗粒压碎后与粉末混合,回用到造粒机。造粒和干燥过程的气体,必须在斜板沉淀池中用水及湿式工艺流程中的浓缩液洗涤后才能排放。排放尾气中含硝酸钙(CN)的气溶胶的量一般<4mg NO_3^--N/m³(标)。硝酸钙产量 50t/h 时,盘式造粒机内的空气流通量为 170000m³(标)/h。斜板沉淀池的浓缩液(底泥)中含有硝酸钙,与来自干燥工段的溢流液混合后返回到中和工段。干燥工段不排放 NO_3^--N
造粒	造粒介绍见 7.4.4 部分

（2）环境效益

污染物排放浓度见表 7-10。

（3）跨介质影响

无明确影响。

（4）操作数据

硝酸钙产量50t/h时，盘式造粒机内的空气流通量为170000m³（标）/h。

（5）适用性

普遍适用。适用于硝酸磷肥路线的生产装置。

（6）经济性

未提供信息。

（7）实施驱动力

未提供具体信息。

（8）参考文献及示例装置

[76，EFMA，2000年]

7.4.9　含 NO_x 废气的多级洗涤

（1）概述

NPK复合肥生产中，需多级洗涤净化的废气来源如下：

- 磷矿石分解；
- 砂的分离/冲洗；
- $Ca(NO_3)_2 \cdot 4H_2O(CNTH)$ 的过滤/冲洗。

洗涤工段采用10%的硝酸铵（AN）溶液作洗涤介质，当洗涤液浓度足够大时可回用于NPK复合肥生产工艺中。不同来源的废气从洗涤器的不同高度进入，使洗涤器的处理负荷提高。

含 NO_x 废气的多级洗涤如图7-5所示。

（2）环境效益

实现废气的多级洗涤，同时可回收有用组分。多级洗涤后大气污染物排放浓度见表7-11。

表 7-11　废气多级洗涤后大气污染物的排放浓度

项目	原料气		排放水平		效果	数据来源
	mg/m³（标）	m³（标）/h	mg/m³（标）	kg/h	%	
NO_x		25000	160～288[①]	5.2～6.1		AMI，Linz
HF			0.30～1.40	0.035		

① 采用摩洛哥磷矿岩，满负荷生产时排放浓度更高。

数据来源：[9，Austrian UBA，2002]。

（3）跨介质影响

消耗能量和化学品。

（4）操作数据

未提供具体信息。

（5）适用性

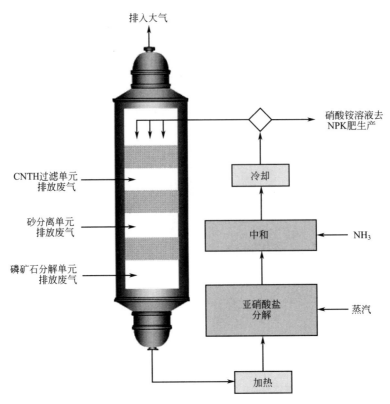

图 7-5　含 NO_x 废气的多级洗涤

数据来源：[9，Austrian UBA，2002]

适用于用 AN 生产 NPK 复合肥。

（6）经济性

未提供信息。

（7）实施驱动力

减少 NO_x 排放。

（8）参考文献及示例装置

[9，Austrian UBA，2002]，AMI，Linz。

7.4.10　中和、蒸发和造粒工段废气的联合洗涤

（1）概述

示例工厂对 NPK 复合肥生产装置进行了改造：用新型组合废气洗涤塔替代原有处理装置，处理中和/蒸发工段的废气、废蒸汽和两个喷浆造粒机排放的废气。原处理装置采用文丘里洗涤器和共冷凝器处理中和/蒸发工段废蒸汽，去除废气中的 NH_3。废气联合洗涤过程见图 7-6。

废气联合洗涤过程中，中和/蒸发工段的废蒸汽无需冷凝，而是直接与喷浆造粒

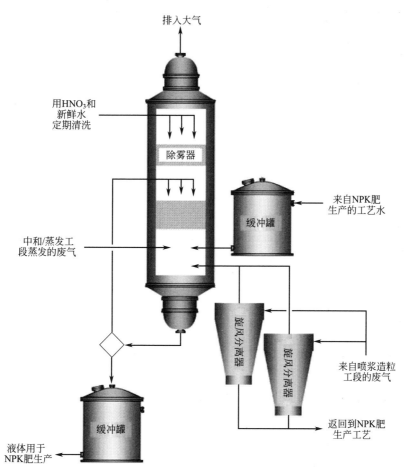

图 7-6 NPK 复合肥生产废气的联合洗涤处理
数据来源：[9，Austrian UBA，2002]

机中产生的热废气（约 100℃，H_2O 不饱和）混合，废气中的热量可使洗涤器中多余的水蒸发，多余水分蒸发后的洗涤液（含营养组分）可回用于生产过程。

在示例中，气体总流量约为 250000m³（标）/h，循环洗涤液流量约为 1800m³/h。回用于 NPK 复合肥生产过程的洗涤液约为 1m³/h，其中含约 25%（质量分数）的氨。洗涤塔填料层上部设有除雾器，NPK 复合肥生产过程产生的废液从除雾器上方进入洗涤塔内。为防止废气中的不溶物[如白云石、$CaSO_4$ 和 $Ca_3(PO_4)_2$]造成堵塞，需定期清洗除雾器。

（2）环境效益

对蒸发/中和工段及喷浆造粒废气进行联合洗涤时不产生废水，且 AN 溶液可回用于生产工艺。

对蒸发/中和工段及喷浆造粒废气进行联合洗涤后排放污染物的平均浓度及去除率见表 7-12。

表 7-12   废气联合洗涤后排放污染物的平均浓度及去除率

项目	原料气		排放量		去除率	数据来源
	mg/m³(标)	m³(标)/h	mg/m³(标)	kg/h	%	
粉尘	150	约250000	11.1~26.6	6.7	82	AMI，Linz 硝酸磷肥路线
NH₃	200		7.4~11.2	1.9	96	
NOₓ	25.3		4~22.4	5.6	12	
HF			0.2~1.7	0.4		
粉尘		约340000	20	6.8		BASF，Ludwigshafen 混合酸路线，HNO₃作洗涤液
NH₃			0~10	0~3.4		
HF			1.4	0.5		

数据来源：［9，Austrian UBA，2002，78，German UBA，2001］

生产 $(NH_4)_2HPO_4$（DAP）时，废气经联合洗涤处理后，HF 排放浓度可达 10mg/m³（标）［154，TWG on LVIC-AAF，2006］。

（3）跨介质影响

消耗能量。

（4）操作数据

未提供具体信息。

（5）适用性

仅适用于用硝酸铵生产 NPK 复合肥的生产装置。

（6）经济性

［9，Austrian UBA，2002］中列出的费用如下。

● 投资：560 万欧元；

● 维护（投资的 4%）：每年 22.5 万欧元。

（7）实施驱动力

装置改造。

（8）参考文献及示例装置

［9，Austrian UBA，2002］

7.4.11　洗涤液/清洗水的回用

（1）概述

采用以下措施可显著减少 NPK 复合肥生产过程中产生的废水量：

● 磷矿石分解工段废气洗涤液中氮氧化物的回用；

● 洗砂工段清洗水的回用；

● 避免蒸发工段水汽的共冷凝；

● 中和工段废气洗涤液的回用；

● 中和、蒸发和造粒工段废气的联合洗涤（见 7.4.10 部分）；

● 使用废液作为洗涤介质。

（2）环境效益

洗涤液/清洗水回用前后污染物排放浓度对比见表 7-13。

表 7-13　洗涤液/清洗水回用前后污染物排放浓度对比

项目	回用前	回用后	单位
NO_3洗涤液的回用	1.2	0.6	kg N/t P_2O_5
	0.7	0.02	kg F/t P_2O_5
砂洗水的回用	0.4	0.02	kg P_2O_5/t P_2O_5

（3）跨介质影响

无明确影响。

（4）操作数据

未提供具体信息。

（5）适用性

普遍适用。回用于生产工艺的水量取决于具体 NPK 复合肥生产厂的水平衡。水平衡的示例见［9，Austrian UBA，2002］。

在 kompo krefeld，所有冲洗水及洗涤液都回用，无废水排放［78，German UBA，2001］。

在 Donauchemie 的 NPK 复合肥生产装置中，所有洗涤液都回用到生产工艺，不排放废水。如果生产过程在酸性（PK）和碱性（NPK）条件下交替进行，冲洗水和洗涤液都被收集并作为后续工段的洗涤液。若后续两个工段都生产相同类型的肥料则会产生废水［9，Austrian UBA，2002］。

［79，Carillo，2002］介绍了一种在适宜的气候条件下，通过蒸发改善 NPK 复合肥生产过程的水平衡的技术。该技术可仅使用风能和太阳能，也可利用流通空气或其他工艺过程中的余热。

（6）经济性

未提供信息。

（7）实施驱动力

减少废水中污染物的排放。

（8）参考文献及示例装置

［9，Austrian UBA，2002，76，EFMA，2000，77，EFMA，2000，78，German UBA，2001］，Compo，Krefeld，AMI，Linz。

7.4.12　废水处理

（1）概述

产生的废水需充分处理后才能排放，处理方法包括生物硝化/反硝化处理和物化沉淀除磷等。

（2）环境效益

减少废水中污染物的排放。

（3）跨介质影响

消耗能量和化学品。

（4）操作数据

未提供具体信息。

（5）适用性

普遍适用。

（6）经济性

未提供信息。

（7）实施驱动力

减少废水中污染物的排放。

（8）参考文献及示例装置

［9，Austrian UBA，2002］，AMI，Linz，BASF，Ludwigshafen。

7.5 NPK 复合肥生产的 BAT 技术

BAT 技术即 1.5 部分介绍的通用最佳可行技术。

存储过程的 BAT 技术见 ［5，European Commission，2005］。

BAT 技术减少矿石研磨过程的粉尘排放，如使用织物过滤器或陶瓷过滤器，将粉尘排放量控制在 $2.5\sim10mg/m^3$（标）（见 10.4.2 部分）。

BAT 技术使用封闭式输送带、室内存储，经常清洗、清扫工厂地面和码头，防止磷矿石粉尘的扩散。

BAT 技术可采用以下一项或几项技术，减少产品精加工阶段的污染物排放：

- 采用板束冷却器（见 7.4.5 部分）；
- 热空气的循环利用（见 7.4.6 部分）；
- 选择适当的筛网和压碎机组合，如滚筒式或链式压碎机（见 7.4.7 部分）；
- 采用翻转加料控制造粒循环（见 7.4.7 部分）；
- 在线监测产品粒径分布以控制造粒循环（见 7.4.7 部分）。

BAT 技术可采用以下一项或几项技术，减少磷矿石分解工段 NO_x 的排放量：

- 精确控温（见 7.4.1 部分）；
- 合适的磷矿石/酸比（见 7.4.1 部分）；
- 磷矿石的选择（见 5.4.9 和 5.4.10 部分）；
- 控制其他工艺参数。

BAT 技术采用多级洗涤等措施，减少洗砂、CNTH 过滤以及磷矿石分解等工段废气中污染物的排放，使污染物排放浓度达到表 7-14 的排放水平（见 7.4.9 部分）。

BAT 技术使用以下技术，减少中和、造粒、干燥、涂层及冷却等工段废气中污染物的排放，并使除尘效率或污染物排放浓度达到表 7-14 所列的排放水平：

- 除尘，如采用旋风分离器和/或织物过滤器（见 7.4.6 和 7.4.10 部分）；
- 湿式洗涤，如联合洗涤（见 7.4.10 部分）。

BAT 技术将冲洗水、清洗水及洗涤液回用到生产工艺以减少废水量，利用余热蒸发废水（见 7.4.10 和 7.4.11 部分）。

BAT 技术利用 7.4.12 部分相关技术处理剩余废水。

表 7-14　BAT 技术相应的废气中污染物排放浓度

项目	参数	排放浓度 mg/m³（标）	去除率/%
磷矿石分解、洗砂、CNTH 过滤	NO_x（以 NO_2 计）	100～425	
	氟化物（以 HF 计）	0.3～5	
中和、造粒、干燥、涂层、冷却	NH_3	5～30[①]	
	氟化物（以 HF 计）	1～5[②]	
	粉尘	10～25	＞80
	HCl	4～23	

① 下限值为以硝酸作洗涤介质时的排放浓度，上限值为以其他酸作洗涤介质时的排放浓度。具体与生产的 NPK 复合肥种类（例如 DAP）有关，即使采用多级洗涤，污染物排放浓度也可能很高。

② 生产 DAP 时，采用磷酸多级洗涤的排放浓度可达 10mg/m³（标）。

8

尿素和尿素硝铵（UAN）

8.1 概　　述

（1）尿素

最初尿素作为肥料使用不被看好，随后其成为全球应用最普遍的固态氮肥，主要用于水稻种植。目前亚洲地区对尿素的需求量最大。尿素可用于生产三聚氰胺和各种尿素/甲醛树脂/胶黏剂，也可用作牛饲料添加剂，是合成蛋白质的廉价氮源。尿素也可用于 SCR 和 SNCR 工艺中废气的 NO_x 脱除。在过去 10 年中，尿素的产量增长了约 30Mt，目前全球尿素的产量超过了 100Mt/a。2000 年，西欧共有 16 家尿素生产厂。在 1999～2000 年间，尿素总产能为 5.141Mt。新建尿素装置的生产规模不等，一般 2000t/d，有的可高达 3500t/d。

部分工厂在造粒前向尿素熔融物中添加硫酸铵来生产尿素硫酸铵化合物。

2006 年欧盟尿素生产厂家及装置概况见表 8-1。

（2）尿素硝铵

尿素硝铵（UAN）溶液一般含 N 28%～32%，有时也会按用户要求生产其他浓度（包括添加其他营养组分）的产品。UAN 溶液的生产能力为 200～2000t/d。大型 UNA 生产装置大都位于综合性化工厂内，这些工厂有的仅生产尿素或尿素硝铵，有的同时生产上述两种产品。在 1998～1999 年间，西欧 UAN 溶液的消耗量为 3.74Mt，其中 41%需进口。

表 8-1　2006 年欧盟尿素生产厂家及装置概况

国家	生产厂家	地点	投产时间/年	产能/(kt/a)	备注
奥地利	Agrolinz	Linz	1977	380	自产自用
捷克共和国	Chemopetrol	Litvinov	1973	204	
爱沙尼亚	Nitrofert	Kothla Jarve	1968	90	
			1969	90	
法国	Grande Paroisse	Oissel	1969	120	
	Yara	Le Havre	1970	300	
德国	BASF	Ludwigshafen	1968	545	自产自用
	SKW	Piesteritz	1974	1221	三套装置 2004 年改造后
			1975		
			1976		
	Yara	Brunsbüttel	1979	530	
匈牙利	Nitrogenmuvek	Petfuerdoe	1975	198	
意大利	Yara	Ferrara	1977	500	
立陶宛	Achema	Jonava	1970	445	情况不明
荷兰	DSM	Geleen	1998	525	自产自销 三聚氰胺
	Yara	Sluiskil	1971	425	
			1979	325	
波兰	Zaklady Azotowe ZAK	Kedzierzyn	1957	167	
	Zaklady Azotowe ZAP	Pulawy	1998	561	
			1998	214	
	Zaklady Chemiczne	Police	1986	400	
葡萄牙	Adubos	Lavradio	1963	80	
斯洛伐克	Duslo	Sala Nad Vahom	1973	204	
西班牙	Fertiberia	Palos	1976	250	1988 年进行改造
		Puertollano	1970	135	

数据来源：[154，TWG on LVIC-AAF，2006]。

8.2　生产工艺和技术

8.2.1　尿素

工业合成尿素的原料是 NH_3 和 CO_2，二者在高压下反应生成氨基甲酸铵（甲胺），甲胺利用反应热分解，生成 $CO(NH_2)_2$ 和 H_2O。

$$2NH_3 + CO_2 \Longrightarrow NH_2COONH_4 \Longrightarrow CO(NH_2)_2 + H_2O$$
甲胺

这两个液相反应在同一反应器内同时进行并达到平衡，尿素产量取决于工艺参数，尿素生产的典型工艺参数见表 8-2。第一个反应速度快且放热，在生产条件下可完全反应；第二个反应速度慢吸热，在生产条件下不能完全反应。CO_2 转化率通常达 $50\% \sim 80\%$。转化率随温度和 NH_3/CO_2 比的升高而增大，随 H_2O/CO_2 比的降低而减小。

表 8-2　尿素生产的典型工艺参数

工艺参数		单位
压强	$140\sim250$	$10^5\,Pa$
温度	$180\sim210$	$^\circ C$
NH_3/CO_2	$(2.8:1)\sim(4:1)$	摩尔比
反应时间	$20\sim30$	min

数据来源：[121，German UBA，2001]。

尿素合成中可能会发生一些副反应，其中主要的平衡反应如下。

- 尿素水解：$CO(NH_2)_2 + H_2O \rightleftharpoons NH_2COONH_4 \rightleftharpoons 2\,NH_3 + CO_2$
- 生成缩二脲：$2\,CO(NH_2)_2 \rightleftharpoons NH_2COONH_4 + NH_3$
- 生成异氰酸：$CO\,(NH_2)_2 \rightleftharpoons NH_4NCO \rightleftharpoons NH_3 + HNCO$

尿素水解反应是合成反应的逆反应，只有在水存在时才会发生。酸、碱溶液都能促进水解反应的进行。实际操作中，必须使低含氨量的尿素溶液在高温下的停留时间最短。缩二脲会损害农作物，尤其是叶面喷肥时，因此尿素生产过程中必须尽量减少缩二脲的生成（含量不宜超过 1.2% EC）。工业级尿素（如用于合成树脂）中缩二脲的含量通常为 0.3%～0.4%或更低（甚至<0.15%），具体取决于用户的需求。低氨浓度及高温时（特别是蒸发工段），反应平衡向右移动，利于生成异氰酸。

目前，用 NH_3 和 CO_2 生产尿素的工艺设计目标为：从反应混合液中有效分离尿素，回收多余的 NH_3，使残留氨基甲酸铵分解成 NH_3 和 CO_2 并在工艺中循环利用（整体循环工艺）。为实现上述目标，常用措施为汽提（在高压条件下进行）后降压或加热，或同时降压和加热。

目前已制定了各种策略来实现"整体循环工艺"，其中包括：

- 无汽提的传统工艺（现有生产装置，很多厂家使用，见 8.4.1 部分）；
- CO_2 汽提工艺，如 Stamicarbon 或 Toyo 的 ACES 工艺（见 8.4.2 部分）；
- NH_3 汽提工艺，如 Snamprogetti；
- 采用 NH_3 和 CO_2 汽提的恒压双循环过程（IDR），如 Montedison（见 8.4.4 部分）。

最后，来自合成或循环工段的尿素溶液经蒸发或结晶浓缩，得到熔融态尿素，再经造粒得到颗粒化肥产品或工业级产品。有时，生产的尿素仅用于生产三聚氰胺。

尿素生产的整体循环工艺简图见图 8-1。

尿素造粒有以下 2 种类型。

（1）塔式造粒（prilling）

浓缩的尿素熔融物从位于塔顶部的旋转喷头（spinning bucket）或造粒喷头喷入造粒塔内，形成的液滴在塔中降落，被逆流空气冷却固化。通常还需对固化的颗粒进一步冷却。有些装置将冷却器和造粒塔整合，另一些装置则在造粒塔外进行冷却。

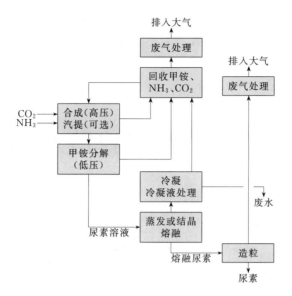

图 8-1　尿素生产的整体循环工艺简图

数据来源：［52，infoMil，2001］

（2）晶种造粒（granulation）

目前晶种造粒的设备有转鼓造粒机、盘式造粒机和流化床造粒机。晶种造粒的基本原理是将浓缩熔融物喷洒到造粒机中循环的晶种上，晶种不断扩大的同时进行干燥，通过造粒机的冷空气使沉积在晶种上的熔融物固化。所有工业化造粒过程都需进行产品再循环。造粒产品可能还需干燥或冷却。

8.2.2　尿素硝铵

局部循环 CO_2 汽提工艺生产尿素硝铵的过程，详见 8.4.14 部分。

生产 UAN 可采用连续型或序批型工艺：浓缩尿素和硝酸铵溶液经测定、混合后冷却，见图 8-2。

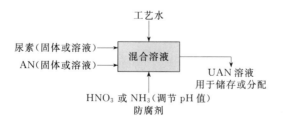

图 8-2　UAN 溶液生产流程简图

数据来源：［128，EFMA，2000］

在连续型工艺中，UAN 溶液连续加入，并在一系列大小适中的静态混合器中混合。生产过程中，需不断测量和调整原料、产品量，pH 值和密度。成品冷却后转移到储罐待售。

在批处理型工艺中，原料分批加入内置搅拌器和测压设备的混合器中。必要时，可通过再循环和热交换来强化固体物料的溶解。调整 UAN 产品的 pH 值后添加防腐剂。

8.3　消耗和排放水平

尿素生产过程的原料、水、电耗及污染物排放情况见表 8-3～表 8-11，UAN 生产过程的原料和水、电等消耗见表 8-12。

表 8-3　尿素生产过程消耗的原料（文献值）

原料	每吨尿素	单位	备注	数据来源
NH_3	567	kg	Snamprogetti NH_3 汽提工艺	[9，Austrian UBA，2002]
	570		其他汽提工艺	
	567		CO_2 汽提工艺	[52，infoMil，2001]
	567		NH_3 汽提工艺	
	570		IDR 工艺	
	570		ACES 工艺	
	564		新建装置的标准值	[130，Uhde，2004]
	580~600		传统工艺的典型值	[124，Stamicarbon，2004]
CO_2	735	kg	Snamprogetti NH_3 汽提工艺	[9，Austrian UBA，2002]
	740~750		其他汽提工艺	
	730		传统工艺的典型值	[130，Uhde，2004]
	733		CO_2 汽提工艺	
	735		NH_3 汽提工艺	[52，infoMil，2001]
	740		ACES 工艺	
	740		IDR 工艺	

表 8-4　尿素生产过程的冷却水消耗量（文献值）

原料	每吨尿素	单位	备注	数据来源
冷却水	80	m^3	Snamprogetti NH_3 汽提工艺	[9，Austrian UBA，2002]
	60~70	m^3	CO_2 汽提工艺	
	75~80	m^3	NH_3 汽提工艺，汽轮机压缩 CO_2	
	60	m^3	CO_2 汽提工艺，电机压缩 CO_2	
	70	m^3	CO_2 汽提工艺，汽轮机压缩 CO_2	
	60~80	m^3	ACES 工艺，汽轮机压缩 CO_2	[52，infoMil，2001]
	51	m^3	ACES 工艺，电机压缩 CO_2	
	60	m^3	IDR 工艺，电机压缩 CO_2	
	75	m^3	IDR 工艺，汽轮机压缩 CO_2	
	70	m^3	Snamprogetti CO_2 汽提工艺	SKW Piesteritz [121，German UBA，2001]
	75	m^3	Snamprogetti NH_3 汽提工艺	Yara，Brunsbüttel [121，German UBA，2001]
	100	m^3	传统工艺的典型值	[124，Stamicarbon，2004]

表 8-5 尿素生产过程的蒸汽消耗量（文献值）

原料	每吨尿素	单位	备注		数据来源
蒸汽	0.76	t	Snamprogetti NH₃ 汽提工艺	108bar	[9，Austrian UBA，2002]
	0.77～0.92	t	CO_2 汽提工艺，CO_2 汽轮机压缩	120bar	[52，infoMil，2001]
	0.77	t	CO_2 汽提工艺，汽轮机压缩 CO_2	120bar	[9，Austrian UBA，2002]
	0.8	t	CO_2 汽提工艺，电机压缩 CO_2	24bar	[9，Austrian UBA，2002]
	0.8	t	CO_2 汽提工艺，电机压缩 CO_2	24bar	[52，infoMil，2001]
	1.3	t	传统整体循环工艺（Toyo）		BASF，Ludwigshafen [121，German UBA，2001]
	1.6～1.8	t	传统工艺的典型值	13bar	[124，Stamicarbon，2004]
	0.92	t	Snamprogetti CO_2 汽提工艺	20～25 bar	SKW Piesteritz[121， German UBA，2001]
	0.85	t	Snamprogetti NH₃ 汽提工艺		Yara，Brunsbüttel[121， German UBA，2001]
	0.76～0.95	t	NH₃ 汽提工艺，汽轮机压缩 CO_2	108bar	
	0.7～0.8	t	ACES 工艺，汽轮机压缩 CO_2	98bar	
	0.57	t	ACES 工艺，电机压缩 CO_2	24.5bar	
	0.84	t	IDR 工艺，电机压缩 CO_2	24bar	
	0.6	t	IDR 工艺，汽轮机压缩 CO_2	105bar	

注：$1bar = 10^5 Pa$，下同。

表 8-6 尿素生产过程的电耗（文献值）

每吨尿素	单位	备注	数据来源
21.1	kW·h	Snamprogetti NH₃ 汽提工艺	[9，Austrian UBA，2002]
21～23		Snamprogetti NH₃ 汽提工艺，不含 CO_2 压缩过程	Yara，Brunsbüttel [121，German UBA，2001]
115		Snamprogetti NH₃ 汽提工艺，含 CO_2 压缩	
21.1		CO_2 汽提工艺，汽轮机压缩 CO_2	[9，Austrian UBA，2002]
110		CO_2 汽提工艺，电机压缩 CO_2	[9，Austrian UBA，2002]
70		传统整体循环工艺（Toyo），不含 CO_2 压缩的电耗	BASF，Ludwigshafen [121，German UBA，2001]
43		Snamprogetti CO_2 汽提工艺，包括造粒过程，23kW·h/t 的电耗	SKW Piesteritz [121，German UBA，2001]
76～82	MJ	NH₃ 汽提工艺，汽轮机压缩 CO_2	[52，infoMil，2001]
54		CO_2 汽提工艺，汽轮机压缩 CO_2	
396		CO_2 汽提工艺，电机压缩 CO_2	
54～108		ACES 流程，汽轮机压缩 CO_2	
436		ACES 流程，电机压缩 CO_2	
425		IDR 流程，电机压缩 CO_2	
79		IDR 流程，汽轮机压缩 CO_2	

表 8-7 尿素生产过程的总能耗（蒸汽及输入和输出能量的总和，文献值）

每吨尿素/GJ	备注	数据来源
2.7	传统整体循环工艺（Toyo），不含 CO_2 压缩的电耗	[121，German UBA，2001]
1.9	Snamprogetti CO_2 汽提工艺，不含 CO_2 压缩的电耗	
1.7	Snamprogetti NH₃ 汽提工艺，不含 CO_2 压缩的电耗	
3.3	新式整体循环汽提工艺，用氨生产成固体尿素	[107，Kongshaug，1998]
4.1	欧洲装置的平均值	
4.6	30 年前最好的装置	
3.1	新建装置的规定值（蒸汽＋电耗），含 CO_2 压缩的电耗	[130，Uhde，2004]

续表

每吨尿素/GJ	备注	数据来源
2.7	Snamprogetti CO_2 汽提工艺(蒸汽+电耗)	SKW Piesteritz
2.9	NH_3 汽提,塔式造粒,汽轮机压缩二氧化碳,塔式造粒	[126,Snamprogetti,1999]
2.0	NH_3 汽提,塔式造粒,电机压缩二氧化碳,塔式造粒	[126,Snamprogetti,1999]
3.1	NH_3 汽提,塔式造粒,汽轮机压缩二氧化碳,晶种造粒	[126,Snamprogetti,1999]
1.9	NH_3 汽提,塔式造粒,电机压缩二氧化碳,晶种造粒	[126,Snamprogetti,1999]
5.5	现有装置,传统整体循环工艺,结晶,自然通风塔式造粒,汽轮机压缩	[122,Toyo,2002]
3.8	改造研究,CO_2 汽提,真空蒸发,风扇通风塔式造粒,工艺凝液处理	
3.9	改造研究,CO_2 分离,真空蒸发,晶种造粒,工艺凝液处理	
3.0	CO_2 汽提(ACES21),喷式流化床造粒,汽轮机驱动 CO_2、NH_3、甲铵泵	[123,Toyo,2003]
2.7	CO_2 汽提(ACES21),喷式流化床造粒,仅有 CO_2 泵由汽轮机驱动	

表 8-8 尿素生产过程的废水污染物排放浓度(以每吨尿素计,文献值)

生产每吨尿素产生的废水量及污染物浓度						备注	数据来源
m^3	COD	Urea-N	NO_3^--N	NH_3-N	TN		
			g				
						无废水排放	BASF, Ludwigshafen[121, German UBA,2001]	传统整体循环工艺,尿素溶液中工艺水用于下游胶水(glue)生产,真空工段的废水回用于冷却塔
0.46	50				100	去生化处理	Stamicarbon CO_2 汽提工艺。其中包括 0.3 t 反应生成的工艺水(含 6% 的 NH_3,4% 的 CO_2,1% 的尿素),清洗/清净水和蒸汽	SKW Piesteritz[121,German UBA,2001]
0.65	48					去工艺水处理厂	Snamprogetti NH_3 汽提工艺,生产 1 t 尿素产生的工艺水中约含 0.08kg NH_3 和 0.06kg 尿素	Yara,Brunsbüttel[121,German UBA,2001]
		75	341	120		去工艺水处理厂	部分工艺水用作冷却水,其余的工艺水和冷却水送至废水处理设施。该值包含冷却水和工艺水	DSM Geleen[52,infoMil,2001]
	3.7~5.2	51~102	6~8.4			处理后		
		95.7			96.4[1]	去生化处理	含冷却水和洗涤水	Yara Sluiskil 5 + 6[52,info-Mil,2001]
		<500			338[1]		含冷却水和洗涤水	Kemira Rozenburg[52,info-Mil,2001]
12				51	131[1]	直接排放	总水量为 4000m^3/d(含冷却水)。部分洗涤液回用于其他化肥生产工艺。该值由 kg/t N 换算得来,换算系数为 4.29	AMI, Linz[9, Austrian UBA,2002]

① 凯氏氮。

注:Urea-N 是以尿素分子形式[$CO(NH_2)_2$]存在的氮。

表 8-9 冷凝液处理后的污染物浓度

处理后/(mg/L) 尿素	NH₃	用途	备注	数据来源
		锅炉给水	每生产 1t 尿素会产生 0.3t 工艺水和 0.2t 废水	[128,EFMA,2000]
1	1		经一级解吸-水解-二级解吸-回流冷凝处理后的浓度	[125,Stamicarbon,2003]
<5	<5	无		
<1	<1.2	冷却水	现有装置废水经一级解吸-水解-二级解吸-回流冷凝处理后的浓度	[125,Stamicarbon,2003]
<1	<1	锅炉给水		
<1	<1	锅炉给水		
<1	<1	锅炉给水		
1	1	锅炉给水等		[126,Snamprogetti,1999]
1	1		经凝液汽提-尿素水解处理后的浓度	[127,Toyo,2006]
	66	无	精馏回收氨，处理前浓度为 37000 mg/L	AMI,Linz [9,Austrian UBA,2002
<10	<10	部分用作冷却水	解吸-水解处理后送送生物处理	SKW Piesteritz
3~5	3~5		汽提-水解处理后浓度	
1	5	锅炉给水等	精馏-水解处理后浓度	[128,EFMA,2000]
1	5		解吸-水解-解吸处理后浓度	
1	1		新建装置标准值	[130,Uhde,2004]

表 8-10 尿素生产过程的大气污染物排放浓度（文献值）

污染物	来源	g/t 尿素	mg/m³	备注	数据来源
粉尘	塔式造粒	270	15~23	湿式洗涤,300000~350000m³（标）/h,原料气浓度为 60~130mg/m³（标）	AMI,Linz [9,Austrian UBA,2002]
	中央除尘设备		18.8~20		
	塔式造粒	500~2200	35~125	未处理	[128,EFMA,2000]
	晶种造粒	100~550	30~75	洗涤处理	
	塔式或晶种造粒		30	填充床洗涤处理	[127,Toyo,2006]
	塔式造粒		25~30	洗涤处理	[129,Stamicarbon,2006]
	尿素干燥	<20	<20	不含塔式造粒过程的废气,所有废气经弱酸洗涤处理	SKW Piesteritz
	塔式造粒	1500/1250	50/70		
	晶种造粒	200	高达 30		
	尿素干燥(1+2)	30	20	旋风分离器处理	
	尿素干燥 3	30	20	旋风分离器和洗涤处理	
	塔式造粒	1000~1300	55	洗涤处理	
	塔式造粒	510	40	未处理	Yara,Brunsbüttel[121,German UBA,2001]
	晶种粒化		30	新建装置标准值	[130,Uhde,2004]

续表

污染物	来源	g/t 尿素	mg/m³	备注	数据来源
NH₃	塔式造粒	500～2700	35～245	未处理	[128,EFMA,2000]
	晶种造粒	200～700	60～250	洗涤处理	
	晶种造粒		30	新建装置标准值,包括酸洗	[130,Uhde,2004]
	排气过程	2.5	<700	用水洗涤,420m³/h	DSM Geleen [52,infoMil,2001]
	塔式造粒	60	3～9	湿式洗涤,300000～350000m³(标)/h,原料气浓度为70～140mg/m³(标)	AMI,Linz [9,Austrian UBA,2002]
	中央除尘装置		6.8～19.2		
	合成工段		1.5～1.73	Snamprogetti NH₃汽提工艺,洗涤处理。CH₄22.9mg/m³(标),CO2.5mg/m³(标)	
	应急阀系统		1.7～3.7		
	合成工段	70	2000	Stamicarbon CO₂汽提工艺,低压洗涤处理	SKW Piesteritz
	尿素干燥	<20	<20	不含塔式造粒工段的废气,所有废气经弱酸洗涤处理	
	塔式造粒	1600	60		
	晶种造粒	300	10～20		
	尿素干燥(1+2)	90	60	旋风分离器处理	BASF,Ludwigshafen [121,German UBA,2001]
	尿素干燥3	55	35	旋风分离器和洗涤处理	
	塔式造粒	180	30	洗涤处理	
	甲铵分解	180	16700	Snamprogetti NH₃汽提工艺,洗涤处理	Yara,Brunsbüttel[121,German UBA,2001]
	浓缩工段	150	29300	Snamprogetti NH₃汽提工艺,未处理	
	塔式造粒	400	30	未处理	

表 8-11 荷兰尿素生产厂的大气污染物排放量

生产厂家	污染物	排放量/(t/a)	备注
DSM,Geleen	NH₃	<11	估计值
YARA Sluiskil 5	NH₃	12.4	估计值
	CO₂	15.2	估计值
YARA Sluiskil 6	NH₃	11.6	估计值
	CO₂	12.9	估计值
Kemira Rozenburg	NH₃	10	估计值

数据来源:[52,infoMil,2001]。

表 8-12 UAN 生产过程中原料和水、电消耗

原料	每生产 1 t 30%的 UAN 溶液
尿素	327.7kg
AN	425.7kg
NH_3	0.3kg
防腐剂	1.4kg
水	244.9kg
蒸汽和电	10～11kWh

所用尿素含氮量为 46%，最小浓度为 75%，pH 值为 9～10。AN 含氮量为 33%～34%，最小浓度为 85%，pH 值为 4～5。必要时可用防腐剂保护碳钢储罐。可用 HNO_3 或 NH_3 调节最终溶液的 pH 值。UAN 生产过程中可使用 AN 或尿素生产中的含氮冷凝液。蒸汽和电的消耗量与原材料类型（固体或溶液）及环境温度有关。

数据来源：[128，EFMA，2000]。

8.4 BAT 备选技术

- 产品冷却见 7.4.5 部分；
- 关于晶种造粒回收见 7.4.7 部分。

8.4.1 传统整体循环工艺

（1）概述

表 8-13 为传统整体循环工艺的简介，该工艺的主要特点是：通过梯度减压还原从反应溶液中分离 NH_3 和 CO_2 并将其回用到反应器中（以甲铵或 NH_3 形式）。

表 8-13 传统整体循环工艺实例

工艺过程	步骤和条件	
反应器	NH_3/CO_2	4:1
	转化率	输入 CO_2 的 65%～67%
	压强	200bar
甲铵分解（热精馏）	分解器 1	16～20bar
	分解器 2	3bar
	分解器 3	1bar
甲胺的循环回用	吸收或精馏	
NH_3 的循环回用	冷凝，NH_3 缓冲	
吹扫气体处理（来自分解过程）	用水洗涤，洗涤液（氨溶液）回用到生产工艺	
固化及精加工	真空结晶，冷凝液处理（汽提）	
	离心分离	
	干燥，废气经旋风分离、洗涤处理	
	熔融	
	塔式造粒，废气经洗涤处理	

注：$1bar=10^5Pa$。

数据来源：[121，German UBA，2011]，BASF，Ludwigshafen。

为减少废水产生量，各种来源的 NH_3 水溶液都回用到反应器中。含水率升高，氨的转换率会降低，为保证总产量，必须提高甲铵和 NH_3 的循环比，从而增加了能耗。

（2）环境效益

基本可完全回收原料。

（3）跨介质影响

能耗比新汽提工艺高，见表 8-5。

（4）操作数据

见表 8-13。

（5）适用性

普遍适用。到 20 世纪 90 年代初期才出现性能更好的汽提技术。

（6）经济性

未提供信息。

（7）实施驱动力

在当时最经济。

（8）参考文献及示例装置

［9，Austrian UBA，2002，52，infoMil，2001，121，German UBA，2001，122，Toyo，2002，123，Toyo，2003，128，EFMA，2000］，BASF，Ludwigshafen（1968 年首次投产，1979 年扩建），Achema，Lithuania。

8.4.2　CO_2 汽提工艺

（1）概述

表 8-14 为整体循环 CO_2 汽提工艺的简介。该技术的主要特点是：在高压下采用 CO_2 汽提除去反应溶液中残留的大部分甲胺和 NH_3。与传统工艺（低压分解，高压循环回用至工艺过程）相比，大大降低了能耗。

表 8-14　整体循环 CO_2 汽提工艺

工艺过程	步骤和条件	
反应器	NH_3/CO_2	2.8，CO_2 由高压汽提塔引入
	温度	180℃
	压强	$140 \times 10^5 Pa$
二氧化碳汽提及高压循环回用	高压汽提塔	
	高压冷凝器	
吹扫气（来自反应器）	在高、低压（$4 \times 10^5 Pa$）洗涤器中处理，氨溶液循环回用	
甲胺分解（精馏）	压强	$3 \times 10^5 Pa$
甲胺的循环回用	冷凝，废气经洗涤处理	
NH_3 的循环回用	冷凝，NH_3 缓冲液，氨溶液循环回用	

工艺过程	步骤和条件
固化及精加工	真空结晶,冷凝液经解吸-水解-解吸处理
	离心分离
	干燥,废气经旋风分离、洗涤处理
	熔融
	塔式造粒或晶种造粒

数据来源：[121，German UBA，2001]。

（2）环境效益

● 基本可完全回收原料；

● 比传统工艺节能。

（3）跨介质影响

暂无与其他尿素生产工艺的对比数据。

（4）操作数据

见表 8-14。

（5）适用性

普遍适用，二氧化碳汽提技术是目前尿素生产的主流技术。

（6）经济性

未提供信息。

（7）实施驱动力

与传统整体循环工艺相比，性能有所提高。

（8）参考文献及示例装置

[9，Austrian UBA，2002，52，infoMil，2001，121，German UBA，2001，124，Stamicarbon，2004，125，Stamicarbon，2003，128，EFMA，2000]，SKW，Piesteritz。

8.4.3　NH_3 汽提工艺

（1）概述

表 8-15 为整体循环 NH_3 汽提工艺的简介。该技术的主要特点是：在高压下采用 NH_3 汽提，除去反应液中残留的大部分甲胺。与传统工艺（低压分解，高压循环回用至工艺过程）相比，该汽提工艺大大降低了能耗。

表 8-15　整体循环 NH_3 汽提工艺

工艺过程	步骤和条件	
反应器	NH_3/CO_2	3.5
	温度	170℃
	压强	$150 \times 10^5 Pa$

续表

工艺过程	步骤和条件	
NH_3汽提及高压循环回用	高压汽提塔（氨气由汽提塔或汽提过程引入）	
	高压冷凝器	
甲胺分解	预分解器	
	分解器1	17×10^5 Pa
	分解器2	4.5×10^5 Pa
甲胺的循环回用	冷凝	
NH_3的循环回用	冷凝	
吹扫气（来自分解工段）	经二级洗涤处理，氨溶液回收利用	
固化	真空分解	冷凝处理（解吸，25×10^5 Pa 蒸汽水解，70×10^5 Pa 蒸汽水解）
	蒸发	
	塔式造粒	

数据来源：[121，German UBA，2001]。

（2）环境效益

● 基本可完全回收原料；

● 比传统工艺节能。

（3）跨介质影响

暂无与其他尿素生产工艺对比的可信数据。

（4）操作数据

见表 8-14。

（5）适用性

普遍适用，NH_3汽提技术为尿素生产的常见技术。

（6）经济性

未提供信息。

（7）实施驱动力

与传统整体循环工艺相比，性能有所提高。

（8）参考文献及示例装置

[9，Austrian UBA，2002，52，infoMil，2001，1999，Snamprogetti，126，128，EFMA，2001]，Yara，Brunsbuttel；AMI，Linz。

8.4.4 等压双循环工艺（IDR）

（1）概述

该工艺中，NH_3 与 CO_2 在压力（180～200）$\times10^5$ Pa、温度 185～190℃的条件下合成 $CO(NH_2)_2$。NH_3/CO_2 比约为 3.5～4，CO_2 单程转化率约为 70%。

反应器底部废水中大部分未转化的原料，经加热后在两个串联汽提塔内进行汽提，汽提塔压力与反应器压力相同并用 25×10^5 Pa 的蒸汽加热。甲胺在一级汽提塔中分解，剩余的 NH_3 在二级汽提塔用 CO_2 作汽提液进行处理。一级汽提塔塔顶馏出物直接送至反应器，二级汽提塔塔顶馏出物经甲胺冷凝器送至反应器循环利用。冷凝过程中回收的热量相当于 $7 \times 10^5 Pa$ 的蒸汽，可在工艺过程中循环利用。

CO_2 全部由二级汽提塔引入装置，只有 40% 的氨进入甲胺冷凝器，剩余 60% 直接送至反应器以控制反应温度。来自一级汽提塔的富氨蒸汽直接送反应器，来自二级汽提塔的富 CO_2 蒸汽经甲胺冷凝器送至反应器，用装置中压区的甲胺溶液浸润后循环利用。

冷凝过程中回收的热量相当于 $7 \times 10^5 Pa$ 的蒸汽，可用于后续工艺流程。离开等压双循环工艺流程的尿素溶液中含有未转化的 NH_3、CO_2 和甲胺。这些残留物分解后在 3 个连续的蒸馏器中蒸馏，采用中压蒸汽和回用的低压蒸汽加热。随后蒸汽用甲胺溶液冷凝吸收，并回用于合成循环过程。离开低压分解工段的尿素溶液输送至两级真空蒸发器中进一步浓缩，产生的尿素熔融物用于塔式造粒或晶种造粒。

（2）环境效益

● 基本可完全回收原料；

● 比传统工艺节能。

（3）跨介质影响

暂无与其他尿素生产工艺对比的可信数据。

（4）操作数据

见概述。

（5）适用性

普遍适用。

（6）经济性

未提供信息。

（7）实施驱动力

与传统整体循环工艺相比，性能有所提高。

（8）参考文献及示例装置

［52，infoMil，2001，128，EFMA，2000］，Yara，ferrara，Zaklady Azotcwe Pulawy，Pulawy。

8.4.5　惰性气体中 NH_3 的安全清洗

（1）概述

为安全除去装置合成工段产生的惰性气体中的 NH_3，开发了一种特殊的清洗技术：在惰性气体中添加大量易燃气体（如天然气），然后水洗。添加的气体量必须保证气体在爆炸极限以内。清洗后的惰性气体连同天然气送至燃烧器。

（2）环境效益

● 减少 NH_3 排放；

● 回收 NH_3；

- 回收氢气的热量。

（3）跨介质影响

无明确影响。

（4）操作数据

未提供具体信息。

（5）适用性

该工艺的适用性取决于以下因素：

- 现场能获得适当压力的可燃气体；
- NH_3 回收系统是否可用；
- 尾气用作燃料的可行性，如用于锅炉。

（6）经济性

成本利益。

（7）实施驱动力

NH_3 排放量减少，可从惰性气体中回收能量。

（8）参考文献及示例装置

Yara，Ferrara。

8.4.6　产品粉末回用到浓缩尿素溶液中

（1）概述

采用晶种造粒技术对尿素产品进行精加工，粒径过大或过小的颗粒都需返回至造粒机，作为造粒的晶种。造粒机排出的粉尘可分离，也可返回到造粒机中随空气一起送至洗涤器中，经洗涤后进入稀溶液中，稀溶液可经蒸发浓缩。也可将分离的粉尘回用到浓缩尿素溶液中［52，infoMil，2001］。

（2）环境效益

节能。

（3）跨介质影响

无明确影响。

（4）操作数据

未提供具体信息。

（5）适用性

适用于所有使用固化工艺的尿素厂。

Yara Sluiskil，在 1999 年应用这种技术，每年约节省蒸汽 3.2×10^4 t［52，infoMil，2001］。

（6）经济性

1999 年的成本为 14.3 万欧元。

（7）实施驱动力

成本效益。

（8）参考文献及示例装置

［52，infoMil，2001］，Yara，sluiskil。

8.4.7 在传统装置中使用汽提技术

（1）概述

在传统工厂采用汽提技术时需进行以下一种或多种改造：

- 提高前端生产能力；
- 减少动力消耗；
- 减少污染；
- 降低维护成本；
- 提高运行稳定性（onsteam factor）。

表 8-16 列出了在传统工厂采用汽提技术改造的 2 个示例。

表 8-17 列出了某改造项目的蒸汽和电力消耗研究。

表 8-16 传统工厂采用汽提技术改造示例

项目	示例 1	示例 2	单位
改造前/后的生产能力	1620/2460	1065/1750	t/d
节能	30%		每吨尿素
改造前/后的蒸汽消耗		1.6/1	t/t 尿素
改造前/后冷却水消耗		100/73	m^3/t 尿素
CO_2 压缩	新型离心压缩机		
安装的高压汽提塔	改进的 ACES	Stamicarbon	
安装的冷凝塔	VSCC[①]	冷凝池[①]	
高压 NH_3 泵	无需 NH_3 循环，降低了泵的流量要求，生产能力增加		
合成反应器	内壁使用 25Cr-22Ni-2Mo 型钢		
	安装挡板	安装塔板	
	连续监测碳氮比		

① 见 8.4.9 部分相关内容。

数据来源：［123，Toyo，2003，124，Stamicarbon，2004］。

表 8-17 改造项目的蒸汽和电力消耗研究

项目	现有装置	改造方案 1	改造方案 2
特征	传统结晶，自然通风塔式造粒	二氧化碳汽提，真空蒸发，风扇通风塔式造粒，工艺冷凝液处理	二氧化碳汽提，真空蒸发，晶种造粒，工艺冷凝液处理
每生产 1t 尿素的能耗，单位：GJ			
蒸汽能耗	4.6	3.1	3.1
电耗	0.9	0.7	0.8
合计	5.5	3.8	3.9

（2）环境效益

● 蒸汽消耗显著减少（见表 8-5）；

● 电能消耗降低；

● 冷却水消耗降低。

（3）跨介质影响

无明确影响。

（4）操作数据

未提供具体信息。

（5）适用性

普遍适用于现有使用传统整体循环工艺的装置。据技术供应商提供的信息，汽提技术与现有系统具有良好的兼容性。

（6）经济性

从以下几方面显著降低了投资成本：

● 产能增加（假定 CO_2 压缩能力和产品精加工能力均需增加）；

● 动力消耗减少；

● 维护成本降低；

● 运行稳定性提高。

（7）实施驱动力

提高产能。

（8）参考文献及示例装置

［52，infoMil，2001，123，Toyo，2003，124，stamicarbon，2004，126，Snamprogetti，1999］

● 四川化工有限公司于 2004 年将一套 Toyo TR-Ci 装置改造成改良型 ACES 系统；

● 科威特 PIC 公司于 2004 年将传统工艺进行了 CO_2 汽提技术和冷凝池改造，产能从 1065t/d 提高到 1750t/d。

8.4.8　汽提工段的热集成

（1）概述

合成工段与下游工段之间进行热集成减少能量消耗。中压蒸汽提供合成工段分解所需热量，过量 NH_3 和甲铵在汽提塔中分离。汽提出的 CO_2 和 NH_3 混合气体送至甲铵冷凝器，回收冷凝热得到低压蒸汽，或在中压和低压分解工段及蒸发工段进行工段间的热交换。根据热集成的程度，尿素厂可输出低压蒸汽。整体循环汽提工艺的热集成见图 8-3。

也可参阅 8.4.7 部分"在传统装置中使用汽提技术"。

（2）环境效益

降低能源需求。在新式整体循环工艺中，氨转化为固体尿素的能耗为 3.3GJ/t 尿

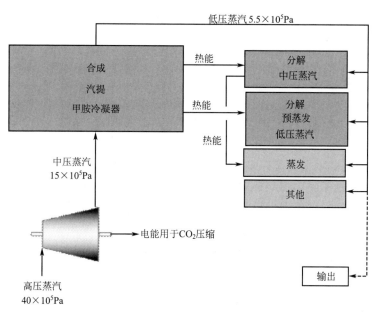

图 8-3　整体循环汽提工艺的热集成

素，欧洲生产装置的平均能耗为 4.1 GJ/t 尿素（估算值）［107，Kongshaug，1998］。

（3）跨介质影响

无明确影响。

（4）操作数据

未提供具体信息。

（5）适用性

普遍适用。

（6）经济性

未提供具体信息，估计可节能。

（7）实施驱动力

降低能耗成本。

（8）参考文献及示例装置

［122，Toyo，2002，Stamicarbon，2004，126，Snamprogetti，1999］

8.4.9　冷凝和反应在同一设备内进行

（1）概述

一般来说，在同一设备内进行冷凝和反应，存在 2 种可能的组合形式：

● 汽提塔＋冷凝器与预反应器联合＋反应器（主要针对现有装置改造）；

● 汽提塔＋冷凝器与及反应器联合（主要针对新建装置）。

① 池式反应器　汽提塔排出的气体在卧式浸没冷凝器（a horizontal submerged

ondenser) 中冷凝。卧式浸没冷凝器是尿素合成塔的固有部件，通过这种方式将两个完整过程（即冷凝和脱水）合并在同一套设备中完成。CO_2汽提塔无需改变，汽提塔排出气与循环的甲胺溶液和进料氨一起进入池式反应器，用来自汽提塔的气体进行搅拌。冷凝热可用于协助脱水并生成蒸汽（在管束中），通过控制蒸汽压力可控制冷凝速率。池式反应器内安装管束的部分为冷凝区，其他部分为反应区。反应器内壳壁侧压力为 $150 \times 10^5 Pa$，出口温度为 185℃ [52, infoMil, 2001, 124, stamicarbon, 2004]。

② 池式冷凝器　也可以只安装一个池式冷凝器。池式冷凝器为内装液下 U 型管束的卧式容器，由不锈钢衬里的碳钢制成。汽提气体在壳壁侧的液体池中冷凝，在管束中生成低压蒸汽。停留时间足够长时，约有 60% 的甲铵可转化成尿素和水。由于生成了高沸点组分——$CO(NH_2)_2$ 和 H_2O，使壳壁侧冷凝液温度很高，导致换热器内部温差较大；同时生成的气泡引起高强度湍流，形成了较大的物料交换区和热交换区。上述两个因素都有助于热交换 [52, infoMil, 2001, 124, Stamicarbon, 2004]。

③ 立式液下甲胺冷凝器（VSCC/ACES21）　汽提塔排出的气体送至立式液下甲胺冷凝器，NH_3 和 CO_2 冷凝物在冷凝器壳壁侧转化成甲胺和尿素。回收的冷凝热用于加热管束生成低压蒸汽。冷凝器顶部设有洗涤用填料床，用于吸收未冷凝的 NH_3 和 CO_2，并回用到来自中压工段甲胺循环液中。冷凝器中会生成部分尿素，该反应在反应器完成 [122, Toyo, 2002, 123, Toyo, 2003]。

冷凝-反应组合设备的技术优势有：

- 反应-冷凝组合设备的传热效果远比自然通风冷凝器好；
- 反应器中的挡板可防止反混；
- 消除了合成循环中的不利影响；
- 降低了合成反应对 N/C 比变化的敏感性。

冷凝-预反应组合设备的技术优势有：

- 尿素反应器体积减小，或者说反应器生产能力增加；
- 减小了热交换区；
- 卧式设备适用于多种结构布局；
- 减少应力腐蚀；
- 操作灵活性较强。

（2）环境效益

- 使用池式反应器，合成工段 NH_3 的排放浓度为 25 g/t 尿素（<700 mg/m³）；
- 具有节能潜力。

（3）操作数据

未提供具体信息。

（4）适用性

冷凝-反应组合设备主要适用于新建装置，冷凝-预反应组合设备则普遍适用。

（5）经济性

未提供具体信息。在已有尿素厂中安装冷凝-反应组合设备不太经济。但提高生产能力和降低消耗可节省成本。

（6）实施驱动力

反应器生产能力提升。

（7）参考文献及示例装置

［132，Stamicarbon，2001］，［52，infoMil，2001］，［122，Toyo，2002］，［123，Toyo，2003］，［124,Stamicarbon，2004］，［125，Stamicarbon，2003］，［127，Toyo，2006］，［129，Stamicarbon，2006］，［130，Uhde,2004］，［131,Toyo,2002］。

DSM Geleen（1998，525 kt/年）：池式反应器；

Karnaphulli Fertilisers Company，Bangladesh：池式冷凝器；

P. T. Pupuk Kujang，Indonesia：ACES21；

Sichuan Chemical Works，China：ACES21。

8.4.10　减少造粒过程中氨的排放

（1）概述

熔融物或冷凝液均可作为固化段的进料，进料液中含有少量溶解的 NH_3，主要来自于残留的微量甲铵及尿素降解和二聚形成缩二脲等过程。残留的 NH_3 在固化过程中经汽提/闪蒸后随冷却空气排放到大气中。

在热干燥环境中，喷入造粒机排放口热空气流中的液雾蒸发得到的气体甲醛优先与汽提出的 NH_3 反应生成 HMTA（六亚甲基四胺），而非发生标准的尿素-甲醛反应。尿素-甲醛反应在后续工段对稀尿素溶液进行洗涤时较容易发生。不稳定的 HMTA 溶解在稀洗涤液中（在此例中为工艺冷凝水），送至真空浓缩工段，HMTA 分解成 NH_3 和甲醛。分解产生的甲醛溶解在溶液中，与过量的尿素反应，反应产物可用作造粒添加剂。NH_3 经工艺水冷凝吸收后，可回用于尿素合成工段。甲醛最终全部转化到尿素产品中，作为标准添加剂使用。

（2）环境效益

NH_3 排放量可减少 50%。

（3）跨介质影响

如果甲醛可用作标准添加剂，则无影响。

（4）操作数据

见概述。

（5）适用性

普遍适用。

（6）经济性

未提供信息。

（7）实施驱动力

减少废气中污染物排放。

（8）参考文献及示例装置

［133，Hydro Fertilizer Technology，2000］，YARA，Sluiskil and Incitec，Brisbane。

8.4.11 造粒废气的处理

（1）概述

在新式尿素生产装置中，污染物主要来源于产品精加工工段即塔式造粒或晶种造粒工段。上述两种造粒方式产生的污染物负荷（占装置总进料的0.4%～0.6%）至少比湿工段超出一个数量级（占装置总进料的0.005%～0.05%）。在精加工工段（及造粒工段）大量空气与热尿素溶液和固体尿素接触，因此废气中含有NH_3和粉尘。塔式造粒和晶种造粒工段废气的处理情况对比如下：

- 对特定下游产品，尿素首选塔式造粒；
- 废气处理成本高，抵消塔式造粒的主要优势（低成本）；
- 晶种造粒所需的空气较少；
- 晶种造粒产生的粉尘颗粒较大，容易除去。

NH_3的去除效率主要取决于所用的洗涤介质（酸洗或水洗）以及吸收级数。水洗时，含NH_3和尿素粉尘的清洗液可回用于尿素生产工艺。

（2）环境效益

减少废气中污染物的排放，排放浓度见表8-18。

表8-18 尿素精加工工段产生废气的处理方法及污染物排放浓度

来源	处理方法	排放浓度/(mg/m³)		数据来源
		粉尘	NH₃	
塔式造粒	未处理	60～130	70～140	［9，Austrian UBA，2002］，平均浓度，酸洗时粉尘和NH_3的排放限值均为30mg/Nm³
	酸洗，高达350000m³（标）/h	15～23	3～9	［9，Austrian UBA，2002］，平均浓度，酸洗时粉尘和NH_3的排放限值均为30mg/Nm³
	洗涤，1kW·h/1000m³（标）	25～30[①]		［129，Stamicarbon，2006］
		15	20[②]	［126，Snamprogetti，1999］
	水洗	55	30	［121，German UBA，2001］
	填料床洗涤器	30		［127，Toyo，2006］
晶种造粒		30	30[②]	［130，Uhde，2004］，操作说明书
	填料床洗涤器	30		［127，Toyo，2006］
	水洗涤器，弱酸洗涤	高达30	10～20	SKW Piesteritz
		15	20[②]	［126，Snamprogetti，1999］

① 可能达到的下限值，接近下限值时，压降及能耗的迅速增加。

② 包括酸洗。

（3）跨介质影响

● 消耗水；

● 尿素合成工段循环水量增加会降低单程转化率，导致后续分解和压缩工段能耗增大，在传统整体循环装置中尤为明显 ［121，German UBA，2001］；

● 消耗电能。

（4）操作数据

见概述。

（5）适用性

普遍适用。

使用硝酸作为洗涤介质时，需考虑硝酸脲的安全问题 ［154，TWG on LVIC-AAF，2006］。

在尿素造粒塔塔顶安装大容量的洗涤器可能会受到空间或结构的制约，而在地面安装洗涤器的成本通常较高。

（6）经济性

1994 年安装一套造粒废气洗涤系统的成本如下 ［9，Austrian UBA，2002］。

● 投资：290 万欧元（安装在造粒塔顶部）；

● 总运行成本：11 万欧元/年。

（7）实施驱动力

减小污染物的排放浓度。

（8）参考文献及示例装置

［9，Austrian UBA，2002，52，infoMil，2001，121，German UBA，2001，127，Toyo，2006，129，Stamicarbon，2006］。

BASF，Ludwigshafen；SKW Piesteritz，AMI，Linz。

8.4.12　工艺水处理

（1）概述

产量为 1000t/d 的尿素装置每天产生约 500m^3 的工艺水，主要来自尿素合成工段，该工段每生产 1t 尿素会产生 0.3t 水。工艺水的其他来源包括喷射蒸汽、冲洗水、密封用水以及废水处理厂使用的蒸汽。

图 8-4 为工艺水处理流程。热工艺水送至一级解吸塔顶部，在此处 NH_3 和 CO_2 被来自二级解吸塔和水解塔的气流除去。离开一级解吸塔底部的液体预热后，加压输送至水解塔顶部，蒸汽从水解塔底部输入。在上述条件下，尿素分解产生的气体被逆流汽提水汽输送至一级解吸塔。水解塔底部排出的液体中不含尿素，可用来加热水解塔的进料气，换热后输送至二级解吸塔。在二级解吸塔中，使用低压蒸汽汽提残留的 NH_3 和 CO_2，废气循环回一级解吸塔。

离开一级解吸塔的气体在回流冷凝/分离器中冷凝，一部分分离出的液体用泵打回一级解吸塔，剩余部分回用到尿素生产工艺中。分离器排气中残留的 NH_3 经空气吸收器吸收并回用到生产工艺中。

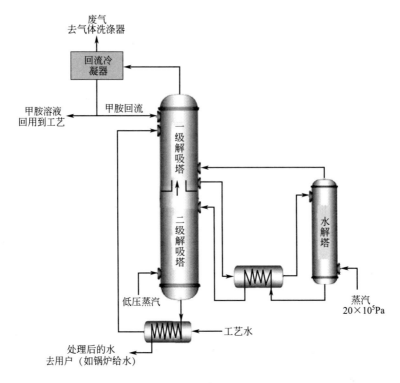

图 8-4 工艺水处理流程

生产过程中产生的其他水的处理方法包括：

- 精馏和水解 [52，infoMil，2001]；
- 汽提和水解 [12，infoMil，2001]；
- 精馏、汽提去除 CO_2 和 NH_3 后去生物处理 [52，infoMil，2001，121，German UBA，2001]。

（2）环境效益

- 若工艺水经处理后可重复利用，则耗水量减少；
- 水中污染物排放浓度降低（排放浓度见表8-9）；
- NH_3 和 CO_2 回用于工艺流程。

（3）跨介质影响

消耗能量。

（4）操作数据

见概述。

（5）适用性

普遍适用。只有水中的碳源和 pH 值符合要求时才可进行生物处理。如送市政污水处理厂处理 [52，infoMil，2001]。

（6）经济性

未提供具体信息。

（7）实施驱动力

环境效益。

（8）参考文献及示例装置

［52，infoMil，2001，121，German UBA，2001，125，Stamicarbon，2003，126，Snamprogetti，1999，127，Toyo，2006］

- ［125，Stamicatbon 2003］36 套装置使用逆流水解；
- 荷兰所有的尿素生产装置都对工艺水进行处理，并部分回用；
- 四川化工有限公司安装了水解/解吸系统；
- SKW Piesteritz 采用 CO_2/NH_3 去除与生物处理组合工艺；
- 巴斯夫采用汽提法处理，并将处理出水回用作冷却水。

8.4.13 主要性能参数的监测

（1）概述

对主要性能参数进行监测是改进策略和制订标准的基础。尿素生产的主要性能参数见表 8-19。

表 8-19 尿素生产过程的主要性能参数

项目			级别	
物料	NH_3	总量		t/d
		压力		bar
		形态		液态或气态
	CO_2	总量		t/d
		压力		bar
		形态		液态或气态
	其他	总量		t/d
		特定指标		如钝化空气
		条件		如压力
动力消耗	电能			MW·h/d
	蒸汽1	温度		℃
		压力		bar
		数量		t/d
		冷凝液回流		%
	蒸汽2	温度		℃
		压力		bar
		数量		t/d
		冷凝液回流		%

续表

项目			级别	
再生的动力	电能			MW·h/d
	蒸汽3	温度		
		压力		bar
		数量		t/d
	蒸汽4	温度		℃
		压力		bar
		数量		t/d
	冷凝	温度		℃
		数量		t/d
产品	尿素	总量		t/d
		含量		%（质量分数）
		温度		℃
	水	总量		℃
		NH₃含量		%（质量分数）
		温度		t/d
	其它	总量		℃
		特定指标		%（质量分数）
				℃

注：1. 能耗数据不包括造粒过程的能耗；

2. 1bar＝10⁵Pa。

数据来源：基准调查表（Process Design Center）。

（2）环境效益

监测主要性能参数可为改进策略制定提供基础。

（3）跨介质影响

无明确影响。

（4）操作数据

未提供信息。

（5）适用性

普遍适用。

（6）经济性

未提供信息。

（7）实施驱动力

标准制定。

（8）参考文献及示例装置

AMI，Linz。

8.4.14 UAN 生产的部分循环 CO_2 汽提

（1）概述

在部分循环 CO_2 汽提工艺中，未转化的 NH_3 和 CO_2 从尿素溶液汽提出后，与来自水处理单元的废气混合后输送至生产工艺中转化为 UAN 溶液。

UAN 生产可作为复合肥生产的一个组成部分。来自洗涤系统及筛分系统的 UAN 送中央 UAN 系统进行调理。

（2）环境效益

省去各种尿素精加工过程，大大降低了水、电消耗。

（3）跨介质影响

无明确影响。

（4）操作数据

未提供具体信息。

（5）适用性

普遍适用。

（6）经济性

未提供具体信息，估计可节约成本。

（7）实施驱动力

省去各种尿素精加工过程，节约了成本。

（8）参考文献及示例装置

［9，Austrian UBA，2002，128，EFMA，2000］

8.5 尿素及尿素硝铵生产的 BAT 技术

BAT 技术即 1.5 部分介绍的通用最佳可行技术。

存储过程的 BAT 技术见 ［5，European Commission，2005］。

BAT 技术可采用以下一项或几项技术，减少产品精加工阶段的污染物排放。

使用板束冷却器（见 7.4.5 部分）：

- 尿素粉末回用至尿素溶液中；
- 选择大小合适的筛分器和研磨机，如滚筒式或链式研磨机；
- 采用浪涌加料斗控制造粒循环；
- 对产品粒径分布进行在线监测以控制造粒循环。

BAT 技术可采用以下一项或几项技术，优化尿素生产过程的总能耗：

- 已有汽提设备的装置继续采用汽提技术；
- 新建装置采用整体循环汽提工艺（见 8.4.2～8.4.4 部分）；
- 采用传统整体循环工艺的现有装置，只有在尿素产量大幅增加的情况下才采用汽提技术（见 8.4.7 部分）；

- 加强汽提设施内的热集成（见 8.4.8 部分）；
- 应用冷凝-反应组合设备技术（见 8.4.9 部分）。

BAT 技术对湿工段产生的所有废气进行洗涤处理，将产生的氨溶液回用至工艺流程（需考虑爆炸下限，见 8.4.5 部分）。

BAT 技术减少造粒工段 NH_3 和粉尘的排放，将 NH_3 的排放浓度控制在 $3\sim35mg/m^3$（标）。如采用汽提技术或优化造粒塔的操作条件，将洗涤液在装置内回用（见 7.4.11 部分）；如果洗涤液可以重复利用，则首选用酸洗，否则选用水洗；如果 NH_3 的排放浓度控制在上述范围，即便用水洗，粉尘排放量也可控制在 $15\sim55mg/m^3$（标）。

若工艺水在处理前/后都不能回用，BAT 技术采用解吸-水解处理工艺水，使污染物排放浓度达到表 8-20 所列排放水平（见 8.4.12 部分）。要使现有装置达到该浓度，则 BAT 技术为采用生物处理。

表 8-20　尿素生产工艺水采用 BAT 技术处理后的污染物排放浓度

项目		NH_3	尿素	单位
工艺水处理后	新建装置	1	1	mg/L(体积分数)
	现有装置	<10	<5	

尿素生产过程中关键性能参数监测的 BAT 技术见 8.4.13 部分。

9

硝酸铵(AN)与硝酸铵钙(CAN)

9.1 概　　述

硝酸铵（AN）是一种用途广泛的氮肥，市场上的主流产品为硝酸铵的热溶液（含氮 33.5%～34.5%的硝酸铵）和硝酸铵钙（含氮量低于 28%）。全世界硝酸铵溶液（ANS）的年产量大约在 $(4000～4500)×10^4 t$ 之间。

硝酸铵钙（CAN）是由硝酸铵溶液与白云石、石灰岩或碳酸钙混合制成，是西欧使用最广泛的化肥产品。硝酸铵和硝酸铵钙装置的日产量一般在几百吨到 3600t 之间。

通过混合而制成的其他类似产品有硝酸铵镁（MAN，添加大量白云石制得）、硝硫酸铵［ASN，添加 $(NH_4)_2SO_4$ 或 H_2SO_4 制得］以及氮硫化肥（一般以石膏为原料制得）。

化肥生产必须遵守欧盟 2003/2003/EC 条例。由于硝酸铵被联合国运输法规列为氧化物，因此硝酸铵和硝酸铵钙化肥生产还需遵守有关硝酸铵生产的特殊标准。表 9-1 所列为 2006 年 7 月欧盟硝酸铵钙生产厂家及装置概况，表 9-2 所列为 2006 年 7 月欧盟硝酸铵/硝酸铵钙生产装置概况。

表 9-1　2006 年 7 月欧盟硝酸铵钙生产厂家及装置概况

国家	公司	厂址	投产年份	产能/(kt/a)	备注
奥地利	Agrolinz	Linz	1989	630	
比利时	BASF	Antwerp	1990	650	
捷克共和国	Lovochemie	Lovosice	1991	415	
法国	GrandParoisse	Mazingarbe	1971	250	

续表

国家	公司	厂址	投产年份	产能/(kt/a)	备注
德国	Yara	Rostock	1985	633	生产线 1
		Rostock	1985	633	生产线 2
立陶宛	Achema	Jonava	2003	415	现状未知
荷兰	DSM	Geleen	1979	1150	
			1993		
波兰	Anwil	Wloclawek	2000	500	
	Zaklady Azotowe	Kedzierzyn	1987	616	
	Zaklady Azotowe	Tarnow	1965	360	
葡萄牙	Adubos	Alverca	1961	290	
斯洛伐克	Chemko Strazske	Straske	1997	75	
	Duslo	Sala Nad Vahom	1976	500	
西班牙	Fertiberia	Avilés	1970	250	
瑞士	Lonza	Visp	1982	120	装置数量和现状未知

数据来源：[154，TWG on LVIC-AAF，2006]。

表 9-2　2006 年 7 月欧盟硝酸铵/硝酸铵钙生产装置概况

国家	公司	厂址	投产年份	产能/(kt/a)	备注
比利时	BASF	Antwerp	1980	300	
	Kemira	GrowHow Tertre	1990	900	
法国	Grande Paroisse	Grandpuits	1970	300	
		Rouen	1989	550	
		Mazingarbe		150	技术
	PEC RHIN	Ottmarsheim	1970	330	
	Yara	Ambès	1990	500	
		Montoir	1972	260	
		Pardies	1990	120	技术
德国	Yara	Rostock	1985	65	技术
希腊	PFI	Kavala	1982	300	
匈牙利	Nitrogenmuvek	Petfuerdoe	1975	479	
			1991	200	
意大利	Yara	Ravenna	1970	500	
立陶宛	Achema	Jonava	1972	550	现状未知
荷兰	DSM	IJmuiden	1948	550	
			1997		
	Yara	Sluiskil	1983	550	
			1989	1100	

续表

国家	公司	厂址	投产年份	产能/(kt/a)	备注
波兰	Anwil	Wloclawek	2000	353	
	Zaklady	Azotowe Pulawy	1968	1100	
西班牙	Fertiberia	Luchana	1974	300	2006年7月停产
		Puertollano	1959	215	1980年大修
		Sagunto	1988	500	
瑞士	Dyno	Ljungaverk		44	技术
	Yara	Koeping	1991	170	技术
英国	Kemira	GrowHow Ince	1971	400	塔式造粒
	Terra	Billingham	1979	500	
		Severnside	1965	500	

数据来源：[154，TWG on LVIC-AAF，2006]。

9.2 生产工艺和技术

9.2.1 概述

硝酸铵（NH_4NO_3）是由质量分数为 $50\% \sim 70\%$ 的硝酸溶液与气体 NH_3 经中和反应而制得：

$$NH_3 + HNO_3 \longrightarrow NH_4NO_3$$

该反应速度快，并且放出大量的热。放出的热量可用来产生蒸汽。制得的硝酸铵溶液经蒸发浓缩。硝酸铵生产过程主要分为三步：中和、蒸发和浓缩（造粒）（见图9-1）。

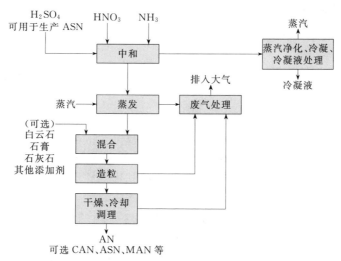

图 9-1 硝酸铵及相关产品生产的工艺流程

数据来源：[52，infoMil，2001]、[148，EFMA，2000]

9.2.2　中和反应

HNO_3 与 NH_3 的中和反应为放热反应，生成 NH_4NO_3 溶液（ANS）和蒸汽。HNO_3 通常在耐腐蚀的设备中利用 AN 生产过程产生的蒸汽或热冷凝液进行预热，使剩余热量得到最有效的利用，当 HNO_3 的浓度接近 $50\%\sim70\%$ 的浓度下限尤其需预热。

根据实测的 HNO_3 和 NH_4NO_3 浓度，通过焓能量守恒计算出预热所需要的热量。中和反应分单级和两级两种。两级中和即在低 pH 值条件下（酸性条件）进行第一级中和，再在中性条件下进行第二级中和。设备要能适应各种操作压力和温度。在大部分中和反应中，反应器压力、温度和浓度决定了硝酸铵溶液的沸点，其中只有两个变量。例如，中和反应的压力为 $4\times10^5\,Pa$，硝酸铵的质量分数为 76% 时，反应温度即为 $180\,℃$。

注：由于安全原因，中和设备内的温度必须控制在一定的范围之内。因此，需将部分冷凝蒸汽循环到中和设备中进行冷却。此外，控制进入中和设备的酸强度也可控制温度，在中和设备中加入 55% 的 HNO_3 也可达到同样的温度。因此，在传统工艺中，使用高浓度的酸和减少冷凝水的用量不可能同时实现。

NH_3 中可能含有少量未反应的 H_2 和惰性氮气。根据工艺特性，H_2 和惰性气体可在适当时候排出中和反应器。在中和反应的操作温度下，杂质的控制非常重要，否则会由一个小的安全事件变成一次重大的环境事故。因此，部分厂家禁止将 NH_4NO_3 过筛后的残余物回用到中和反应器。若残余物中含有有机抗凝剂，则应坚决禁止回用。需强调的是，酸性 ANS 比碱性 ANS 更不稳定。

中和设备操作压力的选择，除其他因素外，应综合考虑安全问题和能效问题。

沸腾炉、循环系统或者管式反应器都可作为中和设备。选择中和设备时需考虑以下问题。

- 在两级中和设备中，第一级产生大部分的蒸汽，第二级排放大部分的 NH_3，可减少 NH_3 的总排放量；
- 单级中和设备更加简单和便宜；
- 提高中和反应的压力会提高产生蒸汽的温度，其对后续工段更有用，如蒸发和干燥；
- 中和设备的操作参数不能超过临界值，中和设备需安装可靠仪表来严格控制 pH 值和温度，且需经常校核，以减少对反应器的损害。

管式反应器的中和反应在管道中进行，以保证 HNO_3 和 NH_3 可在管道内充分、有效地混合，且停留时间最短。NH_3 和 HNO_3 利用中和反应中产生的部分工艺蒸汽进行预热。测定进料流量并采用最优配比。由于原料的混合和反应，反应管内的压力从入口处的 $(4\sim7)\times10^5\,Pa$ 下降到出口分离槽处的约 $1\times10^5\,Pa$。在分离器中，NH_4NO_3 溶液由上往下流，产生的蒸汽由下向上流。NH_4NO_3 溶液在重力作用下进入缓冲罐，用少量氨气自动调节缓冲罐中溶液 pH 值。在管式反应器中，使用 63% 的 HNO_3 为原料（预热到 $60\,℃$），无需浓缩或蒸发即可得到质量分数达 79% 的

NH_4NO_3 溶液。

中和反应生成的 HN_4NO_3 溶液浓度视进料和操作条件而定。HN_4NO_3 溶液可不进行精加工而直接储存，如果用其生产固体 HN_4NO_3、硝酸铵钙或氮磷钾复合肥，则需先蒸发浓缩。

生产 NH_4NO_3 和 $Ca(NO_3)_2$ 的原材料可从硝化磷酸盐的生产中获得，详见7.4.8 部分。

9.2.3 蒸发过程

通常使用蒸发器对 NH_4NO_3 溶液进行浓缩，使其含水率达到产品精加工要求。塔式造粒的 NH_4NO_3 颗粒含水率小于 1%，晶种造粒的颗粒含水率可达到 8%。

中和反应或现场的蒸汽发生设备产生的蒸汽可作为蒸发工段的热源。必须控制饱和蒸汽的温度防止 NH_4NO_3 分解。蒸发过程可在常压或者真空状态下进行；真空蒸发时蒸汽可循环使用，但成本相对较高。

工业使用的蒸发系统包括循环式蒸发器、管壳式换热器和降膜蒸发器。降膜蒸发器工作容积小、停留时间短。蒸发过程产生的蒸汽可能含有 NH_3 和少量 NH_4NO_3 液滴，净化技术包括：

- 液滴分离法，中和反应器中也用到此技术；
- 洗涤法，去除固体产品生产中产生的粉末和烟尘；
- 蒸汽冷凝后用于净化中和反应器的冷凝液。

NH_4NO_3 溶液需在合适的温度和浓度下保存，以防止 HN_4NO_3 结晶。为减少后续设备污染物的排放，蒸发器中的溶液需先降温。

9.2.4 工艺蒸汽的净化

中和反应器中产生的工艺蒸汽可直接使用，也可先净化，或先冷凝再净化。蒸汽可在蒸发器中使用，也可用来预热和蒸发氨、预热硝酸。蒸汽净化的技术包括以下几种。

（1）液滴分离技术
- 丝网除沫器；
- 波片分离器；
- 纤维衬垫分离器，例如聚四氟乙烯纤维。

（2）洗涤技术：
- 填充柱洗涤器；
- 文丘里洗涤器；
- 喷淋筛板洗涤器。

中和反应器排出的硝酸铵颗粒非常小，很难除去。液滴分离和洗涤技术联合使用可除去硝酸铵颗粒。采用上述技术时，洗涤液中需加酸（通常加硝酸），以中和游离氨且优化 AN 去除条件。蒸汽冷凝一般首选在工艺过程中换热，或者使用水冷或气冷式换热器。

9.2.5 造粒

在硝酸铵和硝酸铵钙的生产过程中，常用到造粒技术（通过肥料液滴的凝固得到产品颗粒的过程）。硝酸铵的造粒可在专门的设备中进行，也可在硝酸铵钙生产设备中进行。硝酸铵钙和 NPK 复合肥可在相同的装置中生产。

9.2.5.1 塔式造粒

造粒塔产出的硝酸铵几乎不含水。溶液从塔顶喷入，依次经过塔顶的单组分喷嘴、多孔板或者多孔离心机；冷空气逆流而上，以便更好地吸收结晶过程中放出的热量。液滴在塔内下降时逐渐凝固成圆形颗粒，颗粒从塔底移出后再降温和过筛。生产硝酸铵钙时，需在溶液造粒之前加入磨碎的填充物（如石灰岩或白云石）。有时，造粒塔出来的颗粒在转筒中进一步加工处理，以增大颗粒的粒径。

造粒塔顶排出的空气可能会带走 NH_3 和 NH_4NO_3（及硝酸铵钙生产中的填充物质），熔融温度较低时可减少污染物排放量。NH_4NO_3 通常经湿式洗涤器除去。空气夹带的细小 NH_4NO_3 颗粒可用简单设备脱除，脱除颗粒表面的 NH_4NO_3 烟尘粒径更小，很难脱除。

9.2.5.2 晶种造粒

晶种造粒比塔式造粒工艺复杂，需要的设备也更多，包括转盘式造粒机、转鼓造粒机、流化床造粒机和其他更专业的设备。晶种造粒过程也会产生与塔式造粒相似的废气，但废气产生量较少，因而脱除设备更经济有效。晶种造粒的颗粒粒径比塔式造粒大，且颗粒粒径分布范围大。晶种造粒过程中，可使用含水量达 8% 的 NH_4NO_3，但剩余水分必须在造粒过程中除去。晶种造粒操作温度较低，可节约能量。

硝酸铵/硝酸铵钙生产中所用的晶种造粒设备有转盘式造粒机、转鼓造粒机、喷浆造粒机、搅拌造粒机和流化床造粒机。生产硝酸铵钙时，填充物通常需在造粒之前加入，热的浓缩硝酸铵溶液以喷雾方式进入造粒机。生成的颗粒一般无需进一步干燥，过筛后尺寸过大的颗粒磨碎后和粉末一起返回造粒机。硝酸铵钙和氮磷钾复合肥的造粒使用转筒和搅拌造粒机，填充物可在造粒前或在造粒机内与硝酸铵溶液混合。此过程生成的颗粒通常需在流化床或转筒干燥机内进行干燥。干燥硝酸铵钙时，颗粒本身所含热量足以完成干燥过程，无需补充热量，这种过程称为自热过程。干燥之后的颗粒需过筛。

9.2.6 冷却

晶种造粒机和造粒塔形成的颗粒通常要在转鼓冷却器或流化床冷却器中用干净的

空气进行冷却。干燥系统排出的空气经除尘后返回干燥机中作为二次空气使用。

　　冷却过程也可使用整体流动换热器。在板式换热器中，颗粒产物与来自冷却塔的冷却水进行换热而得到冷却，减少了大气污染物的排放。

　　冷却过程有时使用两级冷却，整体流动换热器通常用作二级冷却器［28，Comments on D2，2004］。

9.2.7　调理

　　硝酸铵和硝酸铵钙在储存过程中容易结块，必须使用抗结剂进行调理。抗结剂可与产品混在一起，也可将其涂在产品表面。在储存过程中，抗结剂还可以减少粉尘排放并防潮。

9.3　消耗和排放水平

　　硝酸铵钙和硝酸铵生产过程中的能量与冷却水消耗情况及大气和水污染物排放情况见表9-3～表9-6。

表9-3　硝酸铵钙和硝酸铵生产中能量与冷却水的消耗量

产品	蒸汽	电量	冷却水	总计	数据来源
	kg/t 产品	kW·h/t 产品	m³/d	GJ/t 产品	
硝酸铵钙	13	13.2	24500①		AMI，Linz
	150～200	10-50			［148，EFMA，2000］/［52，infoMil，2001］
固体硝酸铵		25～60			新建 AN 装置［148，EFMA，2000］
	0-50				［148，EFMA，2000］
				0.7	欧洲平均值［52，infoMil，2001］
				0.09～0.22	新式 AN 装置［52，infoMil，2001］
硝酸铵溶液	－170②	5			［148，EFMA，2000］

① 2000 年，温差为 10℃，硝酸铵钙的产量为 66.3×10⁴。
② 蒸汽输出。

表9-4　硝酸铵钙化肥生产过程中大气污染物排放浓度

污染物	mg/m³（标）	g/t 产品	备注	数据来源
粉尘	14.5～14.8	17.4	中央废气洗涤器（废气量 92250m³（标）/h）	AMI，Linz［9，Austrian UBA，2002］
	5～6.5	13.5	来自转鼓冷却器、旋风分离器（废气量 107750m³（标）/h）	AMI，Linz［9，Austrian UBA，2002］
	5		来自转鼓冷却器、旋风分离器（废气量 91500m³（标）/h）	AMI，Linz［9，Austrian UBA，2002］

续表

污染物	mg/m³（标）	g/t 产品	备注	数据来源
粉尘	5	20.5	来自生产工业级 AN 的造粒塔，流量约 $10 \times 10^4 m^3$（标）/h；经填料塔洗涤，烛式过滤器过滤后，排放量为 $1 \times 10^4 m^3$（标）	AMI,Linz [9,Austrian UBA,2002]
	15		来自新建装置的造粒塔，不含不溶固体	[148,EFMA,2000]
	30		来自新建装置，除造粒塔外的其他排放源，不含不溶固体	[148,EFMA,2000]
	50		来自新建装置，含不溶固体和 CAN	[148,EFMA,2000]
	72	12	来自浓缩工段，高效洗涤	DSM Geleen [52,infoMil,2001]
	1	1	来自晶种造粒工段，转鼓干燥器1，织物过滤器处理	DSM Geleen [52,infoMil,2001]
	1	2	来自晶种造粒工段，转鼓干燥器2，织物过滤器处理	DSM Geleen [52,infoMil,2001]
	1	2	来自晶种造粒工段，转鼓干燥器3，织物过滤器处理	DSM Geleen [52,infoMil,2001]
	37	86	来自流化床冷却1	DSM Geleen [52,infoMil,2001]
	44	99	来自流化床冷却2	DSM Geleen [52,infoMil,2001]
	26	70	来自流化床冷却3	DSM Geleen [52,infoMil,2001]
	25	17	晶种造粒除尘系统	DSM IJmuiden,[52,infoMil,2001]
		400	来自造粒塔、冷却器，CFCA 技术处理	Terra,Billingham [28,Comments on D2,2004]
		30	来自造粒塔，最先进技术处理	Terra,Billingham [28,Comments on D2,2004]
NH₃	2	4	来自流化床冷却1	DSM Geleen [52,infoMil,2001]
	2	4	来自流化床冷却2	DSM Geleen [52,infoMil,2001]
	2	4	来自流化床冷却3	DSM Geleen [52,infoMil,2001]
	36	47	来自转鼓干燥器1，织物过滤器处理	DSM Geleen [52,infoMil,2001]
	38	47	来自转鼓干燥器2，织物过滤器处理	DSM Geleen [52,infoMil,2001]
	41	49	来自转鼓干燥器3，织物过滤器处理	DSM Geleen [52,infoMil,2001]
	0	0	来自浓缩工段，高效洗涤	DSM Geleen [52,infoMil,2001]
	1.3～5.07	1.6	中央废气洗涤器（废气量 92250m³（标）/h）	AMI,Linz [9,Austrian UBA,2002]
	2.75～3.65	6.7	来自转鼓冷却器、旋风分离器（废气量 107750m³（标）/h）	AMI,Linz [9,Austrian UBA,2002]
	3.2～3.05		来自转鼓冷却器、旋风分离器（废气量 91500m³（标）/h）	AMI,Linz [9,Austrian UBA,2002]
	4.25～6.55	13.7	来自生产工业级 AN 的造粒塔，流量约 $10 \times 10^4 m^3$（标）/h；经填料塔洗涤，烛式过滤器处理后，排放量为 $1 \times 10^4 m^3$（标）	AMI,Linz [9,Austrian UBA,2002]

污染物	mg/m³（标）	g/t 产品	备注	数据来源
NH₃	10		来自新建装置的造粒塔,不含不溶固体	[148,EFMA,2000]
	50		来自新建装置,除造粒塔外的其他排放源,不含不溶固体	[148,EFMA,2000]
	50		来自新建装置,含不溶固体和 CAN	[148,EFMA,2000]
F(HF)	0.4～0.44	0.5	中央废气洗涤器（废气量92250m³（标）/h）。硝酸铵钙装置所用原料来自于 ODDA 装置	AMI,Linz [9,Austrian UBA,2002]

表 9-5　硝酸铵加压中和反应的废水产生量及污染物浓度（Linz AMI）

指标	排放浓度	
废水量	6m³/h	0.24m³/t N[①]
TN(NH₃-N 和 NO₃⁻-N)	16kg/d	0.026kg/t N[①]

① 产能为 612 t N/d 的装置（对应 AN 产能为1800t/d,含氮量为34%）。

资料来源：[9,Austrian UBA,2002]。

表 9-6　硝酸铵基肥料生产装置的废水污染物排放浓度（DSM Geleen 和 Kemira Rozenburg）

设备	流量/(m³/h)	具体排放[①]		
		氮排放	g/m³	g/t CAN
DSM Geleen[②]	37[③]	Kj-N	8.4～11.7(167)	2.5～3.4(49)
		N(NO₃⁻)	33.8～67.5(225)	9.9～19.8(66)
	10[④]	Kj-N	1～1.4(20)	0.08～0.11(1.6)
		N(NO₃⁻)	16.5～33(110)	1.3～2.6(8.8)
Kemira Rozenburg	20[⑤]	Kj-N		
		N(NO₃⁻)		

① 基于连续工艺的计算值（± 8640h/a）。

② 排入市政综合污水处理厂。

③ 工艺冷凝液＋洗涤水。

④ 由冷却水系统产生的废水。

⑤ 包括冷却水。

注：1. 括号中的数据是废水处理之前的量；

2. Kj-N 即凯氏氮。

9.4　BAT 备选技术

- 产品冷却，见 7.4.5 部分；
- 热空气的循环利用，见 7.4.6 部分；
- 造粒循环相关内容，见 7.4.7 部分。

9.4.1　中和工段的优化

（1）概述

中和工段对的环境的影响很大。目前使用的中和工艺流程较多，很多参数都会影响中和阶段的污染物排放量，详见表 9-7。

表 9-7　中和工段污染物排放的影响因素

影响因素	说明
预热	生成 AN 的反应是放热反应，放出的热量常用来预热 HNO_3 或浓缩 ANS
pH 值控制	两级中和设备的操作条件：第一级控制在酸性条件；第二级控制在中性条件。由于 pH 值的变化，第一级会产生大量的蒸汽，第二级则排放出大量氨气。与单级中和反应器相比，两级中和反应器释放的氨气较少，但成本较高。
含水率	含水率较高时，硝酸铵的分解变慢
温度	高温下硝酸铵会分解。中和装置中的温度越高，酸碱度和杂质的控制就越重要。
压力	在中和反应中，压力的增加会使产生的蒸汽温度升高、硝酸铵溶液浓度增大。尽管升高中和反应器压力需要能量，但目前大部分反应器在高压条件下都能输出净能量（不包括产品精加工工段，而大部分旧设备在常压下运行都需要输入蒸汽）。常压中和反应器操作成本相对较低，且容易操作，因此当可从副产品或其他廉价来源获得充足的蒸汽时，宜选用常压中和反应器。设备内的压力过高可能会引发爆炸，为保证安全，应尽量降低设备内压力。
杂质	许多杂质对硝酸铵的分解具有显著的催化作用。所有装置都具有潜在危险性，尤其是有机物（总碳 $<100 \times 10^{-6}$，与 100% 硝酸铵相比）、氯化物（$<300 \times 10^{-6}$）、重金属（铜、锌、锰、铁、镉 $<50 \times 10^{-6}$）和硝酸盐（$<300 \times 10^{-6}$）形成的混合物极其危险，应尽量除去这些杂质。因此，部分厂家不将过筛后的残余物返回至中和反应器。如果过筛后的残余物存在被有机防结块剂污染的可能性，则不能循环利用。

注：上述数据来自具体装置，装置不同数据也可能不同。

数据来源：[52，infoMil，2001]。

（2）环境效益

- 减少了蒸汽中 NH_3 和 NH_4NO_3 的含量；
- 在高压条件下，中和反应会产生较高温度的蒸汽和较高浓度的 NH_4NO_3 溶液。

（3）跨介质影响

高压反应时需要能量以压缩氨气。

（4）操作数据

未提供具体信息。

（5）适用性

上述问题不仅对防止环境问题和危险情况的发生有重要作用，而且还能确保产品质量以及高效操作，二者之间的平衡非常敏感。对现有装置的技术可进行优化。对旧设备进行改进，对中和装置加压或使用超过两级的中和装置，可提高环境效益，但还需考虑经济因素。

（6）经济性

中和工段的优化不仅可减排污染物，同时也优化了整个工艺，使高投资得到回报，例如两级中和装置。单级中和装置简单，成本低。

（7）实施驱动力

所有装置可对操作条件进行优化（不存在技术问题），使其在最佳条件下运行。原则上中和装置在酸性和（或）高压条件下运行效果较好。

（8）参考文献和示例装置

[52, infoMil, 2001]，AMI，Linz。

DSM Agro Ijmuiden（荷兰）使用两级中和装置：第一级在酸性、$2×10^5$ Pa 条件下进行，NH_4NO_3 溶液减压后送入第二级中和装置 [10, InfoMil, 2001]。

Kemira Agro Rozenburg（荷兰）使用两级中和装置（已停产）：第一级在 pH＝2 的条件下进行，以减少 NH_3 的损失，第二级在 pH＝6 的条件下进行。

Lovochemie（捷克共和国）使用单级中和装置：反应压力 $3.5×10^5$ Pa，温度 168～171℃，所得 NH_4NO_3 的最终浓度达到 72%～75%。

9.4.2　回收余热以冷却过程水

（1）概述

硝酸铵生产过程中会产生大量受到污染的低温蒸汽（125～130℃），其中一部分排放到空气中。

使用 $LiBr/H_2O$ 吸收冷却器，可将低温余热用于加热冷水。在示例装置中，用冷水来冷却产品冷却用空气。

（2）环境效益

降低能耗。

（3）跨介质影响

使用泵需要消耗能量。

（4）操作数据

- 热源：　　　　　　　　　工艺蒸汽。
- 工艺蒸汽压力：　　　　　180kPa。
- 工艺蒸汽流量：　　　　　2.77kg/(kW·h)。
- 通过的冷凝器数量：　　　1个。
- 冷却功率：　　　　　　　2019.05kW。
- 功率消耗系统中的泵　　　11.19kW；
  - 冷水泵：　　　　　　　88kW；
  - 凝液泵：　　　　　　　14kW；
  - 冷却水泵：　　　　　　57kW。

（5）适用性

吸收冷却系统广泛用于工业生产。因为其不消耗低压 NH_3，在化肥工业上的应用更广泛。吸收冷却系统比传统的 NH_3 浓缩冷却系统更经济。

（6）经济性

投资约 90 万欧元。

（7）实施驱动力

设备现代化和成本效益。

（8）参考文献和示例装置

[52，infoMil，2001，152，Galindo and Cortón，1998]

Fertiberia S. A. 公司在西班牙的卡特和纳，拥有 2 套造粒设备，用于生产硝酸铵/硝酸铵钙和氮磷钾复合肥，每套装置产能均为 900t/d。1969 年成投产，2003 年停产。生产所用的硝酸铵溶液由同期建成的中和反应厂供应，后者在 1975 年进行了改造，增建了 1 套新硝酸装置。该公司在硝酸铵溶液的浓缩、能量消耗、污染、质量和产量方面从一开始就存着问题。为了解决这些问题，该公司决定在硝酸铵装置中新建一套吸收冷却系统。

9.4.3 能耗和蒸汽输出

（1）概述

生成 NH_4NO_3 时剧烈放热。产生的热量常用于产生蒸汽、预热硝酸和浓缩硝酸铵溶液。HNO_3 的浓度直接影响脱水量。产品精加工阶段虽需要热量，但由于热硝酸铵溶液引入了热量，干燥时几乎不需要额外提供能量（见 9.4.5 部分）。

在欧洲，每生产 $1tNH_4NO_3$ 平均消耗 0.7 GJ 能量，而新式装置的能耗仅为 0.09～0.22GJ。硝酸铵钙生产中，因物料研磨（如白云石）需要能量，故能耗稍高。每生产 1t 硝酸铵钙，需要 150～200kg 蒸汽和 10～50kW·h 的电能（大约 36～180MJ）[52，infoMil，2001]。

NH_4NO_3 溶液蒸发所需蒸汽量由 HNO_3 浓度和最终产品浓度而定。在有些装置中，可用中和反应器蒸汽蒸发 NH_4NO_3 溶液，但现有装置不适用。在有些装置中，蒸发液体 NH_3 所需的能量通常由中和反应器产生的蒸汽提供。每生产 $1tNH_4NO_3$ 产品所需蒸汽量在 0～50kg 范围内。如果装置仅用于生产 NH_4NO_3 溶液，每生产 1t 产品可输出 170kg 蒸汽，部分装置还可输出热水。在带压中和反应器内，蒸发过程无需补充能量，可得到浓度为 95% 的 NH_2NO_3 溶液。每生产 1t 硝酸铵钙固体产品需约 150～200kg 蒸汽和消耗 10～50kW·h 的电能 [148，EFMA，2000]。新建装置的预期消耗水平见表 9-8。

表 9-8 新建装置的预期消耗水平

项目	真空中和反应	带压中和反应	
		2bar 压力下直接回收的热量	4bar 压力下产生干净蒸汽
蒸汽输入/(kg/t AN)	130(10bar)	10	52(10bar)
蒸汽输出/(kg/t AN)	无	无	240(5bar)
冷却水/(m³/t AN)	31.0	22.5	3.8
电量/(kW·h/t AN)	2.0	3.8	4.8
NH₃/(kg/t AN)	213	213	213
硝酸/(kg/t AN)	789	789	789

注：1. 硝酸的质量分数为 60%，硝酸铵产品的质量分数为 96%，冷却水的温差为 10℃；

2. 1bar=10⁵Pa。

数据来源：[101，Uhde，2003]。

（2）环境效益

如果装置仅用于生产 NH_4NO_3 溶液，每生产 1t 产品可输出 170kg 蒸汽，部分装置还可输出热水。在带压中和反应器内，蒸发过程无需补充能量，可得到浓度为 95％的 NH_4NO_3 溶液。

（3）跨介质影响

无明确影响。

（4）操作数据

未提供具体数据。

（5）适用性

普遍适用。

（6）经济性

未提供具体信息，但可预估成本效益。

（7）实施驱动力

成本效益。

（8）参考文献和示例装置

［17，2nd TWG meeting，2004，52，infoMil，2001，101，Uhde，2003，148，EFMA，2000］

9.4.4　蒸汽净化及冷凝液的处理和回用

（1）概述

无论采用哪种工艺，引入 HNO_3 时都会带入水分。这些水分中，只有一部分最终进入 NH_4NO_3 溶液，而大部分作为工艺蒸汽或在蒸发过程中除去。根据工艺条件及工艺蒸汽的处理方式，最终冷凝液中可能含有不同浓度的 NH_4NO_3、HNO_3 或 NH_3 等杂质。

表 9-9 为工艺蒸汽的净化和冷凝液处理相结合的一个示例。根据［148，EFMA，2000］，受污染的冷凝液可采用以下技术进行回用或净化：

- 采用空气或蒸汽汽提，必要时加入碱可得到 NH_3；
- 蒸馏；
- 膜分离技术，如反渗透。

也可使用离子交换，但使用有机物存在安全风险，需慎重考虑。有机树脂不能回用于 NH_4NO_3 生产过程，此外离子交换树脂绝对禁止被硝化。

蒸汽离开中和反应器后形成的冷凝液可用以下几种方式处理［148，EFMA，2000］：

- 生物处理（厂区内处理或送到市政污水处理厂处理）；
- 作为硝酸装置的吸附水，但需满足水质要求；
- 在厂内用于其他用途，如用于生产化肥溶液；
- 经进一步净化后用作锅炉给水；

● 用于硝酸铵或硝酸铵钙造粒尾气的洗涤。

表 9-9　工艺蒸汽的净化和冷凝液处理

输入	中和反应器产生的工艺蒸汽
文丘里洗涤器	酸性洗涤，用 NH_4NO_3 溶液中和 NH_3
旋风分离器	
烛式过滤器	清除残留的硝酸铵液滴
蒸发器	在管壳式蒸发器中，部分工艺蒸汽用于加热管道和管壳，生产"干净"蒸汽和浓缩冷凝液
冷凝器	"干净"蒸汽的冷凝
输出	浓缩冷凝液，用作硝酸铵溶液生产装置的洗涤液，用于硝酸设备的吸收塔或其他用途
	硝酸铵浓度<50mg/L 的"净化"冷凝液

数据来源：[140，Peudpièce，2006]。

（2）环境效益

● 减少污染物排放。

含氮化合物回用于生产工艺。

（3）跨介质影响

无明确影响。

（4）操作数据

未提供具体数据。

（5）适用性

普遍适用。

（6）经济性

未提供具体信息，但可预估成本效益。

（7）实施驱动力

成本效益。

（8）参考文献和示例装置

[9，Austrian UBA，2002，52，infoMil，2001，148，EFMA，2000]，[140，Peudpièce，2006]

Grande Paroisse，Mazingarbe：见表 9-9。

DSM Geleen："污染"蒸汽用文丘里洗涤器和烛式过滤器净化后，可用于蒸发和加热 NH_3 至 90℃后再冷凝（25m³/h 冷凝液）：其中 20%～25%回用作洗涤水，剩余部分送到污水处理厂。

DSM Ijmuiden：$2×10^5Pa$ 的"污染"蒸汽通常用于蒸发及加热 NH_3、加热 HNO_3 和生产 $1.5×10^5Pa$ 的"干净"蒸汽，剩余的"污染"蒸汽经冷凝后部分凝液回收利用，其余凝液排入地表水体。浓缩过程产生的水蒸气经冷凝，并用循环的酸性 NH_4NO_3 溶液洗涤后排入地表水体。

Kemira Rozenburg："污染"蒸汽冷凝后，与蒸发过程产生的冷凝液混合。其中

50％用作硝酸装置的吸收水，3％用作尿素硝铵装置的稀释水，剩余部分排入地表水体。

Yara Sluiskil："污染"蒸汽冷凝后，经封闭管道汇集到集水池，除去矿物质后可全部用作尿素装置或硝酸装置的洗涤用水或工艺用水。

AB ACHEMA：使用离子交换法处理工艺冷凝液。处理后的溶液（其中 NH_4NO_3 和 HNO_3 浓度分别可达 180 g/L 和 70 g/L）回用于 HNO_3 装置。

9.4.5　自热造粒

（1）概述

流化床冷却器产生的废气可用于转鼓干燥器对产品进行干燥。该过程可节约大量能源，几乎所有类型的硝酸铵钙的生产均为自热过程，详见 7.4.6 部分。

（2）环境效益

- 有效节能；
- 废气排放量减少约 50％。

（3）跨介质影响

无明确影响。

（4）操作数据

未提供具体数据。

（5）适用性

普遍适用于硝酸铵钙的生产。

（6）经济性

未提供具体信息，但可预估成本效益。

（7）实施驱动力

成本效益。

（8）参考文献和示例装置

［147，Uhde，2006，148，EFMA，2000］

9.4.6　废气处理

（1）概述

示例装置的废气处理情况见表 9-10。

表 9-10　示例装置的废气处理情况

废气来源	处理方法	数据来源
造粒塔	湿式洗涤:填充柱洗涤后回用;烛式过滤后排放	a) AMI,Linz
中和/蒸发工段的不凝废气	蒸汽净化,冷凝,中央洗涤	a) AMI,Linz
蒸发工段	高效洗涤	b) DSM,Geleen
晶种造粒、干燥工段	旋风分离,中央洗涤	a) AMI,Linz

续表

废气来源	处理方法	数据来源
晶种造粒工段	织物过滤	c) DSM，IJmuiden
干燥工段	织物过滤	b) DSM，Geleen
转鼓冷却器	旋风分离	a) AMI，Linz
物料研磨工段	织物过滤，旋风分离	b) DSM，Geleen c) DSM，IJmuiden d) Kemira，Rozenburg f) Yara，Sluiskil
造粒塔和废水蒸发	喷淋烛式过滤	e) Terra，Severnside
流化床冷却器	旋风分离	e) Terra，Severnside
流化床冷却器	洗涤	f) Yara，Sluiskil

数据来源：[9，Austrian UBA，2002，52，infoMil，2001，154，TWG on LVIC-AAF，2006]。

（2）环境效益

● 减少废气中污染物排放。

使用织物过滤器可使粉尘浓度$<10\text{mg/m}^3$（标）。

（3）跨介质影响

洗涤液循环使用时，无明确影响。

（4）操作数据

未提供具体数据。

（5）适用性

喷淋烛式过滤洗涤器不适合处理含不溶物质气体。洗涤液循环使用可能会影响产品质量，在硝酸铵钙生产过程中尤为明显。

在硝酸铵造粒塔塔顶安装大容量的洗涤器可能会受到空间或结构的制约，而在地面安装洗涤器的成本通常较高。

（6）经济性

回收/处理系统的附加费用。

（7）实施驱动力

减少废气中污染物的排放。

（8）参考文献和示例装置

AMI，Linz；

DSM，Geleen；

DSM，Ijmuiden。

9.5 硝酸铵/硝酸铵钙生产的 BAT 技术

BAT 技术即 1.5 部分介绍的通用最佳可行技术。

存储过程的 BAT 技术见 [5，European Commission，2005]。

BAT 技术联合应用以下技术，优化中和/蒸发过程：

- 用反应产生的热量预热硝酸和/或蒸发氨气（见 9.4.1 部分）；
- 在高压下进行中和反应并输出蒸汽（见 9.4.1 部分）；
- 用生成的蒸汽浓缩硝酸铵溶液（见 9.4.3 部分）；
- 回收余热冷却工艺水（见 9.4.2 部分）；
- 用产生的蒸汽处理工艺冷凝液；
- 用反应产生的热量蒸发多余的水分。

BAT 技术能可靠、有效的控制 pH 值、流量和温度。

BAT 技术可采用以下一项或几项技术，减少产品精加工阶段的污染物排放：

- 应用板束产品冷却器（见 7.4.5 部分）；
- 热空气的循环利用（见 7.4.6 和 9.4.5 部分）；
- 选择合适尺寸的筛分器和研磨机，例如滚筒式或链式研磨机（见 7.4.7 部分）；
- 采用脉冲式加料控制造粒循环（见 7.4.7 部分）；
- 对产品粒径分布进行在线监测和控制（见 7.4.7 部分）。

BAT 技术使用织物过滤器等，使白云石研磨过程的粉尘排放量＜$10mg/m^3$（标）。

由于缺乏足够数据，无法确定中和反应、蒸发、晶种造粒、塔式造粒、干燥、冷却以及调理工段产生废气中污染物的排放浓度。

BAT 技术循环利用装置内、外的工艺水，产生的废水进行生化处理，或采用其他等效技术处理。

10

过磷酸钙

10.1 概　　述

过磷酸钙包括单过磷酸钙（普钙，SSP）和重过磷酸钙（重钙，TSP），占世界磷肥生产总量的1/4。过磷酸钙根据磷（以 P_2O_5 计）的百分含量划分，可直接作为化肥使用（商业产品），也可用作复合肥生产的原料。过磷酸钙生产的基本情况见表10-1。SSP 及 TSP 主要用于生产下游产品：PK 复合肥和 NPK 复合肥。2006 年 7 月欧洲过磷酸钙生产厂家及产能见表10-2。

表 10-1　过磷酸钙生产概况

项目	含量/%		全球总消耗量 1999～2000 年间	原料
	P_2O_5	$CaSO_4$	$10^6 tP_2O_5$	磷矿石和以下物质
普通 SSP	16①～24	50～38	6.1	H_2SO_4
浓缩 SSP	25～37	37～15		H_2SO_4 和 H_3PO_4
TSP	38①～48	15～5	2.2	H_3PO_4

① 根据欧盟 2003/2003 指令，SSP 中可溶于中性柠檬酸铵的 P_2O_5 的含量至少为 16%，其中至少 93% 可溶于水；TSP 中可溶于中性柠檬酸铵的 P_2O_5 的含量至少为 38%，其中至少 85% 可溶于水。

数据来源：[154, TWG on LVIC-AAF, 2006]。

表 10-2　2006 年 7 月欧洲过磷酸钙生产厂家及产能

国家	厂家	2006 年产能/kt P_2O_5
澳大利亚	Donauchemie (Roullier Group)	16

续表

国家	厂家	2006 年产能/kt P$_2$O$_5$
比利时	Ste Chimique Prayon Ruppel①	60
	Rosier SA	27
法国	Roullier Group①	101
德国	Amfert	54
匈牙利	Tiszamenti Vegyimuvek	211
意大利	Roullier Group	41
	Puccioni	15
荷兰	Amfert ①	110
	Zuid Chemie ①	40
波兰	Zaklady Chemiczne Siarkopol	110
	Zaklady Chemiczne Lubon	100
	Fabrija Nawozow Fosforowych Ubozcz	50
	Szczecinskie Zaklady Nawozow Fosforowych	80
葡萄牙	Adubos	56
罗马尼亚	SA Continatul de Ingrasaminte	15
西班牙	Asturiana de Fertilizantes	90
	Roullier Group	23
	Mirat	9

① 同时生产 TSP。

10.2　生产工艺和技术

10.2.1　概述

过磷酸钙生产工艺流程见图 10-1。

SSP、TSP 的生产过程如下：磷矿石研磨成细粉后与酸混合（生产 SSP 使用 $65\%\sim75\%$ 的 H$_2$SO$_4$，生产 TSP 使用 P$_2$O$_5$ 含量为 $50\%\sim55\%$ 的 H$_3$PO$_4$），总反应如下：

(SSP)　$Ca_{10}F_2(PO_4)_6 + 7H_2SO_4 + H_2O \longrightarrow 3Ca(H_2PO_4)_2 \cdot H_2O + 7CaSO_4 + 2HF$

(TSP)　$Ca_{10}F_2(PO_4)_6 + 14H_3PO_4 + 10H_2O \longrightarrow 10Ca(H_2PO_4)_2 \cdot H_2O + 2HF$

在 SSP 生产过程中，生成的 H$_3$PO$_4$ 为中间产物。该反应的速度快（产率超过 96%），但因剩余的游离酸会继续和多余的磷矿石反应，该反应可持续数天。SSP 生产的产品中含有 CaSO$_4$，这与生产磷酸的相似反应不同。

磷矿石粉末和酸在反应器内混合后开始反应，放出热量，温度可达 $90\sim100℃$。料浆送到缓慢移动的传送带（称为"den"）或储存在容器中，并在其中停留 10～

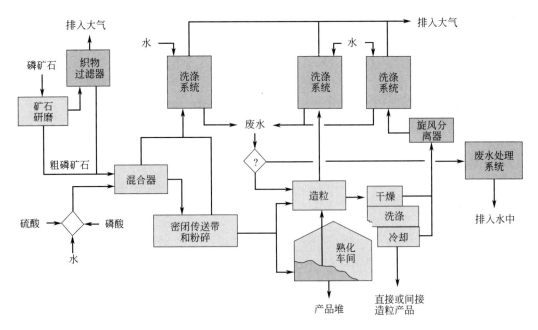

图 10-1 含废气处理系统的过磷酸钙生产工艺流程

数据来源：[9，Austrian BUA，2002，52，infomil，2001，53，German UBA，2002]

40min。过磷酸钙粉碎后送往造粒单元直接造粒或储料堆（堆置）中熟化 1～6 周。过磷酸钙也可送往造粒单元间接造粒或不经熟化处理直接出售。

在 SSP 或 TSP 生产过程中，还会生成部分酸化磷矿（PAPR）。PAPR 是过磷酸钙和磷矿石的混合物。在酸（H_2SO_4 或 H_3PO_4）/磷矿石比较低时，SSP 和 TSP 装置可生产 PAPR。

过磷酸钙在储料堆中熟化后进行研磨及造粒，加入蒸汽、水或酸有助于造粒。直接造粒比熟化后造粒成本低，颗粒更密实[52，infoMil，2001]。但直接造粒需使用活性磷矿石，且反应不完全，导致可溶性 P_2O_5 流失。

磷矿石中可能含有少量的有机物。与酸反应时，有机物会释放出来，部分化合物（如硫醇）可能产生异味。磷矿石的筛选见 5.4.9 部分。

10.2.2 原料

SSP 和 TSP 生产的一个重要影响因素是，磷矿石中含有的铝（Al_2O_3）、铁（Fe_2O_3）及镁会降低磷酸盐的水溶性。生产过磷酸钙使用的 H_2SO_4 为新硫酸和质量合格的废酸。新硫酸由硫单质（S-H_2SO_4）燃烧生成的 SO_2、黄铁矿（硫铁矿制酸）或非铁金属冶炼处理硫化矿（致命酸）产生的废酸制备；废酸来自大量使用 H_2SO_4 的各行业（如非铁金属冶炼）。磷矿石和硫酸的详细信息见 5.2.2.1 部分。

10.3 消耗和排放水平

过磷酸钙生产的物耗和能耗见表10-3，TSP直接造粒和间接造粒的对比见表10-4。过磷酸钙生产的废气和废水排放情况见表10-5和表10-6。

表10-3 过磷酸钙生产的物耗和能耗

项目	生产过程	每吨产品	说明	数据来源
电	研磨		取决于磷矿石的类型：每吨磷矿石约耗电15～18kW·h	[9,Austrian UBA,2002]
	洗涤		三级洗涤：文丘里洗涤器内压降较大，每吨产品耗电20kW·h	
水		1.2m³	包括洗涤用水：0.8m³/t产品	
电	翻堆（粉末产品，SSP 18% P₂O₅）	19kW·h		[53,German UBA,2002]
水		0.1m³	大多数洗涤液回用于该过程	
蒸汽/燃料			无蒸汽和能源消耗	
电	造粒（SSP 18% P₂O₅）	34kW·h		
水		2.0m³		
蒸汽		55kg		
燃料		0.75 GJ	加热空气	
能量	SSP 直接造粒	1.4 GJ	含粉碎0.4 GJ和造粒1.0 GJ	[52,infoMil,2001]
电	粉末 SSP	19kW·h		
能量	TSP 直接造粒	2.0 GJ	含粉碎0.3 GJ和造粒1.0 GJ，以及蒸发0.7 GJ	

表10-4 TSP生产过程中直接造粒和与间接造粒的对比

输入	间接造粒	直接造粒
H₃PO₄	52% P₂O₅	＞50%P₂O₅
	每吨 TSP 颗粒	
回用比率		1.0～1.25
熟化 TSP	1.02t	
蒸汽	75kg	50～60kg
冷却水	250kg	250kg
耗水量		60～65kg
燃料	0.67GJ	
电耗	29kW·h	36kW·h
生产时间	0.3h	0.25h

数据来源：[52, infoMil, 2001, 154, TWG on LVIC-AAF, 2006]。

表 10-5　过磷酸钙生产过程的大气污染物排放浓度

项目	生产过程	mg/Nm³	kg/h	说明	数据来源
粉尘	AMFERT,来自矿石研磨,使用不同研磨机	<7~8	<0.05	旋风分离器,织物过滤器	[52,infoMil,2001]
		<9.3	<0.05	旋风分离器,织物过滤器	
	AMFERT,来自研磨-除尘车间	<10	<0.05	织物过滤器	
	AMFERT,来自转鼓造粒机,转鼓烘干机	16.8		旋风分离器,洗涤器	
	Zuid-Chemie,来自矿石研磨,使用不同研磨机,体积流量为 1×3600m³(标)/h 和 2×4900m³(标)/h	2.5~3.8	0.04	旋风分离器/陶瓷过滤器	
		2.5~3.8	0.04	旋风分离器/陶瓷过滤器	
		2.5~3.8	0.05	旋风分离器/陶瓷过滤器	
粉尘	Donauchemie,来自矿石研磨	4.2		织物过滤器	[9,Austrian UBA,2002]
粉尘	Donauchemie(来自缓慢移动的传送带、粉碎机和密封传送带)	46		三个洗涤器串联,HF 去除率>99%	
氟化物(HF)		4.9			
氟化物(HF)	AMFERT,不同来源	0.2①~5		洗涤器,旋风分离器和洗涤器	[52,infoMil,2001]
	Zuid-Chemie	<5		洗涤器	
氟化物(HF)	Amsterdam Fertilizers,来自酸化、造粒及干燥过程排放的废气	0.5~4		洗涤器,旋风分离器	[53,German UBA,2002]
氯化物②		19.1			
粉尘		30~50			

① 最新信息表明该值与 NPK 复合肥的生产有关。

② 下游生产 NPK 复合肥。

表 10-6　过磷酸钙生产过程的废水排放情况（下游生产 NPK/NP 复合肥时）

来自洗涤工段	体积	5~10m³/h	Donauchemie,[9,Austrian UBA,2002]
	温度	29℃	
	pH 值	6~7.5	
	溶解性物质	0.36kg/t P₂O₅	
	磷总量	0.59kg/t P₂O₅	
	NH₃-N	1.7kg/t P₂O₅	
	氟化物(F⁻)	1.17kg/t P₂O₅	
	Cd	<0.01 g/t P₂O₅	
	Hg	<0.01 g/t P₂O₅	
	Zn	n. a.	
	COD	0.6kg/t P₂O₅	

注：n·a 表示没有数据。

数据来源：[9, Austrian UBA, 2002]。

在 Donauchemie，NPK 复合肥生产过程中，所有洗涤液都回用到生产工艺，不排放废水。如果生产在酸性（PK）和碱性（NPK）条件下交替进行，冲洗水和洗涤液都被收集并作为后续工段的洗涤液。若后续两个工段都生产相同类型的肥料则会产生废水。

10.4 BAT 备选技术

- 产品冷却，见 7.4.5 部分；
- 热空气的循环利用，见 7.4.6 部分；
- 造粒循环相关内容，见 7.4.7 部分。

10.4.1 避免熟化过程中的扩散排放

（1）概述

直接造粒无需储存熟化过程，减少了污染物的扩散排放。但直接造粒需使用活性磷矿石，且反应不完全可能导致可用 P_2O_5 的流失。

（2）环境效益

直接造粒可减少熟化过程污染物的扩散排放。

（3）跨介质影响

直接造粒可能导致可用 P_2O_5 的流失。

（4）操作数据

未提供信息。

（5）适用性

直接造粒需使用活性磷矿石，减少了 P_2O_5 的利用率。间接造粒时，熟化工段可在封闭的室内进行，排气可直接连接到洗涤系统或造粒工段。

（6）经济性

未提供具体信息。

（7）实施驱动力

节约成本。

（8）参考文献及示例装置

［52，infoMil，2001，154，TWG on LVIC-AAF，2006］，Donauchemie。

10.4.2 矿石粉碎粉尘的回收与减排

（1）概述

详细介绍见 5.4.8 部分。

（2）环境效益

- 回收原料；

- 粉尘排放量远小于 10 mg/m³ [17，2nd TWG meeting，2004]。

（3）跨介质影响

无明确影响。

（4）操作数据

见表 10-5。

（5）适用性

普遍适用。如果产品可溶于水，则无法进行湿法除尘。

（6）经济性

使用陶瓷过滤器的成本如下 [52，infoMil，2001]。

- 1000m³/h 投资：3 万～5.5 万欧元（和体积流量大致呈线性关系，过滤材料决定投资）。

- 1000m³/h 运行成本：每年＞650 欧元。

另见 [11，European Commission，2003]。

（7）实施驱动力

成本效益。

（8）参考文献及示例装置

[11，European Commission，2003，17，2nd TWG meeting，2004，29，RIZA，2000，31，EFMA，2000]

10.4.3 氟化物的回收和去除

（1）概述

详细介绍见 5.4.7 部分。

（2）环境效益

- 在荷兰，排放浓度控制在 0.2～5mg/m³（标）[52，infoMil，2001]；

- 在德国，排放浓度控制在 0.5～4mg/m³（标）[53，German UBA，2002]。

注：x 表示最新信息表明排放浓度与 NPK 复合肥的生产有关。

（3）跨介质影响

洗涤时消耗水、能量和化学品。

（4）操作数据

未提供信息。

（5）适用性

氟化物的去除普遍适用，但回收的 H_2SiF_6 纯度不满足回用要求。

（6）经济性

成本估算，见表 6-10。

（7）实施驱动力

减少氟化物的排放。

（8）参考文献及示例装置

[29，RIZA，2000，31，EFMA，2000]

10.4.4 洗涤液回用与生产工艺

（1）概述

过磷酸钙生产中，废气洗涤过程会产生废水。除生成 SSP 或 TSP 外，还会生成酸化磷矿石（PAPR）。洗涤液回用于生产工艺，减少了废水排放量。

（2）环境效益

减少废水量。

（3）跨介质影响

无明确影响。

（4）操作数据

未提供信息。

（5）适用性

可用于 SSP/TSP、PAPR 生产。

（6）经济性

未提供具体信息。

（7）实施驱动力

减少废水排放量。

（8）参考文献及示例装置

[53，German UBA，2002]

10.5 过磷酸钙生产的 BAT 技术

BAT 技术即 1.5 部分介绍的通用最佳可行技术。

存储过程的 BAT 技术见 [5，European Commission，2005]。

废水处理的 BAT 技术见 [11，European Commission，2003]。

BAT 技术减少研磨过程的粉尘排放，使用织物过滤器或陶瓷过滤器等，控制粉尘排放浓度在 $2.5\sim10\mathrm{mg/m^3}$（标）（见 10.4.2 部分）范围内。

BAT 技术使用封闭式输送带、室内存储，经常清洗、清扫工厂地面和码头，防止磷矿石粉尘的扩散（见 5.4.8 部分）。

BAT 技术可采用以下一项或几项技术，减少产品精加工阶段的污染物排放：

- 应用板束产品冷却器（见 7.4.5 部分）；
- 热空气的循环利用（见 7.4.6 和 9.4.5 部分）；
- 选择合适尺寸的筛分器和研磨机，例如滚筒式或链式研磨机；

- 采用脉冲式加料控制造粒循环；
- 对产品粒径分布进行在线监测以控制造粒循环。

BAT 技术应用合适的洗涤器及洗涤液，控制氟化物排放浓度在 $0.5\sim5mg/m^3$（标）范围内（以 HF 计，见 10.4.3 部分）。

BAT 技术回收洗涤液以减少废水排放量。生产 SSP 或 TSP 同时，副产酸化磷矿石（PAPR）。

SSP/TSP 及多用途产品生产的 BAT 技术应用以下技术，减少中和、造粒、干燥、涂层、冷却工段废气中污染物的排放，使排放浓度和去除率达到表 10-7 中的排放水平。

- 旋风分离器和/或陶瓷过滤器（见 7.4.6 和 7.4.10 部分）；
- 湿法洗涤，如联合洗涤（见 7.4.10 部分）。

表 10-7　BAT 技术对应的大气污染物排放浓度

项目	参数	浓度 mg/m³（标）	去除率/%
中和、造粒、干燥、图层、冷却	NH₃	5～30①	
	氟化物（HF）	1～5②	
	粉尘	10～25	＞80
	HCl	4～23	

① 下限值为硝酸作洗涤液的排放值，上限值为其他酸作洗涤液的排放值。生产某些类型的 NPK 复合肥（如 DAP）时，即使采用多级洗涤，污染物的排放浓度仍可能较高。

② DAP 生产时使用 H_3PO_4 进行多级洗涤，预期排放浓度可达 $10mg/m^3$（标）。

11

结束语

11.1 信息交流质量

（1）时间安排

与大宗无机化学品——氨、酸和化学肥料生产最佳可行技术参考文件编制项目有关的信息交流的时间为 2001～2006 年。表 11-1 列出了此项目的重要时间节点。

表 11-1　BREF LVIC-AAF 项目时间进度表

启动会议		2001 年 10 月 29～31 日
初稿		2003 年 3 月
第二稿		2004 年 8 月
最后一次技术工作组会议		2004 年 6～10 月
最后一次技术工作组会议的后续会议		2004 年 10 月 7 日
定稿工作会议	NH_3、HF	2006 年 1 月 18～19 日
	H_3PO_4、SSP/TSP、NPK、H_2SO_4	2006 年 5 月 2～5 日
	AN/CAN、$CO(NH_2)_2$、HNO_3	2006 年 6 月 12～14 日

（2）信息来源

书中列出的文献为本参考文件的制定提供了具有针对性的信息。欧洲肥料制造商协会发布的《欧洲肥料行业污染防治最佳可行技术》，由澳大利亚、德国、荷兰、欧洲航天局及欧洲福陆公司提供的报告，对本书的起草具有指导性作用。

在吸收本书初稿 600 余条建议，第二稿约 1100 余条建议的基础上，最终经讨论形成了终稿。

（3）共识

技术工作组和最后一次技术工作组会议的认为，根据信息交换活动编制的第二稿还不够完善。为此，召开了一系列的补充会议对第二稿中的相关内容进行修订，在多次讨论的基础上，最终达成了高度共识，形成了本书终稿。此外，两种不同意见也保留在书中（见 3.5 节及 6.5 部分）。

11.2 对后续工作的建议

（1）数据收集

本书编写时参考了大量信息。然而，就确定最佳可行技术而言，如果能获得更多具有针对性的示例装置的信息，尤其是特定技术所能达到的性能水平及技术参数（如负荷、浓度、体积流量等，最好有完整的检测报告）。下列生产过程的大部分信息源自汇总数据：

- 氨的生产；
- 磷酸的生产；
- HF 的生产；
- 尿素的生产。

由于待评估生产过程的多样化，特别是 NPK 及 AN/CAN 的生产，使可比较的示例装置相对较少，此时 BAT 技术将难以确定。表 11-2 对今后数据收集工作提出了一些建议。

表 11-2 对今后数据收集工作的建议

产品	问题	备注
NH_3	能耗	更多能提供与应用技术有关的净能耗值的示例装置。改造及完成改造的示例。
	部分氧化	缺乏足够信息用于技术的应用和总结。
HF	粉尘排放	拓宽基础数据范围。
	能耗	能量消耗的深入评估。
$CO(NH_2)_2$	粉尘和 NH_3 排放	更多能提供与应用技术相关的消耗和排放数据的示例装置。改造及完成改造的装置。
	能耗（见表 8-19）	
AN/CAN	大气污染物排放	由于数据匮乏,无法对中和、蒸发、造粒、干燥、冷却以及固化过程中的排放情况做出结论。
HNO_3	N_2O 排放	从已用或即将应用 N_2O 去除技术的装置收集信息及排放数据。
其他	污水排放	收集更多污水处理技术对应的污染物排放水平(体积和浓度)及去除率信息。
	物料平衡	物料平衡的实例越多,越有助于理解(见 1.5 部分 BAT 技术结论部分)。

（2）HNO_3 的生产：De-N_2O 催化剂和技术

现有硝酸生产装置一般采用下述 2 种方法来减少 N_2O 的排放：

- N_2O 在反应室中催化分解（见 3.4.6 部分）；
- 尾气中 N_2O 和 NO_x 的联合催化脱除。

3.6.1 部分介绍了一种新兴技术——改进的废气联合催化处理方法。然而，目前还没有新建装置使用了这些 N_2O 催化去除技术。今后我们可以借鉴和利用现有项目，3.5 部分相关结论中引出的项目，CDM 或 JI 项目等使用这些技术所取得的经验。

（3）SCR 催化剂的改进

3.4.7 部分介绍的技术，同样能通过选择性催化还原将 NO_x 浓度降至最低，且 NH_3 的实际损失几乎为零。今后将对这种性能转移到其他 SCR 系统的可行性和程度进行评估，这将是一项重大成果。

（4）当 SNCR 或 SCR 不适用时 NO_x 的脱除/回收

例如，1.4.7 部分介绍了一种用洗涤法回收废气中 NO_x 的技术。今后将对回收废气中 NO_x（比如用 HNO_3 分解磷矿石等 NO_x 浓度高的排放源）的技术、经济可行性进行评估（见 7.4.9 部分和 7.5 部分中的相关 BAT 技术）。

（5）欧盟发起的 RTD 计划

通过 RTD 计划，欧盟发起并资助了一系列项目，涉及清洁技术、新兴污水处理及回用技术和管理策略。这些项目对未来最佳可行技术参考文件的修订具有一定的贡献。因此，欢迎广大读者将任何与本书有关的研究结果告知 EIPPCB（见 0.2 部分）。

附录Ⅰ 本书中涉及的部分化合物的相对分子质量

化合物	相对分子质量	转换系数	转换为
P_2O_5	142	1.38	H_3PO_4
H_3PO_4	98	0.725	P_2O_5
$Ca_3(PO_4)_2$	310		
$CaSO_4$	136		
$CaSO_4 \cdot 2H_2O$	172		
NH_3	17	0.823	N_2
CO_2	44		
F_2	38		
HF	20		
HCl	36.5		
HNO_3	63	0.222	N_2
H_2SiF_6	144	0.792	F_2
H_2SO_4	98		

附录Ⅱ 换算与计算

能量单位的换算

输入		输出	
1	GJ	0. 2388	Gcal
		0. 2778	MWh
		0. 9478	MBtu[①]
1	Gcal	4. 1868	GJ
		1. 1630	MWh
		3. 9683	MBtu
1	MW·h	3. 6	GJ
		0. 86	Gcal
		3. 4121	MBtu

① 百万英国热量单位。

能量单位的在线转换见 http：//www. eva. ac. at/enz/converter. htm.

其他单位的换算

其他单位的换算，如压力、体积、温度和质量等，见
http：//www. chemicool. com/cgi-bin/unit. pl.

水蒸气性质的计算

水蒸气性质的计算，见
http：//www. higgins. ucdavis. edu/webMathematica/MSP/Examples/SteamTable
或 http：//www. thexcel. de/HtmlDocs/Frame _ funkt. html.

附录Ⅲ　缩写和解释

A

ACES	节约成本和能源的先进工艺
ADEME	环境与能源管理署
AG	股份公司
aMDEA	活化甲基二乙醇胺
AN	硝酸铵（NH_4NO_3）
ANS	硝酸铵溶液
APC	先进过程控制
ASN	硝硫酸铵

B

BAT	最佳可行技术
BFW	锅炉给水
BOD	生化需氧量
BPL	骨质磷酸三钙
BREF	最佳可行技术参考文件

C

CAN	硝酸铵钙
CEFIC	欧洲化学工业委员会
CDM	清洁发展机制-污染物减排项目，工业化国家在发展中国家投资的污染物减排项目
CHF	瑞士法郎
CIS	独联体-亚美尼亚、阿塞拜疆、白俄罗斯、格鲁吉亚、哈萨克斯坦、吉尔吉斯斯坦、摩尔多瓦、俄罗斯、塔吉克斯坦、乌克兰、乌兹别克斯坦
CN	硝酸钙[$Ca(NO_3)_2$]
CNTH	四水合硝酸钙[$Ca(NO_3)_2 \cdot 4H_2O$]
COD	化学需氧量

D

DAP	磷酸氢二铵 $(NH_4)_2HPO_4$
$DeNO_x$	脱除氮氧化物 (NO_x) 的减排系统
DeN_2O	脱除氧化亚氮 (N_2O) 的减排系统
DH	二水物工艺
DHH 或 DH/HH	双级过滤二水-半水再结晶工艺
低 NO_x 燃烧器	多用途生产装置
低 NO_x 燃烧器	利用燃烧减少 NO_x 排放的技术，通过调整空气和燃料的加入时间，延缓其混合，减少 O_2 供应，降低最高火焰温度。该技术延迟了燃料中的氮向 NO_x 的转化以及热 NO_x 的形成，同时维持了较高的燃烧效率
多用途生产装置	生产 NPK 复合肥、硝酸铵/硝酸铵钙和磷酸盐肥料的装置，使用相同的生产设备和减排系统

E

EFMA	欧洲肥料制造商协会
EGTEI	技术经济问题专家组，该专家组在联合国/欧洲经济委员会的领导下工作
EIPPCB	欧洲污染综合防治局
EMAS	欧盟生态管理和审计计划
EMS	环境管理体系
EA	环保局
EPER	欧洲污染物排放登记系统
ERM	环境资源管理
ESP	静电除尘器
EU	欧盟
EU-15	奥地利、比利时、丹麦、芬兰、法国、德国、希腊、爱尔兰、意大利、卢森堡、荷兰、葡萄牙、西班牙、瑞典、英国
EU-25	奥地利、比利时、塞浦路斯、捷克共和国、丹麦、爱沙尼亚、芬兰、法国、德国、希腊、匈牙利、爱尔兰、意大利、拉脱维亚、立陶宛、卢森堡、马耳他、荷兰、波兰、葡萄牙、斯洛伐克、斯洛文尼亚、西班牙、瑞典、英国
EUR	欧元

H

H/H	高压/高压硝酸生产工艺，见表 3-1
HDH-1	单级过滤半水-二水再结晶工艺
HDH-2	双级过滤半水-二水再结晶工艺
HDS	加氢脱硫单元
HEA	高效吸收
HH	半水物
HHV	高热值，指一定量物质燃烧时释放的热量（燃烧起始温度为 25℃，燃烧后生成的产物温度也恢复到 25℃）
HMTA	六次甲基四胺
HP	高压蒸汽
HRC	半水物再结晶工艺

I

IDR	等压双循环工艺
IRMA	先进材料地区研究所
IEF	信息交流论坛
IFA	国际肥料工业协会
InfoMil	荷兰环境许可和执法信息中心
IPCC	联合国政府间气候变化专门委员会
IPPC	污染综合防治
ISO 14001	国际标准组织 - 环境管理

J

JI	联合执行-污染物减排项目，一个工业化国家在另一个工业化国家投资的污染物减排项目，两个国家都必须是《京都议定书》签署国

L

L/M	低压/中压硝酸生产工艺，见表 3-1
LEL	爆炸下限
LHV	低热值-燃烧一定量物质所释放的热量（起始最初 25℃ 或其他参考状态，燃烧后产物的温度恢复

到 150℃）

LP	低压蒸汽
LPG	液化石油气

M

M/H	中压/高压硝酸生产工艺，见表 3-1
M/M	中压/中压硝酸生产工艺，见表 3-1
MAN	硝酸铵镁
MAP	磷酸二氢铵（$NH_4H_2PO_4$）
MEA	单乙醇胺
MP	中压

N

NLG	荷兰盾
NG	天然气
NPK	复合/多营养肥料（复合肥）
NSCR	非选择性催化还原

O

ODDA	见 7.2.2 部分

P

PAPR	部分酸化磷矿石
PRDS	减温和减压
PSA	变压吸附-气体分离过程，通常通过迅速降低已吸附组分的分压，降低总压或使用清洁气体吹扫以实现吸附剂的再生
PTFE	聚四氟乙烯

R

R&D	研究与发展
RIZA	荷兰内河管理与废水处理研究所
RTD	研究和技术开发

S

S. A.	股份有限公司
SCR	选择性催化还原
SNCR	选择性非催化还原
SSD	自持分解
SSP	过磷酸钙（普钙）

T

TAK-S	硫技术协会
TSP	重过磷酸钙（重钙）
TWG	技术工作组

U

UAN	尿素硝铵
UBA Umweltbundesamt	联邦环境署
UNEP	联合国环境规划署
UNFCCC	联合国气候变化框架公约
Urea	尿素 $[CO(NH_2)_2]$
USD	美元

V

VITO	佛兰德斯技术研究所
VSCC	立式潜管甲胺冷凝器
VOCs	挥发性有机化合物

W

WESP	湿式静电除尘器
WSA	湿法硫酸工艺（丹麦 TopsØe 公司）

X

新建装置	相对于现有装置，或对现有装置进行重大改造后的装置

Z

转化率	在硫酸生产中，SO_2 转化率的定义如下： 转换率 = $(SO_{2进} - SO_{2出}) \times 100(\%)/SO_{2进}$（见 4.2.1 部分）
组合	至少两个的联合
重大变化	根据综合污染防治指令，主管机关认为运行中的重大变化指可能对人类或环境产生严重的负面影响运行变化

附录Ⅳ　化学式

Al_2O_3	三氧化二铝（氧化铝）
$Ca(OH)_2$	氢氧化钙
$Ca_{10}(PO_4)_6(F,OH)_2$	氟磷灰石
$Ca_3(PO_4)_2$	磷酸钙
$CaCO_3$	碳酸钙（石灰）
CaF_2	萤石
CaO	氧化钙
$CaSO_4$	硫酸钙（石膏）
CH_3OH	甲醇
CH_4	甲烷
CO	一氧化碳
CO_2	二氧化碳
Co_3O_4	四氧化三钴
CoO	氧化钴
CS_2	二硫化碳
CuO	氧化铜
CuS	硫化铜
C_xH_y	烃
Fe_2O_3	赤铁矿，三氧化二铁
H_2	氢气
H_2O_2	过氧化氢
H_2S	硫化氢
H_2SiF_6	氟硅酸
H_2SO_4	硫酸
H_2SO_5	过一硫酸
HCl	盐酸
HF	氢氟酸
$HNCO$	异氰酸
HNO_3	硝酸
K_2SO_4	硫酸钾
KCl	氯化钾
$LiBr$	溴化锂
$Mg(NO_3)_2$	硝酸镁
$MgCO_3$	碳酸镁

$MgSiF_6$	氟硅酸镁
$MgSO_4$	硫酸镁
MoS_2	辉钼矿
N_2	氮气
N_2O	二氮氧化物，一氧化二氮
$NH_2CONHCONH_2$	双缩脲
NH_2COONH_4	氨基甲酸铵
NH_3	氨气
$(NH_4)_2SO_4$	硫酸铵
NO	一氧化氮
NO_2	二氧化氮
NO_x	氮氧化物
P_2O_5	五氧化二磷
SiF_4	四氟化硅
SiO_2	二氧化硅
SO_2	二氧化硫
SO_3	三氧化硫
TiO_2	二氧化钛
V_2O_5	五氧化二钒
ZnO	氧化锌
ZnS	硫化锌

附录Ⅴ　硫酸装置改造成本计算

部分硫酸装置改造成本见下页附表，成本计算过程依据如下假设：

SO_2 含量：　　　含 5%～7% SO_2 时，按 5% 计；

　　　　　　　　含 9%～12% SO_2 时，按 10% 计。

O_2 含量：　　　　含 5%～7% SO_2，相当于 6%～9% O_2；

　　　　　　　　含 9%～12% SO_2，相当于 8%～11% O_2。

转化率（%）：　　精度为 0.1%。

固定值：　　　　装置寿命以 10 年计；

　　　　　　　　操作成本为 3%；

　　　　　　　　利率为 4%；

　　　　　　　　H_2SO_4 价格：出厂价为 20 欧元/t；

　　　　　　　　工资成本：37000 欧元/（人·年）；

　　　　　　　　Peracidox 工艺和碱性洗涤工艺的公用工程：+30% 投资成本；

　　　　　　　　洗涤后 SO_2 浓度：<200mg/m³（标）；

　　　　　　　　蒸汽价格：10 欧元/t。

缩写词：　　　　SC 单接触

　　　　　　　　SA 单吸收

　　　　　　　　DC 双接触

　　　　　　　　DA 双吸收

附表 Ⅴ-1 硫酸装置改造的成本估算

	产能 t H₂SO₄/d	入口处 SO₂含量 %	工艺 改造前	工艺 改造后	SO₂平均转化率 % 改进前	SO₂平均转化率 % 改进后	成本 欧元/t SO₂ 减少	成本 欧元/t H₂SO₄ 增加
1	250	5~7	4级催化床 SC/SA	4级催化床 DC/DA	98.00	99.60	1.317	13.76
2			4级催化床 SC/SA	4级催化床 DC/DA + Cs(第4级催化床)	98.00	99.70	1.159	12.87
3			4级催化床 SC/SA	+ Cs(第4级催化床)	98.00	99.10	3	0.02
4			4级催化床 SC/SA	+ TGS Peracidox 工艺	98.00	99.87	1.048	12.80
5			4级催化床 SC/SA	+ TGS(碱性)	98.00	99.87	1.286	15.70
6		9~12	4级催化床 DC/DA	+ Cs(第4级催化床)	99.60	99.70	367	0.24
7			4级催化床 DC/DA	5级催化床 DC/DA + Cs(第5级催化床)	99.60	99.80	3.100	4.03
8			4级催化床 DC/DA	+ TGS Peracidox 工艺	99.60	99.94	3.910	8.68
9			4级催化床 DC/DA	+ TGS(碱性)	99.60	99.94	6.636	14.73
10	500	5~7	4级催化床 SC/SA	4级催化床 DC/DA	98.00	99.60	867	9.06
11			4级催化床 SC/SA	4级催化床 DC/DA + Cs(第4级催化床)	98.00	99.70	835	9.27
12			4级催化床 SC/SA	+ Cs(第4级催化床)	98.00	99.10	5	0.04
13			4级催化床 SC/SA	+ TGS Peracidox 工艺	98.00	99.87	718	8.77
14			4级催化床 SC/SA	+ TGS(碱性)	98.00	99.87	883	10.87
15		9~12	4级催化床 DC/DA	+ Cs(第4级催化床)	99.60	99.70	363	0.24
16			4级催化床 DC/DA	5级催化床 DC/DA + Cs(第5级催化床)	99.60	99.80	1.559	2.03
17			4级催化床 DC/DA	+ TGS Peracidox 工艺	99.60	99.94	2.209	4.90
18			4级催化床 DC/DA	+ TGS(碱性)	99.60	99.94	4.591	10.19
19	1000	9~12	4级催化床 DC/DA	+ Cs(第4级催化床)	99.60	99.70	356	0.23
20			4级催化床 DC/DA	5级催化床 DC/DA + Cs(第5级催化床)	99.60	99.80	1.020	1.33
21			4级催化床 DC/DA	+ TGS Peracidox 工艺	99.60	99.94	1.359	3.02
22			4级催化床 DC/DA	+ TGS(碱性)	99.60	99.94	3.432	7.62

数据来源:[154,TWG on LVIC-AAF,2006],developed by an ESA group for EGTEI。

‹参考文献›

[1] EFMA（2000）. "Production of Ammonia", Best Available Techniques for Pollution Prevention and Control in the European Fertilizer Industry.

[2] IFA（2005）. "Production and international trade statistics", http：//www. fertilizer. org/ifa/ statistics/.

[3] European Commission（1997）. "Pilot Document for Ammonia Production".

[4] European Commission（2000）. "Preliminary Document Inorganic Sector".

[5] European Commission（2005）. "BREF on Emissions from Storage".

[6] German UBA（2000）. "Large Volume Gaseous and Liquid Inorganic Chemicals".

[7] UK EA（1999）. "IPC Guidance note on Inorganic Chemicals", S2 4. 04.

[8] European Commission（2002）. "BREF on Mineral Oil and Gas Refineries".

[9] Austrian UBA（2002）. "State-of-the-Art Production of Fertilisers", M-105.

[10] European Commission（2005）. "BREF on Large Combustion Plants".

[11] European Commission（2003）. "BREF on Common waste water and waste gas treatment in the chemical sector".

[12] Uhde（2004）. "Ammonia".

[13] Barton and Hunns（2000）. "Benefits of an Energy Audit of a Large Integrated Fertilizer Complex".

[14] Austrian Energy Agency（1998）. "A technological breakthrough in radiant efficiency -major fuel saving on a steam reforming furnace", IN 0031/94/NL.

[15] Ullmanns（2001）. "Ullmanns Encyclopedia of industrial Chemistry".

[17] 2nd TWG meeting（2004）. "Discussions and conclusions of the 2nd TWG plenary meeting", personal communication.

[18] J. Pach（2004）. "Ammonia plant efficiency - existing plants", personal communication.

[19] IPCOS（2004）. "First Yara implementation of advanced process control on-line on Ammonia plant in Sluiskil（NOV 2004）", www. ipcos. be.

[20] Eurofluor（2005）. "Eurofluor HF - A snapshot of the fluorine industry", www. eurofluor. org.

[21] German UBA（2000）. "Production plants of liquid and gaseous large volume inorganic chemicals in Germany（UBA 1/2000）".

[22] CEFIC（2000）. "Best available techniques for producing hydrogen fluoride".

[24] Dreveton（2000）. "Fluosilicic acid - an alternative source of HF ", Industrial Minerals，. 5.

[25] Davy（2005）. " Hydrofluoric acid from fluosilicic acid ".

[26] Dipankar Das（1998）. "Primary reformer revamping in ammonia plants - a design approach", Chemical Industry Digest，85 - 94.

[27] UNEP（1998）. "The Fertilizer Industry′s Manufacturing Processes and Environmental Issues", 26 part 1.

[28] Comments on D2（2004）. "TWG′s comments on the second draft BREF", personal communication.

[29] RIZA (2000) . "Dutch notes on BAT for the phosphoric acid industry" .

[31] EFMA (2000) . "Production of Phosphoric Acid" .

[32] European Commission (2001) . "Analysis and Conclusions from Member States' Assessment of the Risk to Health and the Environment from Cadmium in Fertilisers", ETD/00/503201.

[33] VITO (2005) . "Information and data about Belgium LVIC-AAF production", personal communication.

[48] EFMA (1995) . "Production of Ammonia", Best Available Techniques for Pollution Prevention and Control in the European Fertilizer Industry.

[49] ERM (2001) . "Analysis and conclusions from member states' assessment of the risk to health and the environment from cadmium in fertilisers", ETD/00/503201.

[50] German UBA (2002) . "Decadmation of phosphoric acid at Chemische Fabrik Budenheim (CFB) ", personal communication.

[52] infoMil (2001) . "Dutch notes on BAT for the production of fertilisers" .

[53] German UBA (2002) . "German notes on BAT for the production of superphosphates" .

[54] Snyder, W. , Sinden, (2003) . "Energy saving options in granulation plants" AIChE Clearwater Convention, 13.

[55] Piché and Eng (2005) . "Cooling Fertilizer Granules with the Bulkflow Heat Exchanger" .

[57] Austrian UBA (2001) . "Stand der Technik in der Schwefelsäureerzeugung im Hinblick auf die IPPC-Richtlinie", M-137.

[58] TAK-S (2003) . "Proposal by the Technischer Arbeitskreis Schwefel (TAK-S) im VCI (Technical Working group for Sulphur, VCI) " .

[59] Outukumpu (2005) . "Sulphuric acid plants" .

[60] Windhager (1993) . "A modern metalurgical sulphuric acid plant for an urban environment" Internatinal Proceedings of Sulphur.

[61] European Commission (2003) . "BREF non ferrous metals industries" .

[62] EFMA (2000) . "Production of Sulphuric Acid" .

[63] Laursen (2005) . "Sulphuric Acid from Off-gas in Viscose Staple Fibre Production" Lenzing AG Viscose Conference.

[64] Kristiansen and Jensen (2004) . "The Topsoe Wet gas Sulphuric Acid (WSA) Process for Treatment of lean Sulphurous Gases" Sulphur 2004.

[66] Haldor Topsoe (2000) . "SNOX (TM) process" .

[67] Daum (2000) . "Sulphuric Acid - Integrated heat Exchangers in Sulphuric Acid Plants for enhanced and sustainable SO_2 emission reduction" .

[68] Outukumpu (2006) . "Communication concerning the report " Sulphuric Acid Plants "", personal communication.

[71] Maxwell and Wallace (1993) . "Terra International's Cost Effective Approach To Improved Plant Capacity and Efficiency" Ammonia Symposium, 8.

[73] Riezebos (2000) . "Pre-Reforming, a revamp option" Südchemie seminar.

[74] Versteele and Crowley (1997) . "Revamp of Hydro Agri Sluiskils Ammonia Uni C" .

[75] MECS (2006) . "Personal communication concerning sulphuric acid production", personal communication.

[76] EFMA (2000) . "Production of NPK fertilisers by the nitrophosphate route", Best Available Techniques for Pollution Prevention and Control in the European Fertiliser Industry.

[77] EFMA (2000) . "Production of NPK fertilisers by the mixed acid route", Best Available

Techniques for Pollution Prevention and Control in the European Fertiliser Industry.

[78] German UBA (2001) . "German notes on BAT for the production of Large Volume Solid Inorganic Chemicals: NPK - Fertilizer" .

[79] Carillo (2002) . "New Technologies to produce High Quality Fertilizers efficiently without environmental impact" IFA Technical conference, 18.

[80] Jenssen (2004) . "N_2O Emissions Trading - Implications for the European Fertiliser Industry" Meeting of the International Fertiliser Society, 16.

[82] Uhde/AMI (2004) . "Uhde combined Nitrous Oxide / NO_x Abatement Technology realised on a commercial scale by AMI ", Fertilizer Focus, 42 - 44.

[83] Maurer and Groves (2005) . "Combined Nitrous Oxide and NO_x Abatement in Nitric Acid Plants " 2005 IFA Technical Commettee Meeting.

[84] Schwefer (2005) . "Uhde EnviNOx process for the combined reduction of N_2O und NO_x emissions from nitric acid plants", ThyssenKrupp Techforum, 6.

[85] Uhde (2004) . "Developments in Nitric Acid Production Technology", Fertilizer Focus, 3.

[86] IPCC (2000) . "Good Practice Guidance and uncertanty management in National Greenhouse Gas Inventories - N_2O emission from adipic and nitric acid production" .

[87] infoMil (2001) . "Reduction of nitrous oxide (N_2O) in the nitric acid industry" .

[88] infoMil (1999) . "Dutch notes on BAT for the production of nitric acid" .

[89] Kuiper (2001) . "High temperature catalytic reduction of nitrous oxide emission from nitric acid production plants" .

[92] Maurer and Merkel (2003) . "Uhde's Azeotropic nitric acid process - design features, start-up and operating experience" ACHEMA 2003, 18.

[93] Uhde (2005) . "Nitric acid" .

[94] Austrian UBA (2001) . "State-of-the-art for the production of nitric acid with regard to IPPC directive", M-150.

[95] Wiesenberger (2004) . "Combined NO_2 and NO_x abatement reactor - Uhde Process" .

[96] Maurer and Groves (2004) . "N_2O abatement in an EU nitric acid plant: a case study" International fertiliser society meeting, 26.

[98] ADEME (2003) . "Nitrogen oxides (NO and NO_2) and N_2O emissions from nitric acid workshop" .

[99] IRMA (2003) . "IRMA and Grande Paroisse develop a new catalytic process for combined treatment of nitrous oxide (N_2O) and nitrogen oxides (NO and NO_2) for nitric acid workshops" .

[100] AMI (2006) . "Personal communication on production of nitric acid, NPK, Urea, CAN and AN", personal communication.

[101] Uhde (2003) . "Nitrate fertilisers" .

[102] EFMA (2000) . "Production of Nitric Acid", Best Available Techniques for Pollution Prevention and Control.

[103] Brink, V., Gent and Smit (2000) . "Direct catalytic Decomposition and Hydrocarbonassisted Catalytic Reduction of N_2O in the Nitric Acid Industry", 358510/0710.

[104] Schöffel, H., Nirisen, Waller (2001) . "Control of N_2O emissions from nitric acid plants" NOXCONF 2001.

[105] Müller (2003) . "Mit Edelmetallen gegen "Ozonkiller" ", Technik und Mensch, pp. 1.

[106] Yara (2006) . " A real reduction", nitrogen + syngas, 45-51.

[107] Kongshaug (1998). "Energy Consumption and Greenhouse Gas Emissions in Fertiliser production" IFA Technical Symposium.

[108] Groves, M., Schwefer, Sieffert (2006). "Abatement of N_2O and NO_x emissions from nitric acid plants with the Uhde EnviNO$_x$ Process - Design, Operating Experience and Current Developments" Nitrogen2006, 121 - 133.

[109] Lenoir (2006). "Yara De-N_2O secondary abatement from nitric acid production – a proven technology" Nitrogen2006, 113 - 119.

[110] F&C (2005). "Catalytic reduction of N_2O inside the ammonia burner of the nitric acid plant at Fertilizers & Chemicals Ltd, Israel".

[111] NCIC (2004). "Nanjing Chemical Industries Co Ltd (NCIC) nitrous oxide abatement project".

[112] Gry (2001). "Program to reduce NO_x emissions of HNO_3 plants with selective catalytic reduction" NO_x Conf2001.

[113] Sasol (2006). "Sasol nitrous oxide abatement project".

[116] Jantsch (2006). "Industrial application of Secondary N_2O Abatement Technology in the Ostwald Process" Nitrogen2006, 2.

[117] UNFCCC (2006). "National Inventories".

[118] French Standardization (2003). "BP X30-331: Protocol for quantification for nitrous oxide emissions in the manufacture of nitric acid".

[119] Hu-Chems (2006). "Catalytic N_2O destruction project in the tail gas of three nitric acid plants at Hu-Chems Fine Chemical Corp."

[121] German UBA (2001). "German Notes on BAT for the production of Large Volume Solid Inorganic Chemicals: Urea".

[122] Toyo (2002). "Latest Urea Technology for Improving Performance and Product Quality".

[123] Toyo (2003). "The improved ACES Urea Technology - Case studies in China and India" Nitrogen 2003.

[124] Stamicarbon (2004). "Latest developments in revamping of conventional urea plants".

[125] Stamicarbon (2003). "The environmental impact of a Stamicarbon 2002 mtpd urea plant".

[126] Snamprogetti (1999). "The Urea Process".

[127] Toyo (2006). "Process descriptions for ACES and ACES21 technology".

[128] EFMA (2000). "Production of Urea and Urea Ammonium Nitrate", Best Available Techniques for Pollution Prevention and Control in the European Fertilizer Industry.

[129] Stamicarbon (2006). "Emissions from Urea Plant Finishing Sections" 2006 IFA Technical Symposium.

[130] Uhde (2004). "Urea".

[131] Toyo (2002). "Mega-capacity urea plants".

[132] Stamicarbon (2001). "Stamicarbon's mega urea plant: 4500 mtpd in a single train" IFA Technical Committee Meeting, 4.

[133] Hydro Fertilizer Technology (2000). "Ammonia emissions abatement in a fluid bed urea granulation plant" IFA, 1-12.

[140] Peudpièce (2006). "Integrated production of nitric acid and ammonium nitrate: Grande Paroisse experience" 2006 IFA Technical symposium, 13.

[145] Nitrogen2003 (2003). "Nitrogen 2003 conference report" Nitrogen 2003, 19 - 26.

[146] Uhde (2006). "EnviNO$_x$ - Solutions for clean air".

[147] Uhde (2006). "The Uhde pugmill granulation: The process for safe and reliable production of CAN and other AN based fertilizers" 2006 IFA Technical Symposium.

[148] EFMA (2000). "Production of ammonium nitrate and calcium ammonium nitrate", Best Available Techniques for Pollution Prevention and Control in the European Fertilizer Industry.

[149] BASF (2006). "BASF De-N_2O Technology for Nitric acid plants", personal communication.

[152] Galindo and Cortón (1998). "Environmental and energy optimisation with cold production in an existing ammonia nitrate plant" IFA Technical Conference.

[153] European Commission (2006). "BREF on Organic Fine Chemicals".

[154] TWG on LVIC-AAF (2006). "Information provided after the 2nd TWG meeting", personal communication.

[155] European Commission (2006). "BREF on Large Volume Inorganic Chemicals – Solids and others".

[163] Haldor Topsoe (2001). "Start-up of the World Largest Ammonia plant" Nitrogen 2001.

[173] GreenBusinessCentre (2002). "Routing of ammonia vapours from urea plant to complex plant".